Betriebseinrichtungen

der

Textilveredelung

Von

Dr. Paul Heermann und **Ing. Gustav Durst**

Professor, Abteilungsvorsteher der
Textilabteilung am Staatl. Material-
prüfungsamt, Berlin-Dahlem

Fabrikdirektor
in Konstanz a. B.

Zweite Auflage

von »Anlage, Ausbau und Einrichtungen von Färberei-,
Bleicherei- und Appretur-Betrieben« von Dr. P. Heermann

Mit 91 Textabbildungen

Berlin

Verlag von Julius Springer

1922

ISBN-13: 978-3-642-89290-5   e-ISBN-13: 978-3-642-91146-0

DOI: 10.1007/978-3-642-91146-0

Aus dem Vorwort zur ersten Auflage.

Der Kampf auf allen wirtschaftlichen Gebieten drängt die Beteiligten immer mehr zu einer planmäßigen Arbeitsweise. Denn nur ein bewährtes System führt — insbesondere auch auf dem Gebiete der Industrie und Technik — dauernd zu ideellen Siegen und lohnenden wirtschaftlichen Erfolgen. Ebenso wie zur Erreichung dieser Ziele bei allen Unternehmungen die Finanzierung, die Betriebsführung, der Ein- und Verkauf von Rohstoffen und Fertigerzeugnissen auf geordneter Grundlage ruhen sollen, so soll auch die Anlage der Fabrik, der Bau und die Konstruktion, sollen auch die inneren Einrichtungen planmäßig durchdacht und ins Werk gesetzt sein, weil auch diese Faktoren die Wirtschaftlichkeit der Betriebe auf der einen Seite stark gefährden, auf der anderen Seite kräftig fördern können. Es sei besonders betont, daß den erwähnten Fragen in der Praxis meist als nebensächlichen Dingen nicht die notwendige Beachtung geschenkt wird, daß diesen Punkten in Wirklichkeit aber ein zu hohes Interesse überhaupt gar nicht entgegengebracht werden kann.

Paul Heermann.

Vorwort zur zweiten Auflage.

Nachdem ich seit längerer Zeit nicht mehr inmitten der Textilbetriebe stehe, hielt ich es im Interesse der Neuauflage dieser Arbeit für geboten, einen Mitarbeiter zu gewinnen, der nicht nur praktische Erfahrungen auf dem fraglichen Gebiete besitzt, sondern sich auch täglich den betriebstechnischen Fragen gegenübersieht, über die das vorliegende Buch handelt. So hat es Herr Ingenieur Durst, langjähriger Fabrikdirektor verschiedener Fabrikbetriebe, übernommen, die frühere Auflage in bezug auf inzwischen erforderlich gewordene Änderungen und Ergänzungen durchzuarbeiten.

Mit meiner im Jahre 1921 herausgegebenen „Technologie der Textilveredelung" steht die vorliegende Arbeit insofern in einem gewissen Zusammenhange, als diese gewissermaßen als betriebswirtschaftlicher Teil der „Technologie" aufgefaßt werden kann. Während

die „Technologie der Textilveredelung" die Veredelungstechnik als solche
in ihren mechanischen und methodischen Grundzügen behandelt, befaßt
sich die vorliegende Arbeit mit den technischen Betriebseinrichtungen
für jenen Industriezweig. Um diesen Zusammenhang zwischen den zwei
Arbeiten deutlich zum Ausdruck zu bringen, habe ich mich auch ent-
schlossen, den Titel der vorliegenden Arbeit entsprechend abzuändern.

Paul Heermann.

Besondere Änderungen im Aufbau der früheren Auflage haben sich
bei Durchsicht der ersten Auflage nicht als erforderlich erwiesen. Immerhin sind Ergänzungen und Streichungen in der neuen Auflage nötig gewesen. Unter anderem ist auch eine Reihe neuer Kapitel entstanden,
wie z. B. diejenigen über Verbrennung und Wärme, Kraftmaschinen,
Wasserförderung, Elektrischen Antrieb, Feuerschutz u. a. m. Mit Rücksicht auf die hohen Herstellungskosten sind neue Textfiguren zu diesen
Kapiteln indessen nicht gebracht worden.

Bei den durch den Krieg veränderten wirtschaftlichen Verhältnissen
hat die gesamte Betriebswirtschaft gegenüber früher erheblich an Bedeutung und Interesse gewonnen, neben der kaufmännischen und
sozialen Betriebswirtschaft naturgemäß auch die technische. Wir
nehmen deshalb an, daß die Neuauflage dieser Arbeit den Zeitbedürf-
nissen entspricht, und wir hoffen, daß die Arbeit zu ihren alten Freunden
auch neue erwerben wird.

Berlin-Lichterfelde und Konstanz,
    im Juni 1922

Paul Heermann, Gustav Durst.

Inhaltsverzeichnis.

Bauliche Anlagen.

Bei der Anlage einer Färberei, Bleicherei oder Appretur ist in erster Linie die Frage zu entscheiden, ob die Ausführung der Bauten in einfacher oder besserer Weise erfolgen soll.

Die Größe der Anlage sowie die zur Verfügung stehenden Geldmittel werden wohl immer ausschlaggebend sein für die eine oder andere Art der Ausführung; insbesondere ist darauf zu sehen, daß die Rentabilität der Anlage durch die Bauausführung nicht beeinträchtigt wird.

Färberei-, Bleicherei- und Appreturbetriebe werden meist zu ebener Erde angelegt. Der große Bedarf an Wasser ist nur mit erheblichen Kosten in größere Höhe zu schaffen, die Kanalisation ist dann schwieriger und teurer, und bei darunter liegenden Hohlräumen müßten für die Zwischendecken mit schweren Maschinen und Einrichtungen besondere Fundationsverhältnisse geschaffen werden.

Für größere Anlagen wählt man Shedbau mit Oberlicht. Die natürliche Beleuchtung ist in diesem Falle eine vorzügliche, die Umfassungswände bleiben von Durchbrüchen — die Türen ausgenommen — frei und können zur Aufstellung von maschinellen Einrichtungen ausgenutzt werden. Einer Vergrößerung des Gebäudes steht der Dachstuhl nicht hindernd im Wege; die Bedachung kann durch Zufügung neuer Parallelsheds oder Verlängerung der vorhandenen Linien beliebig ausgedehnt werden. Bei kleineren Anlagen bis zu 15—20 m Tiefe ist auch der Etagenbau mit oder ohne aufgebaute Stockwerke anwendbar (der Dachraum wird dann vom Arbeitsraum durch eine warme Zwischendecke isoliert). Für nach dem kontinuierlichen Verfahren arbeitende Bleichereien und Färbereien ist der Etagenbau oft wünschenswert, um im 2. Stock die Ausbreitmaschinen, Naßkalander, Zylindertrockenmaschine usw. aufstellen zu können. Die natürliche Beleuchtung ist beim Etagenbau — insbesondere bei tiefen Räumen — ungünstiger als beim Shedbau; für die Heizung und Ventilation aber sind günstigere Verhältnisse vorhanden, da der Dachraum nicht miterwärmt zu werden braucht, sondern im Gegenteil als vorzügliche Isolierschicht wirkt, wenn die Bedachung dicht und warm angelegt ist. Am Shedbau wirken gerade die stark wärmeleitenden Oberlichtflächen ungünstig; einigermaßen wird das wieder aufgewogen durch den Umstand, daß bei Oberlicht etwa 40 % Fensterfläche: Bodenfläche genügt, während bei Etagenfenstern etwa 60 % nötig sind, wobei berücksichtigt werden muß, daß auch doppelt verglaste Fenster etwa doppelt so viel Wärme durchlassen als ein gutes Mauerwerk.

Die Hilfsräume, Trockenraum, Seng-, Näh-, Pack-, Muster-, Kontrollzimmer usw. werden — wenn auch sehr vereinzelt — bei Shedkonstruktion in einem Etagenbau ausgeführt, welcher in richtigen Verhältnissen dem eigentlichen Arbeitsraum vorgesetzt ist. Besser ist es, die Arbeitsräume unter demselben Dach und über demselben Boden anzulegen und die Zwischenwände so einzurichten, daß sie mit geringen Kosten und ohne Änderung des Hauptgebäudes versetzt werden können. Alle baulichen Anhängsel sind zu vermeiden, weil sie teuer und unschön sind und Änderungen erschweren.

Für Appreturen und Druckereien kommt der Hochbau eher in Betracht, da hier keine großen Wassermengen in die oberen Stockwerke zu schaffen sind und Spannrahmen, Druckmaschinen und Zylindertrockenmaschinen keine Belastungen ergeben, die der Bautechnik Schwierigkeiten bereiten. In solchen Fällen pflegt man die schwersten Maschinen, wie Kalander, hydraulische Mangeln usw. ins Parterre zu verlegen, manchmal auch in besondere Räume, um Erschütterungen an empfindlichen Appretur- oder Druckmaschinen zu vermeiden. Die Entscheidung, welche Bauart zu wählen ist, wird auch von der zur Verfügung stehenden Grundfläche bzw. den Grundstückpreisen abhängen. Die Platzwahl ist im übrigen in erster Linie durch die Wasserfrage bedingt, da die Textilveredelungsindustrie viel und möglichst reines, weiches Wasser verlangt, in zweiter Linie durch die Arbeiterfrage; sie wird sich daher meist an Wasserläufen in der Nähe von Spinnerei- und Webereizentren ansiedeln. Die Kohlenfrachten sind dabei weniger entscheidend.

Fundamentierung.

Gewissenhafte Untersuchung des Baugrundes ist nötig, und die Fundamente sind der Bodenbeschaffenheit entsprechend zu wählen.

Felsgrund ist bei Massengestein und wagerechten Schichten in Abstufungen auszuspitzen.

Kiesschichten, Gerölle mit Kies, Sand und Ton vermischt, nicht mit Wasser getränkt oder von Wasseradern durchzogen, sind guter Baugrund. Liegt unter der Sandschicht eine Lehmschicht, so muß erstere für Shedsowie ein- und mehrstöckigen Etagenbau mindestens $1\frac{1}{2}$ m dick sein, die Fundamentsohlen müssen dann breit angelegt werden.

Bei von Wasser durchtränkten oder durchzogenen Schichten ist eine 0,5—0,8 m starke Kies-Betonschüttung mit Portlandzement die beste Fundierung.

Aller Humus ist abzuheben.

Die gewöhnlichen Fundamente werden, wo das Material in der Nähe vorkommt, aus Bruchsteinen in hydraulischem Kalkmörtel hergestellt. Wo Kies leicht erhältlich, ist an Stelle von Bruchsteinen Stampfbeton (1 Teil Portland, 3 Teile Sand, 6—8 Teile Kies und Steinbrocken) vorzüglich anwendbar. Die Fundamentsohle soll 80—100 cm unter der Erdoberfläche liegen, damit der Frost nicht unter dieselbe eindringen und Erhebungen verursachen kann.

Umfassungsmauern.

Den vielen neuen Bau- und Isoliermaterialien steht man vielfach noch ziemlich absprechend gegenüber. Hinter diesen Neuerungen steht meist eine kurze Erfahrungszeit; die Handwerker verhalten sich ihnen gegenüber mancherorts ablehnend oder sind mit denselben nicht vertraut, und schließlich ist es durchaus möglich, mit den landläufigen Baumaterialien die vorgesteckten Ziele vollkommen und zweckmäßig zu erreichen.

Die Umfassungsmauern sollen

1. für den Transmissionsbetrieb hinreichend kräftigen und starren Anhalt geben,
2. schlechte Wärmeleiter sein, um Heizung und Ventilation zu erleichtern,
3. den Einflüssen der Dämpfe und Säuren widerstehen.

In folgendem werden die einzelnen Arten der Umfassungswände stets mit Bezug auf diese drei Erfordernisse beurteilt.

Wir können folgende Einteilung machen:

1. Holzwände.   2. Holzfachwände mit Backsteinausmauerung.
3. Bruchsteinmauern.   4. Backsteinmauern.
5. Zementbetonmauern und Eiseneinlage — Eisenbeton — (Etagenbau.)

Die unter 1 und 2 aufgeführten Wände sollen, da dieselben unter den heutigen Verhältnissen wohl selten noch zur Ausführung gelangen, doch der Vollständigkeit halber beschrieben werden. Die Holzwände werden durch die notwendigen Isolierungen sowie durch die Imprägnierung der Hölzer fast ebenso teuer oder noch teurer als massive Mauern, auch wird die Baupolizei die Ausführung der Holzwände in den meisten Orten versagen.

Holzwände.

Als gut warmhaltende Konstruktion ist nachstehende Bauart bekannt (Abb. 1): Abbund aus 15 × 15 cm Holz, beiderseitig dichte Bretterverschalung (Abb. 2. Nut und Feder) und außen auf den Fugen noch Deck-

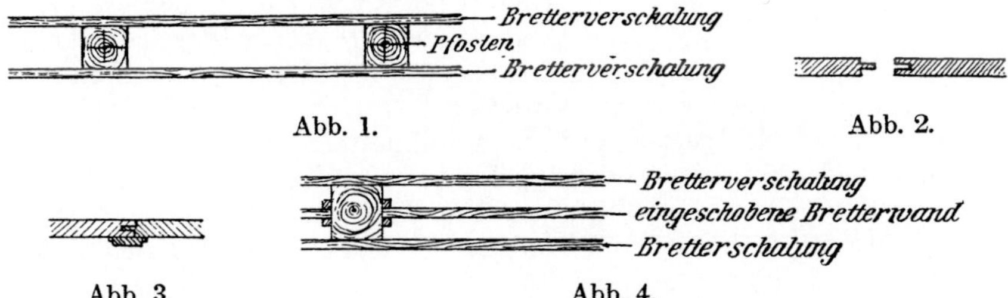

Abb. 1.   Abb. 2.

Abb. 3.   Abb. 4.

leisten (Abb. 3). Die zwischen den Holzverkleidungen stehende 15 cm-Luftschicht isoliert gut. Es ist eine ganze Reihe von Abweichungen möglich.

a) Mit eingeschobenen Wänden, d. h. von innen nach außen: dichte Bretterverschalung, Luftschicht 6 cm, in eingestemmten (oder besser durch aufgenagelte Leisten hergestellten) Nuten liegende 3 cm dicke Innenwand, 6 cm Luftschicht, äußere Holzverkleidung (Abb. 4).

Statt der Luftisolierschicht werden häufig Füllmittel, Sägespäne oder Strohzöpfe, mit Kalk vermischt, angewendet; bei dichter Holzverkleidung ist die Luftschicht besser.

b) Statt der äußeren Holzverkleidung werden Zementdielen mit Zementputz verwendet, welche nach außen den Anschein der Dauerhaftigkeit wahren und vorzüglich isolieren.

c) Die Isolierfähigkeit kann wesentlich erhöht werden durch hinter der Holzverkleidung angebrachte besondere Schichten, z. B.

aus Filz (sehr teuer),

aus Wollabfällen, welche auf Papier aufgeklebt und mit mineralischer Seife feuersicher gemacht sind,

aus Superatorplatte (Asbestabfälle auf Drahtgewebe geklebt, sehr feuersicher).

Alle diese Hilfsmaterialien sollen die Wände im Inneren, also zwischen den beiderseitigen Schalungen und nicht an der inneren oder äußeren Gesichtsseite bedecken, da sie durchweg den Einflüssen der Textilgewerbe oder der Witterung nicht unmittelbar ausgesetzt sein sollen, denen Holz besser widersteht.

Amerikanische Holzwände (Abb. 5) aus kreuzweise übereinandergenagelten, in jeder Schicht dichtgefügten Brettern bestehend, ersparen durch ihre hohe Tragfähigkeit den Gebälkeabbund (Fenster und Türen werden erst an der aufgerichteten Umfassung eingeschnitten) und geben in doppelter durch Isolierluftschicht getrennter Wand jedenfalls eine vorzügliche Umfassung; auch sind Kombinationen mit anderen die schlechtere Wärmeleitung bezweckenden Bauarten leicht denkbar. Als Hauptübelstand bleibt dabei die Unmöglichkeit, an solchen Wänden Transmissionen zu befestigen, da sie stark federn; die vielen Nägel würden bei den in Frage kommenden Gewerben der Textilindustrie bald rosten, und durch ihre Zerstörung dürfte die anfängliche Dauerhaftigkeit rasch verringert werden.

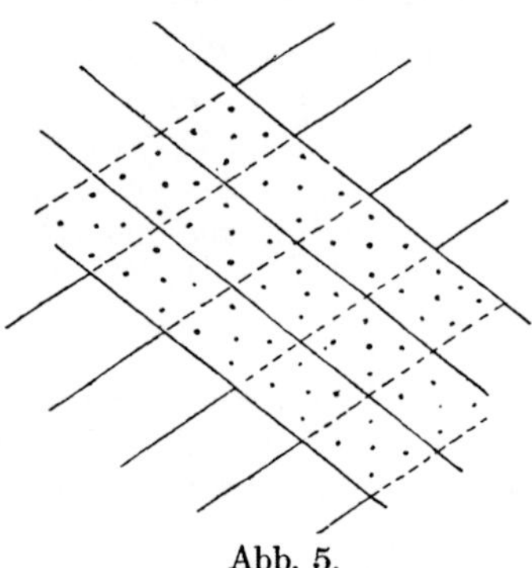

Abb. 5.

Alle Holzwände werden auf einen mindestens 50 cm hohen Sockel (von Portlandzementbeton oder aus Bruch- oder Ziegelsteinen mit Portlandzement abgeputzt) gestellt, um das Holz von dem stets feuchten Boden entfernt zu halten und von den Einflüssen der über den Boden fließenden Chemikalien zu schützen.

Wie schon zuerst bemerkt, ist die Ausführung der Holzwände sehr selten, und können nur ganz besondere Verhältnisse die Ausführung derselben rechtfertigen.

Zu bemerken ist noch, daß die Holzbauten mit einer bedeutend höheren Feuerversicherungsprämie belegt werden als alle anderen Ausführungsarten.

Holz widersteht der Feuchtigkeit nicht vollkommen, am besten von den billigen Hölzern das Lärchenholz, dann

harzreiches Föhrenholz.

Eichenholz, des hohen Preises wegen nur als Schwellen-, Tür- und Fenstergestelle und als Unterzüge der Decke oder des Sheddaches verwendbar, ist vorzüglich.

Ein zweimaliges Imprägnieren der Holzkonsrtuktionen und Bretterverschalungen vor dem Aufrichten derselben mit Karbolineum oder Antinonnin — verbunden mit lufttrockenem Ablagern der Hölzer und Bretter — ist unbedingt erforderlich und erhöht die Widerstandsfähigkeit der Holzteile ganz bedeutend.

Die Holzwände verhalten sich

zu 1. ungenügend, namentlich die amerikanischen Wände,

zu 2. bei Anwendung von Isolierluftschichten und besonderem Isoliermaterial: gut;

zu 3. bei Anstrich mit Karbolineum — gut.

Luftisolierschichten sind den Füllmaterialien vorzuziehen, da das Holz in diesem Falle leichter Gelegenheit hat, aufgenommene Feuchtigkeit wieder abzugeben; es stockt weniger. Durch Imprägnierung z. B. mit schweren Teerölen wird dem Holz große Widerstandsfähigkeit verliehen.

Holzfachwände mit Ziegelsteinausmauerung.

Es ist hierbei vorteilhaft, bei den Pfosten eine einspringende Dreikantleiste aufzunageln, an welcher die Backsteine eingepaßt vermauert werden, und welche ein späteres Herausfallen des Mauerwerks verhindert. Ohne besondere Isolierung ist die Riegelwand für fragliche Zwecke ungenügend. Die einfachste Form ist nach innen eine mit Luftschicht vorgesetzte Bretterverkleidung, wie bei den Holzwänden beschrieben. Ver-

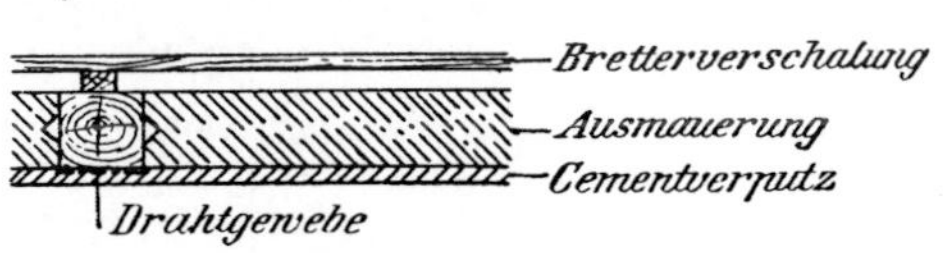

Abb. 6.

einigung mit hinter der Holzverkleidung liegendem besonderen Isoliermaterial ist vorteilhaft (wie bei den Holzwänden). Nach außen ist ein Zementmörtelputz angenommen (Abb. 6).

Die Innenflächen der Wände können ebenfalls mit einem geglätteten Zementputz versehen werden, wobei die Holzpfosten mit Drahtgewebe einzubinden sind. Dieser Innenputz gewährt einen dauerhaften Schutz der Holzkonstruktion und des Ziegelmauerwerks, jedoch ist dann die Anbringung einer äußeren Isolierluftschicht unerläßlich.

Es ist ein 50 cm hoher Sockel wie bei den Holzwänden nötig. Riegelwände verhalten sich

zu 1. ungenügend,

zu 2. je nach der besonders hergestellten Isolation genügend bis vorzüglich,

zu 3. genügend.

Das Mauerwerk muß gut gedeckt sein; es zieht immer Feuchtigkeit an und steckt dadurch das Gebälke an, welches bei dieser Bauart rascher zerstört wird als bei hohlen Holzwänden. Zementputz im Innern mindert diese Gefahr bedeutend. Anstrich der Hölzer mit Karbolineum ist stets zu empfehlen.

Bruchsteinmauern.

Wo sich Steinbrüche in der Nähe befinden, sind diese Mauern am vorteilhaftesten; der Isolation wegen ist die Mauerstärke reichlich zu nehmen und ist überall da, wo schwere Transmission angehängt wird, ein aufrechter Streifen mit Steinen aufzumauern. Nach innen ist durchaus ein Abputz von Portlandzement zu empfehlen; derselbe wird bis auf 2 m Höhe vom Boden ab glatt abgerieben, um ein Abwaschen der Wände zu ermöglichen. Außen genügt ein Zementfugenputz. Die Herabminderung der Wärmeleitung wird — wie erwähnt — durch die große Wandstärke gesucht; es ist dies die einfachste Form der Umfassungsmauern. Eine Vereinigung mit anderen Isolierschichten ist hierbei nicht leicht herzustellen; Hohlräume schwächen das Mauerwerk.

Die Bruchsteinmauern verhalten sich

zu 1. sehr gut, zu 2. gut bei großer Mauerstärke,

zu 3. sehr gut mit Zementputz.

Backsteinmauern.

Shedbauten in 1½ Normal-Steinstärken mit innerem, geglättetem Zementputz und äußerem Zementfugenputz, mit Verstärkungspfeilern für die Transmissionen sind als einfachste, billigste, aber auch gute Ausführung jetzt überall gebräuchlich.

Schlechte Wärmeleitung ist durch eine 6 cm starke Luftisolierschicht zu erreichen; die Transmissionspfeiler sind in vollen Pfeilern aufzumauern, sonstige Ausführung wie besprochen (Abb. 7). Die Backsteinmauern verhalten sich:

Zu 1. gut, Pfeiler entsprechend stark nehmen,

zu 2. genügend, bei Isolation sehr gut,

zu 3. sehr gut.

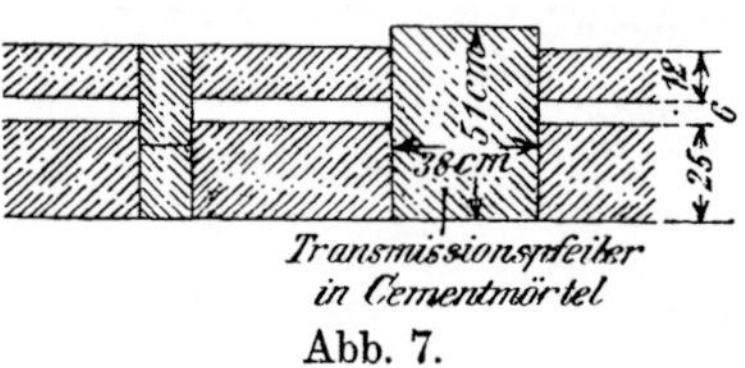

Transmissionspfeiler
in Cementmörtel
Abb. 7.

Die Backsteine müssen frei von eingesprengten Kalksteinchen sein. Dieser Kalk wird durch das Brennen der Steine in Ätzkalk verwandelt und wird beim oder nach dem Vermauern durch Zutritt von Feuchtigkeit gelöscht; es tritt Volumenvermehrung ein, welche das Absprengen von Steinstückchen samt Putz zur Folge hat.

Zementbetonmauern mit Eiseneinlage (Eisenbetonbau.)

Diese Ausführungsart wird bei Etagenbauten Verwendung finden können, und es werden speziell die tragenden äußeren und inneren Pfeiler sowie die Deckenkonstruktionen in Eisenbetonbau ausgeführt, während die Zwischenflächen mit Backsteinen unter Berücksichtigung der unter Backsteinmauern angeführten Grundsätze behandelt werden müssen.

Das Verhalten zu 1., 2. und 3. ist dasselbe wie bei „Backsteinmauern".

Zwischenwände.

Die Zwischenwände sind möglichst so zu konstruieren, daß dieselben leicht fortzunehmen sind, um an einer anderen Stelle wieder Verwendnng zu finden, auch dürfen dieselben nur wenig Raum einnehmen. Es kommen folgende Wandarten in Frage:

Holzwände, Backsteinwände, Patentwände.

Die Holzwände sind als Holzfachwerkwände mit eingesetzter oder einseitig aufgenagelter Holzverschalung zu konstruieren; die (Abb. 8 und 9) sämtlichen zur Ver-

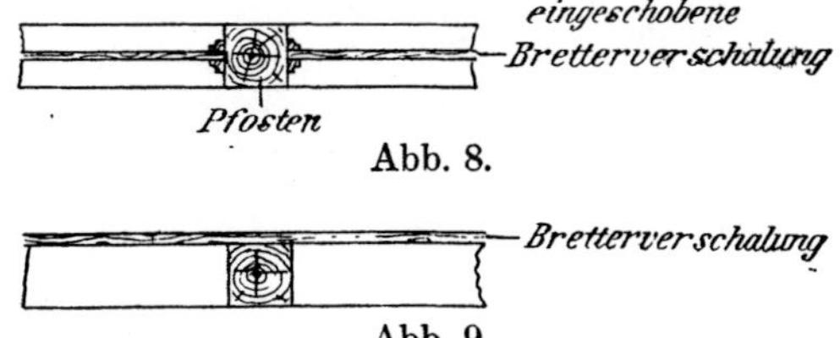

Abb. 8.

Abb. 9.

wendung kommenden Hölzer und Bretterverschalungen sind vor dem Versetzen zweimal mit heißem Karbolineum zu tränken und lufttrocken abzulagern.

Die Holzwände in dieser Ausführung sind billig, da die Materialien nach Abbruch der Wände wieder verwendet werden können; sie sind aber nicht feuersicher.

Backsteinwände in ½ Normal-Steinstärke in Mörtel mit Zementzusatz in Schornsteinverband ausgeführt, sowie beiderseitig ausgefugt, eventuell aber beiderseitig bis zu einer Höhe von 2,00 m mit geglättetem Zementputz versehen, sind ebenfalls empfehlenswert.

Unter den sogenannten Patentwänden kommt für unsere Betriebe nur die Zement-Rabitz-Patentwand mit beiderseitigem geglätteten Zementputz in Frage. Diese Wand nimmt sehr wenig Platz ein, ist feuersicher und freitragend, braucht daher nicht die geringste Fundierung, in welcher Beziehung sie allen massiven Wänden vorzuziehen ist.

Türen und Fenster.

Die Türen der Umfassungsmauern sind möglichst doppelt auszuführen. Die Türgerichte sind

bei Holz- und Holzfachwerk mit Ausmauerung aus Eichenholz,
bei Bruchsteinmauern aus Granitstein.

Kalk- und Sandsteine sind auszuschließen; sie verwittern beim Zusammentreffen der Dämpfe aus dem Raum und durch äußere Witterungseinflüsse. Fenstergerichte sind aus dem gleichen Material, ebenso die Fensterschwellen. Die Türschwellen ebenfalls; diese erhalten behufs geringerer Abnutzung und zum Dichtbleiben der Fugen an den Kanten eiserne Winkel eingelegt (Abb. 10).

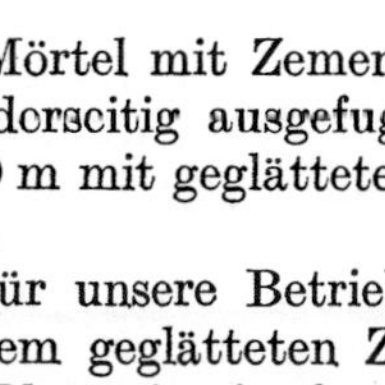

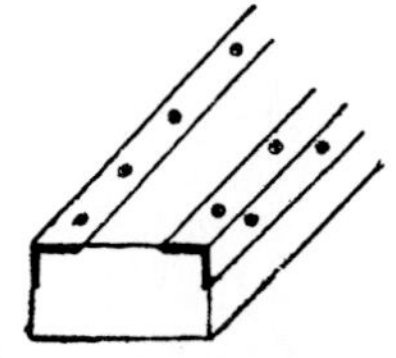
Abb. 10.

Die Fenster sind doppelt (Vorfenster oder doppelt verglast), mit einer Luftisolierschicht zwischen den Scheiben. Die gesamte zum Öffnen eingerichtete Fensterfläche muß mindestens ⅓ der Lichtfläche betragen. Die Lüftungseinrichtungen müssen vom Fußboden aus eingestellt werden können. Ein Teil der

Öffnungsfläche ist als Aussteigeflügel auszubilden, muß zu diesem Zweck eine Breite von 60 cm und eine Höhe von etwa 110 cm erhalten und zur Ermöglichung eines leichten Aussteigens bis auf die Fenstersohle reichen. Der Aussteigflügel muß sich mit einem Griff öffnen lassen. Von der Ventilationseinrichtung — eine solche wird auch bei den Shedfenstern gefordert — dürften die Textilgewerbe angesichts der bei ihnen vorhandenen anderen Vorrichtungen auf Ansuchen entbunden werden.

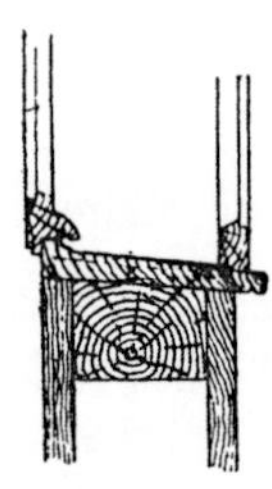

Abb. 11.

Die Fensterrahmen können in der landläufigen Bauart aus Eichen- oder Pitch-pine-Holz oder Eisen konstruiert sein; beide Materialien sind unter einem guten Anstrich von Leinölfirnis zu halten (Abb. 11). Die Fensterbank wird nach unten und außen durchbohrt und zum Wasserablauf ein Röhrchen eingelegt.

Bedachung.

Dieselbe ist verschieden für Etagen- und für Shedbau. An beide Arten sind folgende Anforderungen zu stellen:

1. Hinreichend dauerhafte Herstellung, um Transmissionssträngen kräftigen und starren Anhalt zu geben.

2. Gute Isolation.

3. Widerstand gegen Einfluß der Säuren und Feuchtigkeit.

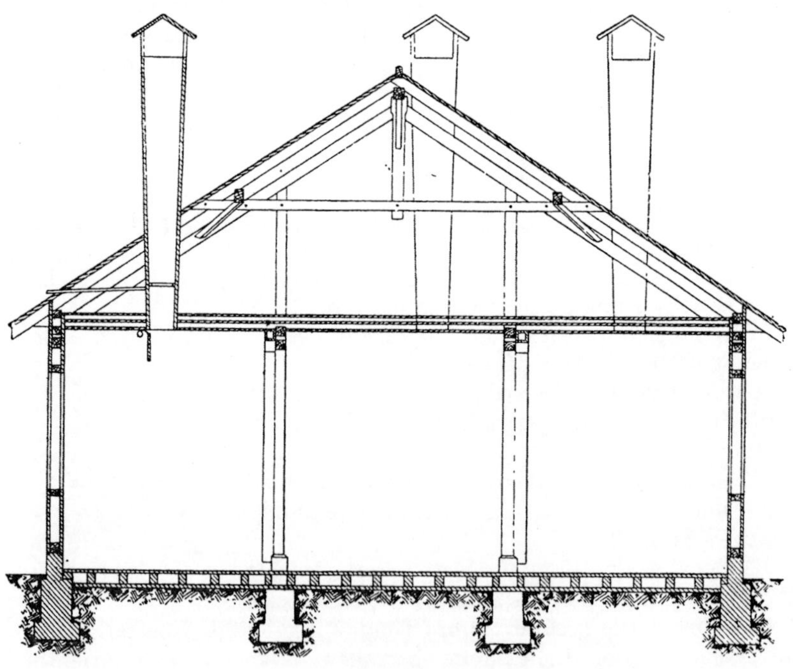

Abb. 12.

Beim **Etagenbau** wird der Abschluß des Arbeitsraumes noch oben zunächst durch eine Decke erreicht; die eigentliche Dachfläche kann durch zwischenliegende Stockwerke von derselben ganz getrennt sein, als Pfetten- und Sparrendach ausgeführt werden. Bei ihr ist nur auf gute Isolierfähigkeit zu sehen, welche in ähnlicher Weise erstrebt ist wie bei der ohne Oberlicht ausgeführten Dachfläche des Sheddaches (Abb. 12 und 13).

Die Deckenbalken ruhen auf den Umfassungsmauern und auf hölzernen (auf Steinsockeln stehenden), am besten lärchenen oder eichenen Stützen. Noch richtiger ist es, gußeiserne, flach auf den Boden gestellte Träger zu ver-

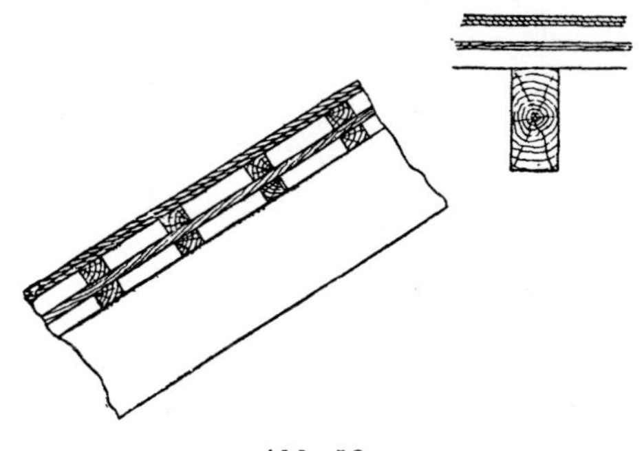

Abb. 13.

wenden. Über den Trägern liegt der Unterzug; es wird empfohlen, denselben doppelt einzulegen, die beiden Balken durch zwischengelegte Gummiplatte voneinander zu trennen und nur durch einen Zaum miteinander zu verbinden (Abb. 14). An den unteren Balken wird die Transmission gehängt, an den oberen die Wasser- und Dampfleitungsrohre, und ihnen werden die Deckenbalken aufgelegt. Es soll durch diese Bauart erreicht werden, daß die Erschütterungen der Transmission weniger stark auf die Decke (bzw. bei Shedbauten auf das

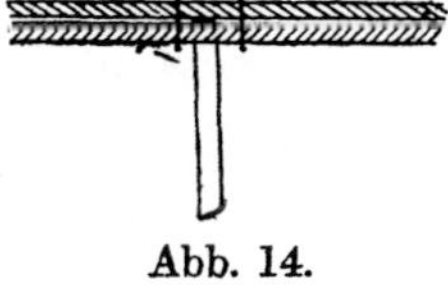

Abb. 14.

Dach) übertragen werden. Wo im Innern keine Transmission aufzuhängen ist, genügt ein einfacher Unterzug.

Die Decke selbst besteht von unten nach oben aus folgenden Lagen:

Dichte Holzverkleidung mit Feder- und Nutbrettern mit Karbolineumanstrich, Luftisolierschicht, gewöhnlicher Zwischenboden, Isoliermaterial, dichter Bretterboden.

Als Isoliermaterial kann Steinkohlenschlacke, Guß aus Kalk, Sägespänen, Filz, Platte aus Wollabfällen usw. dienen.

Anstatt der unteren Holzverkleidung ist eine Rabitzdecke in Zement mit geglätteter Unterschicht sehr zu empfehlen; dieselbe ist absolut feuersicher.

Eine Einrichtung zum Auffangen der Tropfen kann bei dieser wagerechten Decke nicht angebracht werden. Zur Ventilation werden über je etwa 25 qm Bodenfläche Abzugsschornsteine aufgesetzt. Es sind dies ☐-Holzkanäle, am unteren Ende etwa 40 cm Seite messend und in einem Winkel von 3° nach oben divergierend. Zwei Klappen mit Zugschnur, vom Boden aus zu öffnen und selbstschließend, ermöglichen einen gut isolierenden Abschluß. Nahe dem unteren Ende ist im Innern eine Blechrinne mit Ableitungsrohr zum Wegschaffen des sich an den Wandungen bildenden Kondensationswassers angebracht.

Das Sheddach kann in Holzbau oder hart ausgeführt werden.
Säulen aus Gußeisen wie beim Etagenbau oder aus U-Eisen vernietet.
Doppelter Unterzug wie beim Etagenbau oder Eisenkonstruktion.

Der Dachstuhl aus hölzernen Sparren ist mit Geißfußeinschnitten auf
den oberen Unterzug aufgesetzt, oben verzapft, die Neigung der längeren
Dachfläche sei etwa 23°, die der Fensterseite etwa 67°; die letztere soll
gegen Norden liegen. Die längere Dachfläche erhält von innen nach

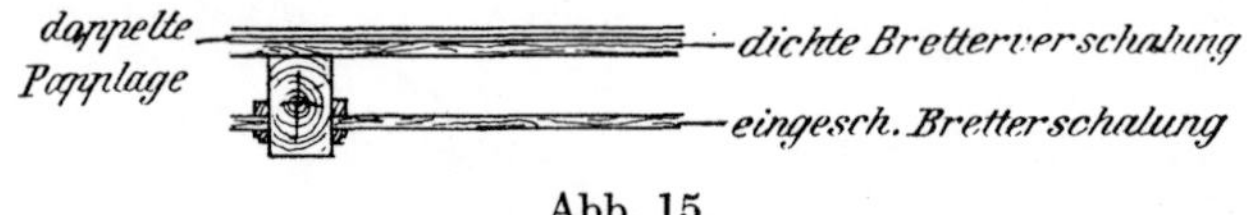

Abb. 15.

außen (Abb. 15) in Nuten liegende dichte Schalung mit Feder und Nute
(Nägel würden herausrosten), Luftisolierschicht, 9 cm dick, äußere dichte
Schalung mit doppellagiger Dachpappe (Abb. 15) oder Schalung mit ein-

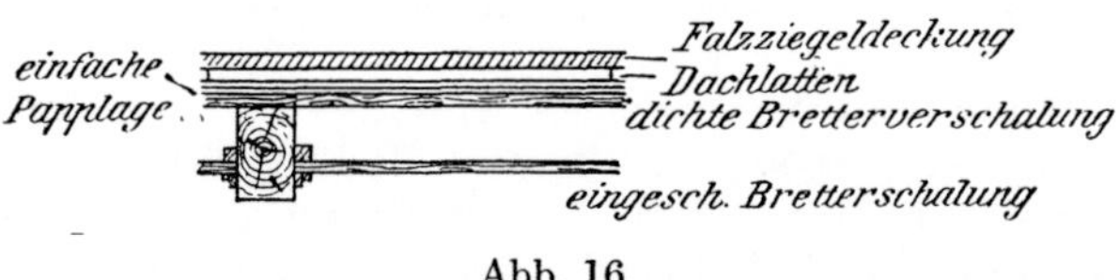

Abb. 16.

facher Papplage, darüber Dachlatten und Falzziegeldeckung (Abb. 16).

Abweichungen mit anderen Isoliermaterialien sind in verschiedener
Zusammenstellung möglich. Als Ventilationsabzüge sind die beim Etagen-

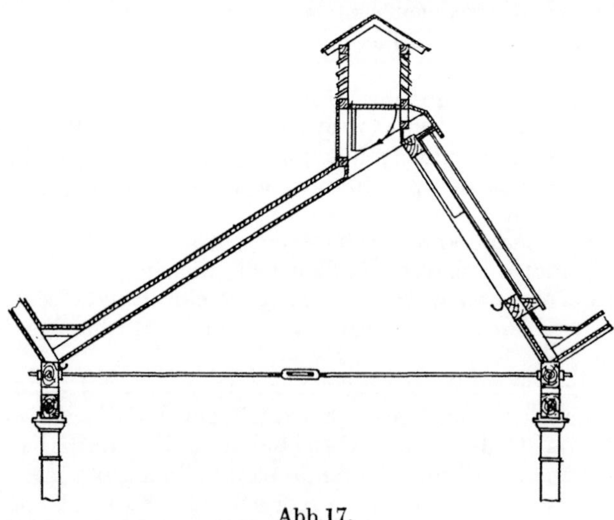

Abb. 17.

bau beschriebenen Schornsteine anwendbar oder dann die in Abb. 17
wiedergegebenen Dachreiter mit vom Boden aus schließbaren Läden.
Die Verglasung der Fensterfläche ist eine doppelte. Beide Scheiben-

schichten werden zwischen ⊤ Eisensprossen gelegt und gut eingekittet, die untere Sprosse legt sich auf das Pfettenholz der Dachkonstruktion auf, während die äußere Sprosse auf einer starken Querleiste befestigt wird.

Als Glasscheiben sind für beide Schichten 4—6 mm starke Rohglastafeln oder als äußere Scheibe Rohglas und als innere Scheibe weißes rheinisches Glas zu verwenden. Die Dichtung bei Falzziegeldeckung ist aus Abb. 18 ersichtlich; wo Dachreiter an dem First angeordnet sind,

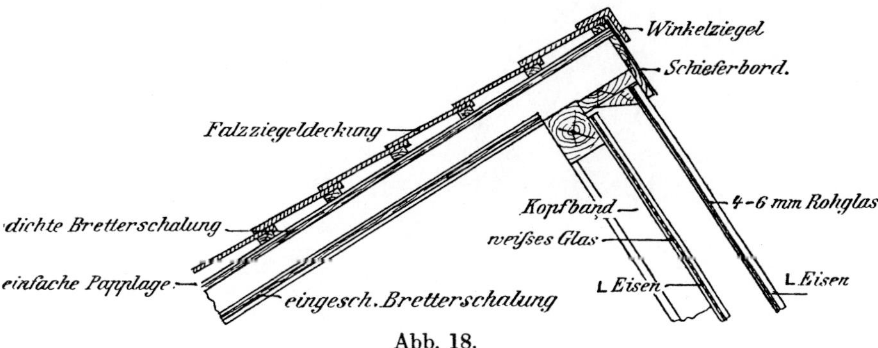

Abb. 18.

wird die Dichtung aus Zinkblech hergestellt. Das Schweiß- und Tropfwasser sammelt sich am unteren Rahmenende und wird durch ein Röhrchen in eine auf der Innenseite des Gebäudes angebrachte, gußeiserne Rinne geleitet, welche zugleich die Bestimmung hat, das Schweißwasser der Innenfläche aufzunehmen; eine ähnliche Rinne ist auf der Innenseite des Daches. Bei Dächern mit nur doppellagiger Dachpappeneindeckung wird die Firstdichtung durch eine winklig gebogene Zinkdichtung hergestellt, dieselbe greift von der Pappe bis zu der Schieferbekleidung des Stirnbordes.

Diese Zinkleiste wird auf der Dachseite mit einem aufrecht stehenden Falz versehen, um beim Teeren des Daches ein Beschmutzen der Fensterflächen zu verhindern (Abb. 19).

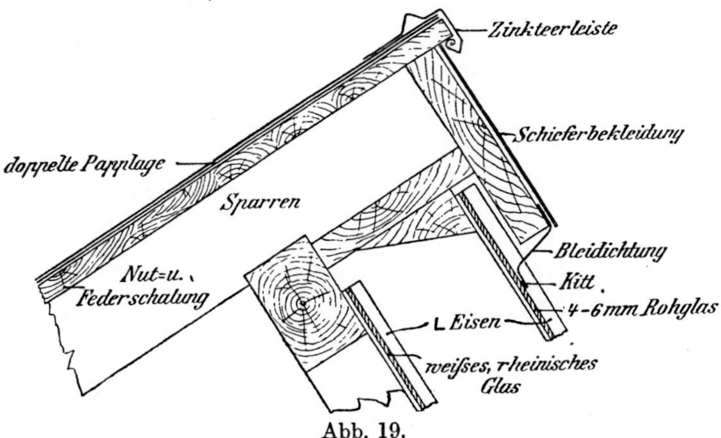

Abb. 19.

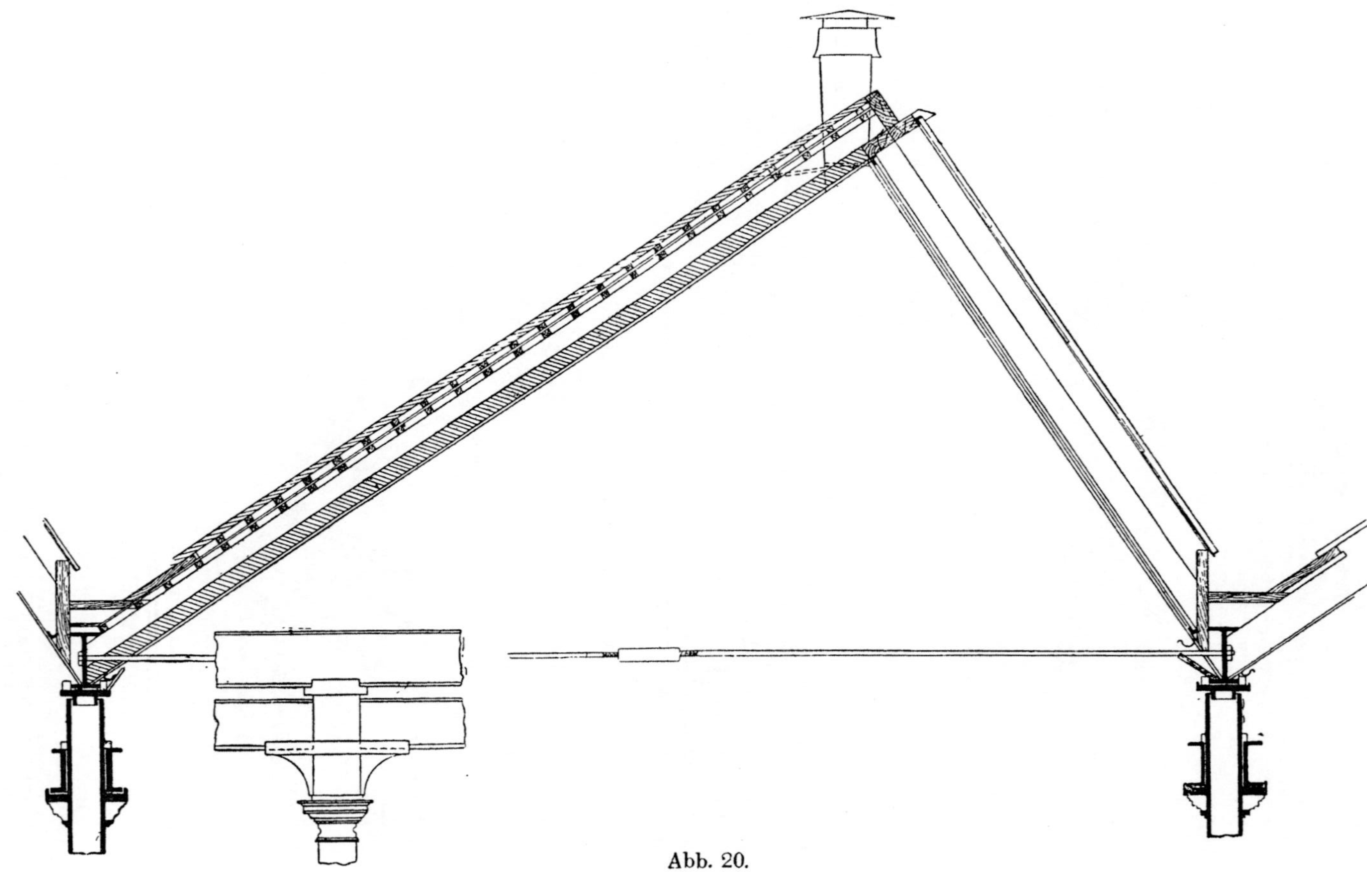

Abb. 20.

Das Regenwasser, welches sich auf der Fensterfläche niederschlägt, kann bei beiden Konstruktionen ungehindert in die Hauptrinne abfließen.

Die harte Bauart (Abb. 20) setzt sich auf eiserne Unterzüge auf; die Säulen sind aus Gußeisen oder zusammengenieteten U-Eisen. Die Konsole für den unteren Unterzug besteht aus zwei vorspringenden Armen, auf welche der zusammengeschraubte zweiteilige aus zwei][-Eisen bestehende untere Unterzug aufgelegt ist; die Konsole für den oberen Unterzug aus I-Eisen bildet ein einfaches Lager. Die Sparren bestehen aus I-Eisen. Zwischen den Sparren wird eine Decke aus hohlen Backsteinen, deren Länge gleich der Sparrenentfernung ist, gelegt. Eine andere Konstruktion ist das Ausfüllen der eisernen Sparren mit einer 6—10 cm starken Bimsbetonmischung. Die Stärke der Decke richtet sich natürlich nach der Entfernung der Sparren.

Beide Ausführungsarten werden nach innen derart mit Zement verputzt, daß die Eisenkonstruktion mit Zement überdeckt ist, so daß nach innen eine einzige vorzüglich widerstandsfähige Fläche gebildet wird (Abb. 21). Von innen nach außen folgt Luftisolierschicht, äußere dichte Schalung mit doppellagiger Dachpappe oder Schalung mit einfacher Papplage mit Dachlatten und Falzziegeldeckung mit beliebigen Ab-

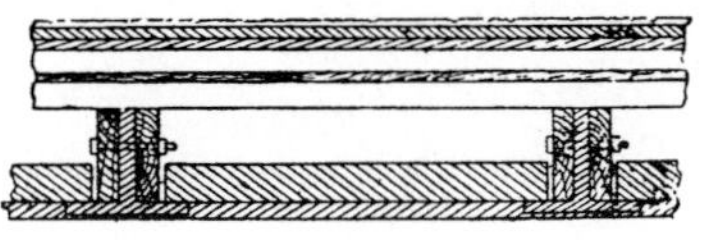

Abb. 21.

weichungen. Zur Ventilation dienen die beschriebenen Kamine; die Fensterflächen sind ähnlich wie bei Holzdachstühlen eingerichtet, ebenso die Firsteindeckung und die Vorrichtungen zum Auffangen des Schweißwassers.

Zu diesen gestellten Anforderungen verhalten sich die einzelnen Konstruktionen wie folgt:

Decke beim Etagenbau:

Zu 1. befriedigend. Bei allen Ausführungsarten sind zum Befestigen der Transmissionen in erster Linie die Säulen in Anspruch zu nehmen; sie nehmen die Erschütterungen am besten auf. Querlaufende Transmissionen und Vorgelege werden an zwischen den Unterzügen eingelegten Querbalken befestigt, welche dann zugleich zum Binden bzw. Versperren der Bedachung dienen. Wo keine solchen Traversen nötig sind, werden nötigenfalls Zugstangen angewendet.

Zu 2. vorzüglich.

Zu 3. gut. Karbolineumanstrich unbedingt erforderlich.

Sheddach, Holzkonstruktion:

Zu 1. gut.   Zu 2. gut.

Zu 3. gut. Karbolineumanstrich unbedingt erforderlich.

Sheddach, Eisen, Stein und Beton:

Zu 1. gut.

Zu 2. befriedigend. Isolation kann beliebig erhöht werden.

Zu 3. vorzüglich.

Eine besonders beliebte Shedkonstruktion (Abb. 22) verwendet eine senkrechte Wandfläche als Fensterfläche, wobei eine beliebige Anzahl von schmalen Einzelfenstern, von unten drehbar, eingerichtet werden kann und wodurch gleichzeitig eine ganz hervorragende Ventilation erzielt wird.

Diese Ausführungsart gestattet, große Spannweiten ohne Säulen im Innern des Baues zu überwinden, und zwar bei geringem Konstruktions-

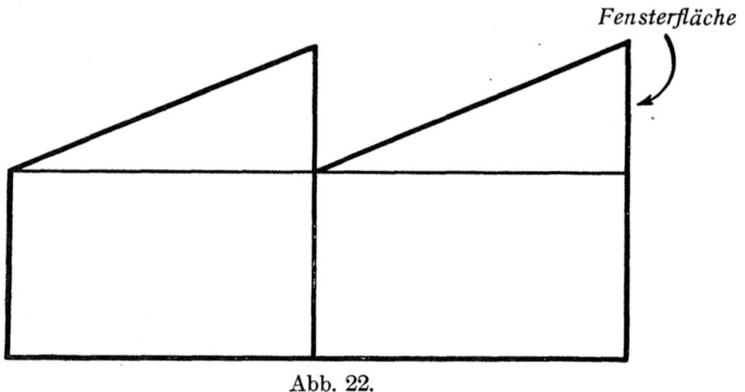

Abb. 22.

gewicht. First und Wasserrinnenwinkel bilden die Gurtungen der Träger, die Fenstersprossen, eventuell die Dachsparren, die diagonal gestellt werden, bilden die Gitterstäbe der Träger, es ist somit kein Teil des Dachgerippes, welches als tote Last wirkt. Isolierungen gegen äußeren Temperaturwechsel, Vorrichtungen zum Ableiten und Abfangen von Kondenswasser können ebenso leicht angebracht werden wie bei jeder anderen Dachkonstruktion. Die Dachträger bieten den Transmissionen so feste und starre Aufhängepunkte, wie sie besser nicht gewünscht werden können. Diese Bauart ist in Holz und Eisen ausführbar; die senkrechte Fläche ist bei Shedbau zugleich die Fensterfläche, es können daher gleiche Fensteranlagen wie bei Umfassungswänden angewendet werden. Die Fensterfläche fällt kleiner aus als bei den (im Winkel von 67°) geneigten Shedfenstern. Unter Berücksichtigung später nötig werdender Vergrößerungen und mit Vergleichung endgültiger Kostenanschläge wird diese Ausführungsform bei einem Neubau ernster Beachtung empfohlen.

Zwischen den Sheds liegt die Dachrinne (Abb. 23). Sie muß namentlich bei langen Gebäuden einen großen Querschnitt haben. Form und reichliches Gefälle wird durch eingelegte Bretter bestimmt und die Rinne aus verbleitem Eisenblech darüber gelegt. Sie ist an beiden Seiten mit Mennigfirnis angestrichen, greift bei der Fensterfläche unter die vorspringenden Scheiben und auf der flachen Dachseite unter die Ziegel. Sie wird mittels Nägeln mit großen Köpfen

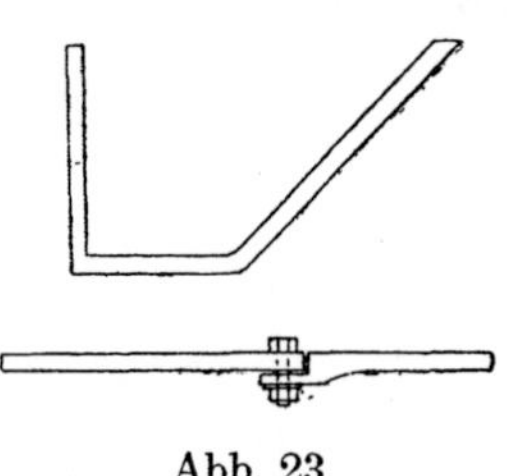

Abb. 23.

in Schlitzen befestigt, und zwar nur seitlich, damit eine beschränkteLängs-
dehnung möglich ist (Abb. 24); die Nuten werden übereinander gefalzt.
Von anderen Materialien liefern Zinkblech und verzinktes Eisenblech schlechte Resultate. Sehr gut, aber teuer ist reines Bleiblech, doch
muß beim Betreten der Schalen noch größere
Sorgfalt verwendet werden als bei verbleitem
Eisenblech. Gußeiserne Rinnen gelangen ebenfalls zur Verwendung. Dieselben werden nach
gegebenem Querschnitt gegossen; die Fugen sind
bis zum Überblatten und Verbinden mit Mutterschrauben einzurichten; zwischen die Fuge kommt

Abb. 24.

eine Mennigverdichtung, welche zugleich die Gefällsdifferenz in der Fuge
ausgleichen soll. Die ganze Rinne ist frei über die Holzschale zu legen
und nur an einem Ende zu befestigen. Beidseitiger Anstrich mit Blei-
Mennige schützt vor Rosten und gewährleistet in dieser Konstruktion
eine fast unzerstörbare Rinne. Ferner ist noch ein Auskleiden der
Rinnenschalung mit dreifacher Papplage zu erwähnen; die Lagen sind
im Verband gut mit Asphalt einzukleben und zu teeren; diese Rinnen-
ausführung ist sehr billig und bei richtiger Unterhaltung von langer
Lebensdauer. Das Abfallrohr muß genügend weit sein und wird senkrecht im Innern des Gebäudes — damit ein Einfrieren vermieden
wird — an den angegossenen Rinnentrichter angeschlossen. Krümmungen sind auszuschließen; in den langen Rinnen häuft sich im
Winter viel Schnee und Eis an, welche in den Krümmungen hängen
bleiben und so Störungen und Reparaturen verursachen.

Der Boden.

Derselbe verlangt — soll er dauerhaft sein — eine zuverlässige unveränderliche Unterlage, so gut wie die Umfassungsmauern ein Fundament.
Fehlt dieselbe, so wird die Bodenfläche unterhöhlt und dadurch unfähig,
Lasten zu tragen. Humus muß entfernt und notwendige Auffüllungen
müssen in dünnen Schichten aufgelegt und festgestampft werden, so
daß eine spätere Senkung nicht möglich ist. Um allen Ansprüchen genügen zu können, muß ein Bleicherei- oder Färbereiboden folgende Bedingungen erfüllen:
1. Von dauerhaftem Material sein, hart und widerstandsfähig gegen
   Ablaufen und Ausfahren durch die meist eisernen Räder der Zieh-
   karren.
2. Widerstandsfähig gegen Säurelösungen.
3. Widerstandsfähig gegen Chlorlösungen.
4. Widerstandsfähig gegen heiße und kalte Laugen.
5. Er muß den Arbeitsraum nach unten wasserdicht abschließen,
   damit keine der genannten Flüssigkeiten ins Erdreich gelangen
   und daselbst unterhöhlen kann.
6. Für den Fuß ordentlichen Halt bieten, keine Gleitfläche darstellen.
7. Notwendige Reparaturen müssen leicht, billig und ohne Betriebs-
   störung vorgenommen werden können.

Holzpflaster (Kopfholzpflaster) aus imprägniertem, australischem Hartholz (Abb. 25 und 26) hat ganz unbestreitbare Vorteile. Die Holzfaser steht senkrecht; sobald sie wagerecht, liegend verwendet wird, schie-

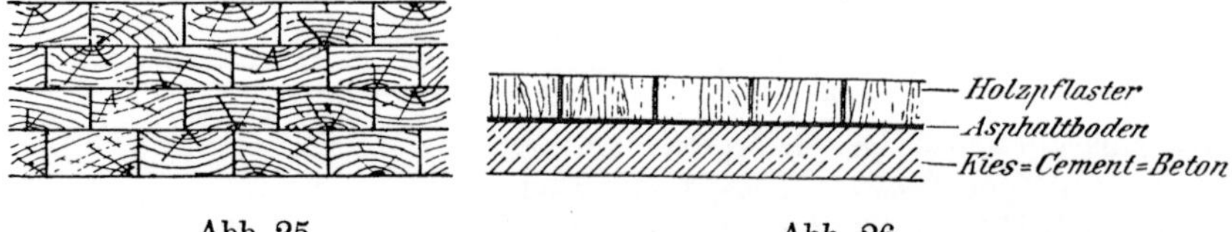

Abb. 25.   Abb. 26.

fert oder spänt sie ab und bildet Vertiefungen, während das Hirnholz eine gleichmäßige Struktur zeigt und sich deshalb auf der ganzen Fläche ziemlich gleichzeitig abnutzt.

Über das geebnete und hergerichtete Gelände ist eine Fundamentschicht aus Kies-Zementboden in genügender Stärke zu legen, um gleichmäßigen und sicheren Untergrund zu schaffen. Diese Schicht wird durch einen dünnen Asphaltbeton gegen die Einflüsse der Chemikalien von oben her sorgfältig isoliert. Auf die Asphaltlage kommen die Holzklötze etwa 8—10 cm breit und hoch und etwa 20—25 cm lang, die Fasern senkrecht stehend, jedes einzelne Holz in den gleichen Dimensionen wie das andere. Das Holz soll trocken sein, damit beim Einfluß der Wärme kein Schwinden stattfindet. Die obere Fläche des Holzes muß möglichst homogen sein; große, breite Jahresringe und Äste sind zu vermeiden. Die Fugen werden mit reinem Asphalt ausgegossen.

Zu oben aufgestellten Erfordernissen verhält sich diese Ausführungsart wie folgt:

Zu 1. Das Material ist dauerhaft und genügend hart, gegen Ablaufen und Abfahren sehr widerstandsfähig.

Zu 2. Gegen Säuren ist Holz sehr gut, von verdünnten Lösungen derselben wird es sogar konserviert.

Zu 3. Chlorlösungen zerstören auf die Dauer mit aller Sicherheit sämtliche Holzarten, selbst Eichen- und Eisenholz, wenn solche auch sehr lange widerstehen. Ein Imprägnieren der Holzklötze — wie vorgesehen — mit fettigen Stoffen, trocknenden Ölen, Teerölen, Harzen erhöht die Lebensdauer der Holzpflaster um ein bedeutendes. Der Schutz ist ein doppelter, weil den übrigen Einflüssen, welche Faulen hervorbringen, gleichzeitig begegnet wird.

Zu 4. Auch gegen Laugen, namentlich heiße kaustische, ist Holz nicht dauernd widerstandsfähig. Ein Imprägnieren dürfte hiergegen weniger helfen; die vorgeschlagenen Verfahren sind nicht ganz ausreichend.

Zu 5. Holzpflaster für sich allein würde nicht wasserdicht schließen, es muß abgedichtet werden, wozu sich in ausgezeichneter Weise Asphalt eignet.

Zu 6. Das Holzpflaster bietet dem Fuße hinreichend Halt.

Zu 7. Reparaturen sind vorteilhaft auszuführen. Unbrauchbare Hölzer werden herausgemeißelt, durch neue ersetzt, mit Asphalt vergossen, und die vorher schadhafte Stelle ist sofort wieder zum Gebrauch fertig.

Zementboden. Eine 10—15 cm dicke Unterlage von Stampfbeton, bestehend aus 1 Teil Portland und 5—7 Teilen Kies erhält einen 2—3 cm starken Estrich von 1 Teil Portland und 1 Teil feinem gewaschenen Quarzsand. Vor dem Gebrauch ist ein Ruhen des Bodens während 2 Wochen nötig.

Er verhält sich dann:

Zu 1. schlecht; da Hauptwege und Fahrstraßen sind in kurzer Zeit ausgetreten bzw. ausgefahren.

Zu 2. schlecht.   Zu 4. gut.

Zu 3. vorzüglich.   Zu 5. gut.

Zu 6. ziemlich gut; die Oberfläche darf nicht glatt sein, sondern muß nach dem Glätten mit einer gekuppten Walze abgezogen werden.

Zu 7. schlecht. Reparaturen sind nur dann ohne Störung möglich, wenn gut abgelagerte quadratische Platten in Vorrat gehalten und nach Bedarf in den schadhaften Boden eingepaßt werden. Die Platten müssen besonders dick, sorgfältig hergestellt und gepreßt sein. Ein neuer Bodenbelag von solchen Platten — am besten Basaltinplatten — ist dauerhafter als Stampfbeton, muß aber über eine Horizontalschicht von Zementboden gelegt werden.

Zementboden wird trotzdem als der billigste viel verwendet; auch läßt sich die Störung bei Reparaturen vermindern, indem in gewöhnlicher Weise stellenweise der Glattstrich erneuert und dann für einige Zeit durch aufgelegte Bretter vor dem Befahren geschützt wird.

Asphaltboden, als Guß 2—4 cm dick angewendet und über eine Fundamentschicht von Kieszementbeton gelegt, verhält sich:

Zu 1. genügend.

Zu 2. Die gewöhnliche Kies- und Sandbeimischung wird von Säuren herausgeätzt, so daß der Boden blatternarbig aussieht und rasch verbesserungsbedürftig wird. Wird auf Kollergang oder Schleudermühlen zerkleinerter Granit als Beimischung verwendet, so ist Asphaltbeton vorzüglich.

Zu 3. gut.

Zu 4. Gegen heiße Laugen und Abtropfen von Öl empfindlich.

Zu 5. gut.   Zu 6. gut.   Zu 7. gut.

Fußböden aus hartgebranntem Tonmaterial. Fußböden aus gewöhnlichen Ziegelsteinen haben sich nicht bewährt, das Tonmaterial muß besonders hart gebrannt sein, um sämtlichen Ansprüchen, die man an einen dauerhaften Färberei- und Bleichereiboden stellen muß, zu genügen.

Klinkerplatten. Dieselben haben eine Größe von 20 × 20 cm und eine Stärke von 6 cm. Diese Platten können glatt und gerillt (Abb. 27) verwendet werden. Die Rillen schützen den Fuß vor Nässe. Das Material hat eine Härte von 6—7.

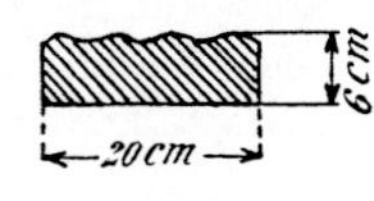

Abb. 27.

Die Verlegung erfolgt auf einer starken Unterlage von Kieszementbeton in reinem Zementmörtel, die Fugen sind gut mit Zementbrühe auszugießen. Dieser Belag ist gut und nicht teuer und verhält sich:

Zu 1. gut.   Zu 4. gut.   Zu 6. gut.
Zu 2. gut.   Zu 5. gut.   Zu 7. gut.
Zu 3. gut.

Pflaster-Klinker — auch Eisenklinker genannt — in Größe von 25 × 12 cm und einer Stärke von 4,5—5,7 cm wie vorstehend verlegt, liefern einen sehr guten und dauerhaften Boden, sind jedoch etwas teurer wie die Klinkerplatten.

Die Oberfläche kann glatt oder gemustert sein; bei letzterer emp-

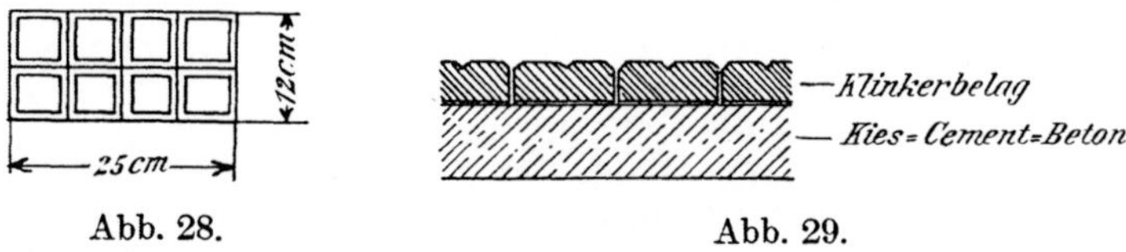

Abb. 28.   Abb. 29.

fiehlt es sich, den sogenannten achtkuppigen Stein (Abb. 28 und 29) zu verwenden. Der Fuß wird hier ebenfalls vor Nässe geschützt.

Der Boden verhält sich:

Zu 1. sehr gut.   Zu 4. gut.   Zu 6. sehr gut.
Zu 2. sehr gut.   Zu 5. gut.   Zu 7. sehr gut.
Zu 3. gut.

Werksteinboden. Als bester jedoch auch teuerster, ist der Bodenbelag aus Niedermendiger Basaltlavasteinen aufzuführen. Die Platten erhalten eine Stärke von 8—12 cm und sind, damit der Belag auch ein gutes Aussehen erhält in gleichen Bahnbreiten vorzusehen.

Als Unterlage der Platten ist ebenfalls eine Kiesbetonschüttung in genügender Stärke vorzusehen; das Verlegen erfolgt in Zementmörtel, die Fugen sind mit reinem Zementmörtel auszugießen. Dieser Belag, sachgemäß und mit Sorgfalt ausgeführt, ist unverwüstlich.

Der Boden verhält sich:

Zu 1. sehr gut.   Zu 4. sehr gut.   Zu 6. sehr gut.
Zu 2. sehr gut.   Zu 5. sehr gut.   Zu 7. sehr gut.
Zu 3. sehr gut.

Anstatt der Basaltlavasteine werden auch Sandsteine, wenn dieselben in der Nähe erhältlich, verwendet. In vielen Betrieben werden übrigens die Hauptfahrwege aus hochwiderstandsfähigen Klinkerplatten, die übrigen Teile des Bodens als Zementböden hergestellt, da Zementböden unter Maschinen vollständig genügen.

In den Färbereien werden außerdem um die Kufen noch Lattenroste verwendet, um die Füße der Arbeiter besser vor Nässe und Kälte zu schützen.

Der Boden wird mit einem Gefälle von 1 % zu den Kanälen angelegt, um Stauung des Wassers zu verhindern.

Wasserablauf (Kanalisation).

Der Ablauf muß ein rascher und vollständiger sein und auf kürzestem Wege zur Betriebsstätte hinausführen, verlangt also genügende Aufnahmeableitungen mit entsprechendem Gefälle. Legen der überströmten Bodenpartien mit Neigung nach den Kanalisationen, Vermeidung von Vertiefungen und Tümpeln im Boden ist deshalb notwendig.

Alle Ableitungen sollen leicht zugänglich sein und gründliche Reinigung ermöglichen. Tieflegung der Ableitungen ist daher zu vermeiden. Kanäle sind in dieser Hinsicht einem Rohrnetz überlegen.

Das Material muß den im Betriebe vorkommenden physikalischen und chemischen Einflüssen widerstehen. Kanäle und Schalen werden daher aus dem gleichen Material wie der Boden und mit demselben hergestellt. Von Rohren sind die Steingutrohre im Betrieb widerstandsfähig genug; außerhalb der Gebäude, wo die Abflüsse bereits stark verdünnt und mehr neutralisiert sind, können Zementrohre verlegt werden. Der Abfluß geschieht unmittelbar oder mittelbar in öffentliche Gewässer; selbstverständlich soll der tiefste Punkt der Kanalisation über deren höchstem Wasserspiegel liegen (s. a. unter „Abwasser").

Bei Anwendung von Kanälen führen den Umfassungsmauern entlang und durch die Betriebsstätte hindurch dazu parallele Kanäle; die Wandkanäle können offen bleiben, die inneren werden teils mit durchlöcherten gußeisernen Platten, teils mit Niedermendiger Basaltlavaplatten, deren Fugen etwa 1½—2 cm stark genommen werden und offen bleiben, abgedeckt.

Sämtliche Längskanäle werden durch einen inneren Querkanal, der zum Gebäude hinausführt, aufgenommen.

Das Rohrnetz liegt immer unter dem Boden und hat den Vorteil, den letzteren ganz und ungeteilt zu lassen. Die Sammlung des Wassers erfolgt durch senkrecht aufgesetzte Abfallrohre, welche oben in einem Granitabfallstein befestigt und mit gußeisernem durchlöcherten Deckel versehen sind (Abb. 30). Die Aufnahme der Abflußwässer ist eine weniger rasche als bei den Kanälen, die Reinigung ist eine erschwerte. Aus letzterem Grunde ist es vorteilhaft, von Strecke zu Strecke Sammelschächte anzulegen, welche befahren werden können und das Durchziehen der Rohrleitungen ermöglichen. Sie haben den weiteren

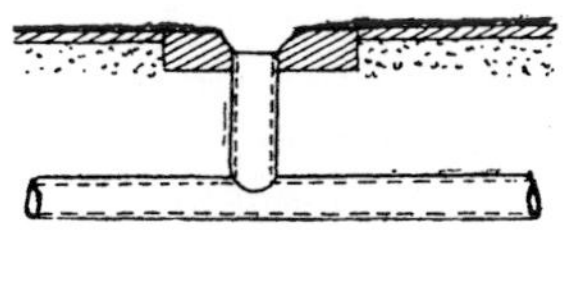

Abb. 30.

Zweck, alles Schwere, sich Absetzende aufzunehmen und alles Schwimmende zurückzuhalten, was durch eine im letzten Achtel der Länge des Schachtes angebrachte Querscheidewand von Eichenholz geschieht, welche immer unter Wasser taucht, ohne den Boden zu berühren, und oben über dem Niveau emporsteht.

Steinzeugrohre sollen mit einem Gefälle von mindestens 2% auf eine feste Grabensohle, eventuell auf gestampften Kies verlegt werden; die Dichtung erfolgt mit Teerstrick und Asphaltkitt, und die Schächte werden auf höchstens 30 m Entfernung vorgesehen.

Verschiedenes.

Bei der allgemeinen Anordnung ist zu berücksichtigen, daß der Arbeitsgang der Ware keine unnötigen Transporte innerhalb des Betriebes verursacht, sondern vom Rohwarenmagazin aus ein gerader Weg durch alle

Räume bis zur Expedition erfolgt. Besonders wichtig ist es, die viel Dampf verbrauchenden Betriebe wie die Kocherei, die Trocknerei, die Dämpfanlagen in nächste Nähe des Kesselhauses zu bringen, um durch kurze Rohrleitungen die Dampfverluste durch Abkühlung so gering wie möglich zu gestalten.

Das Chemikalienmagazin soll möglichst in die Mitte gelegt werden, so daß es von allen Betrieben leicht erreicht werden kann. Wird hierauf keine Rücksicht genommen, so ist die Anlage von Neben- oder Handmagazinen erforderlich, die die Kontrolle des Betriebes unnütz erschweren, oder es entstehen große Zeitverluste durch die langen Wege, die die einzelnen Betriebe zur Heranschaffung des benötigten Materials immer wieder zurückzulegen haben.

Rohwarenlager, Kesselhaus, Chemikalienlager und Expedition sollen an der Hauptverkehrsader gelegen sein. Bei gewöhnlichen Betrieben ist dies eine gut gehaltene Straße, bei Großbetrieben kommt hierzu mitunter ein Wasserkanal oder eine Eisenbahn, um in Waggonladungen bezogenes Material direkt in das Magazin abzuladen.

Insbesondere soll noch auf die Trockenhängen hingewiesen werden, da sie baulich nach anderen Grundsätzen angelegt werden müssen. Es kommt hier vor allem auf hohe Isolierfähigkeit gegen Wärmeverluste an, daher ist Backsteinmauerwerk mit Luftisolierschicht und ebenso ein gut isolierendes Dach am besten mit Korkplattenauskleidung zu empfehlen. Das Dach wird meist als Satteldach ausgebildet, um eine gleichmäßige Wärmeverteilung zu sichern und im ganzen Raume gleiche Hängehöhe zur Verfügung zu haben. Als Fußboden wird meist Zement verwendet. Es sollen möglichst wenig Fenster und Türen angebracht werden, um falsche Luftzu- oder -abfuhr und Wärmeverluste zu vermeiden. An manchen Orten sind auch Lufthängeschuppen üblich. Dies sind meist einfache Holzgerüste, die zum Zwecke des Regenschutzes mit leichtem Ziegeldach und Dachreitern für den Abzug der feuchten Luft ausgestattet sind. Um ein seitliches Hereinschlagen von Regen zu verhindern, können Vorhänge oder feste hölzerne Jalousien Verwendung finden, wobei der Rest des Gerüstes mit Holzschalung versehen wird oder auch als Riegelwand, $\frac{1}{2}$ Ziegel stark, ausgemauert wird.

Sehr zu empfehlen ist für größere Betriebe auch eine Badegelegenheit für die Arbeiterschaft. Man wählt am besten warme Brausebäder mit getrennten Auskleidegelegenheiten; es genügen sehr wenige Badestellen, die in den Herstellungskosten billig sind und auch wenig Warmwasser verbrauchen.

Auf etwa je 20 Männer oder 15 Frauen ist ein Abortsitz, auf erstere außerdem je eine Pissoirstelle zu rechnen, beide am besten mit intermittierender Wasserspülung; für Männer und Frauen sind getrennte Anlagen in der Nähe der Garderoben, die mit je einem verschließbaren Kasten zu versehen sind, einzurichten, außerdem mit Waschgelegenheit, möglichst mit fließendem Wasser.

Betriebstechnische Einrichtungen.

Es ist nicht unsere Aufgabe, hier die eigentlichen Arbeitsmaschinen zu beschreiben, welche in großer Reichhaltigkeit und Verschiedenheit in den Betrieben verwendet werden, denen diese Schrift gewidmet ist[1]).

Die Regel für deren Aufstellung ist allbekannt; die einzelnen Abarten werden in übersichtlicher Weise zusammengestellt und die Abteilungen so aneinander gereiht, daß die in Behandlung kommende Ware auf dem kürzesten Wege und ohne unnütze Vorwärts- und Rückbeförderung ihren Kreislauf macht. Je weniger die einzelnen Warenposten sich kreuzen, desto zweckmäßiger ist die Anlage. Jede nachfolgende Maschinenabteilung muß die unmittelbar vorhergehende bewältigen können, so daß im allgemeinen keine erheblichen Stauungen der Partien stattzufinden brauchen. So müssen z. B. die Trockeneinrichtungen als Abschluß am leistungsfähigsten sein. Vor allem ist aber zu vermeiden, daß die Mannschaften einer Abteilung auf Ware der vorhergehenden warten müssen.

Die Dampfkessel.

Die Wichtigkeit einer zweckmäßigen Kesselanlage für den wettbewerbsfähigen und ungestörten Betrieb verdient eine eingehende Bearbeitung des Erbauers wie des Leiters einer Fabrik. Viel Geld wird auf diesem Gebiete alljährlich vergeudet, ohne daß die Betreffenden eine Ahnung davon haben. Bevor wir die üblichen Kesselsysteme einer vergleichenden Betrachtung unterziehen, seien allgemeine Erwägungen und Berechnungen vorausgeschickt.

Verbrennung und Wärme.

Üblicherweise wird die in den Textilbetrieben benötigte Wärme innerhalb der Anlage in Form von Wasserdampf verwendet und der Wasserdampf durch Verbrennung von Kohlenstoff- und wasserstoffhaltigem Brennmaterial erzeugt.

Die Verbrennung ist, vom chemischen Standpunkte aus, eine rasch vor sich gehende Verbindung von Kohlenstoff bzw. Wasserstoff mit dem Sauerstoff der Luft zu Kohlensäure bzw. Wasser, bei der beträchtliche Wärmemengen frei werden, und zwar erzeugt 1 kg Kohlenstoff 8000 WE[2])

---

[1]) Näheres hierüber s. Heermann, Technologie der Textilveredelung, 1921. Verlag von Julius Springer.

[2]) WE = Wärmeeinheit oder Kalorie; als solche gilt $1/100$ der Wärmemenge, die erforderlich ist, um 1 kg Wasser von 0° auf 100° C heißes Wasser zu erwärmen.

und benötigt hierzu 11,5 kg (rund 9 m³) Luft. 1 kg Wasserstoff entwickelt 29 000 WE und benötigt zur vollständigen Verbrennung 34,7 kg (rund 27 m³) Luft.

Diese Luftmengen werden vollständig verbraucht; praktisch ist es nötig, mit einem gewissen Luftüberschuß, gewöhnlich der 1½—2fachen Menge, zu arbeiten. Würde man die Verbrennung mit der theoretisch ausreichenden Luftmenge vornehmen können, so würden die Abgase etwa 20% Kohlensäure enthalten, während bei dem üblichen Luftüberschuß der Kohlensäuregehalt der Abgase 12—14% beträgt.

Die Entzündungstemperatur des üblichen Brennmaterials, der Kohle, liegt bei 600—700° C. Sinkt die Temperatur unter diese Grenze, so beginnt starke Rauchentwicklung und hört schließlich die Verbrennung ganz auf. Bei Steigerung der Temperatur wird die Verbrennung lebhafter, und es werden bei doppeltem Luftüberschuß Verbrennungstemperaturen von etwa 1300° C (bei Kohle) erreicht.

Die Kohle besteht aus Kohlenstoff, Wasserstoff, Stickstoff, Sauerstoff, Schwefel und Asche; die Bewertung erfolgt nach dem Kaloriengehalt, der sich annähernd aus der Zusammensetzung berechnen läßt und zwar nach der Dulongschen Formel, wonach die Wärmemenge, die bei der Verbrennung von 1 kg Kohle frei wird,

$$= \frac{8\,000\,C + 29\,000\left(H - \frac{O}{8}\right) - 600\,W}{100}$$

wobei   C   H   O   W die Prozentgehalte
Kohlenstoff Wasserstoff Sauerstoff Wasser bedeuten.

Beispielsweise seien   70 %   6 %   4 %   8% dieser Bestandteile in einer Kohle enthalten; dann ist deren Heizwert

$$= \frac{8\,000 \times 70 + 29\,000\left(6 - \frac{4}{8}\right) - 600 \times 8}{100} = 7\,147 \text{ Kalorien.}$$

Genauer wird der Heizwert durch unmittelbare Verbrennung in einem Bomben-Kalorimeter bestimmt.

Nachfolgend sei eine kurze Tabelle gegeben, die die Zusammensetzung der wichtigsten Brennstoffe und deren Heizwerte wiedergibt.

| Brennstoff | Spez. Gew. | Bestandteile in Prozenten | | | | | Heizwert (Kalorien) |
		Kohlenstoff	Wasserstoff	Sauerstoff	Wasser	Asche	
Lufttrockenes Holz	0,70	38	2	30	20	2	2800
„ Torf	0,45	42	2	20	25	6	3500
Braunkohle , . .	1,20	50	2,5	15	25	7,5	4000
Steinkohle . . .	1,30	80	5	5		5	8000
Koks		88					8000
Steinkohlenteeröl .	1,04	82	7	10		12	9000
1 Kilowattstunde .							860

Obige Angaben stellen Annäherungswerte dar. Da allein schon der Feuchtigkeitsgehalt und seine Schwankungen sehr große Unterschiede im Heizwert bedingen, so rechnet man in der Praxis mit folgenden Durchschnittsheizwerten:

Bei Holz mit nicht mehr als   1500 Kalorien
„ Rheinischen Rohbraunkohlen mit   2200   „
„ Rheinischen Braunkohlenbriketts mit   4500   „
„ guten Steinkohlen und Koks mit   6—7000   „

Im Dampfkessel werden Kohlen nun verbrannt und die abgegebene Wärme in Dampf umgewandelt. 1 kg Wasser von 0° C erfordert zunächst 100 WE um auf Wasser von 100° C erwärmt zu werden und weitere 539 WE um das Wasser von 100° C in Wasserdampf von 100° C umzuwandeln. Dieser Wasserdampf von 100° C verhält sich bei weiterer Erwärmung wie ein Gas, d. h. erwärmt man ihn in einem geschlossenen Gefäß, so steigt der Druck, wird auf den Dampf kein Druck ausgeübt, so dehnt er sich aus. Die folgende Tabelle gibt eine Übersicht über die Zusammenhänge von Druck, Temperatur, Gesamtwärme und Volumgewicht beim gesättigten Wasserdampf, der über Wasser steht, also soviel Wasser enthält, als der Temperatur und dem Druck entspricht.

Da alle Sorten Brennstoffe, feste, flüssige und gasförmige, im Preise ganz außerordentlich gestiegen sind und obendrein in minderer Güte gegen früher geliefert werden, hat das Bestreben, billige Abfallstoffe für Verbrennungszwecke heranzuziehen, an Bedeutung sehr gewonnen. Nach dem heutigen Stande dieser Frage steht es fest, daß alle diese Hilfsmittel nur als Behelf anzusehen sind (beschränkte Mengen, ungewöhnliche Feuerungsanlagen, unwirtschaftliche Aufbereitung bei den heutigen Löhnen und Unkosten) und in der Regel auch nur in der nächsten Nähe ihrer Gewinnung verwendungsmöglich sind. Immerhin seien einige der bekanntesten Brennstoffersatzmittel in aller Kürze besprochen, die in den letzten Jahren im großen versuchsweise dargestellt worden sind.

Die Sulfitkohle oder Lignitkohle, die aus der Sulfitablauge der Papierstoffindustrie gewonnen wird, hat einen Heizwert von 4100—4900 WE und besteht aus 36—68% Kohlenstoff, 4—7% Wasserstoff, 9—26% Schwefel, 7 bis 16% Sauerstoff, 6—10% Wasser und aus eisen- und kalkhaltiger Asche. Die Zusammensetzung ist also, ebenso wie ihr Heizwert sehr schwankend. Die Großversuche sind noch nicht als abgeschlossen anzusehen.

Bikol besteht aus einem Gemisch von minderwertigen, festen Brennstoffen mit einem Zusatz von 55% Bitumen. Der Heizwert desselben beträgt etwa 5600 WE. Der Brennstoff ist gut schaufelfähig und eignet sich besonders für die Verfeuerung mit Rohbraunkohle im Verhältnis von etwa 1:3. Gegenüber älteren Versuchen, Bitumen der Kohle zuzusetzen, soll Bikol bessere Ergebnisse liefern, insbesondere die Rostplatten nicht verschmieren und die Luftzufuhr nicht behindern. Bei Zusatz von Bikol von etwa 30% zur Steinkohle wird der Wärmepreis um etwa 35% erhöht. Das Anwendungsgebiet des Bikols ist somit nur dann gegeben, wenn die zugewiesene Menge der jetzt allgemein kontingentierten Steinkohlen für einzelne Betriebe nicht ausreicht und die Umstellung auf Rohbraunkohle oder andere Brennstoffe allein, ohne Zusatz, aus technischen Gründen ebenfalls nicht gegeben ist.

Zu den neueren künstlichen Brennstoffen gehört auch der Torfkoks, der bei der trockenen Destillation des Torfes gewonnen wird und einen Heizwert von etwa 700 WE besitzt. Er ist besonders fest und hart und verbrennt vollkommen rauchlos. Er ersetzt u. a. auch die Holzkohle, wie solche sehr viel zum Anwärmen von Maschinenteilen, Kupferteilen, ferner zum Ausglühen feiner Werkzeuge in Verwendung ist.

Die nach amerikanischer Idee hergestellten Mischungen von gemahlener oder Feinkohle mit Mineralölabfällen (30—40% Feinkohle), bei welchen auch bei längerem Lagern keine Entmischung eintritt, sollen sich gut bewährt haben. Auch die Mischungen aus 45% Heizöl, 20% Teer und 35% gemahlener Kohle, sowie aus 40% Koksstaub in Verbindung mit 58% Rohpetroleum sollen sich angeblich sehr gut bewährt haben. Ob und inwieweit sich aber diese Mischungen für deutsche, mineralölarme Verhältnisse eignen, soll hier nicht beurteilt werden. Der Gedanke einer Feinkohle-Ölabfallmischung dürfte vielleicht für deutsche Verhältnisse an solchen Stellen gangbar sein, wo, wie z. B. in Ölraffinerien, reichliche Ölabfallmengen billig zur Verfügung stehen und eine andere bessere Verwendung derselben nicht gegeben ist.

Wichtiger als diese künstlichen Brennstoffe erscheint heute die Regeneration der Kohlenschlacken auf unverbrannten Koks, die bereits an anderer Stelle erwähnt worden ist.

Gesättigter Wasserdampf.

Druck in kg per cm² (Atmosphärendruck)	Temperatur in Celsius °	Gesamtwärme-inhalt in WE	1 kg Dampf nimmt m³ ein	1 m³ Dampf wiegt kg
1,0	99,1	639,3	1,722	0,580
1,1	101,8	640,7	1,575	0,635
1,2	104,2	641,3	1,452	0,688
1,4	108,7	643,1	1,257	0,795
1,6	112,7	644,7	1,109	0,901
1,8	116,3	646	0,934	1,006
2,0	119,6	647,2	0,900	1,110
3,0	132,8	652	0,616	1,622
4,0	142,8	655,4	0,471	2,124
5,0	151,0	658,1	0,382	2,618
6,0	157,9	660,2	0,322	3,105
7,0	164,0	662	0,278	3,589
8,0	169,5	663	0,246	4,068
9,0	174,4	664,9	0,220	4,545
10,0	178,9	666,1	0,199	5,018
12,0	186,9	668,1	0,168	5,960
14,0	194,0	669,7	0,145	6,889

Aus dieser Tabelle geht hervor, daß Wasser beim Verdampfen bei etwa 100° C sich auf das rund 1700fache Volumen ausdehnt und hierbei unter dem Druck von 1 kg auf 1 cm² (gleich einer metrischen Atmosphäre) steht. Bei 180° C entwickelt gesättigter Dampf einen Druck von 10 Atmosphären und hat das 200fache Volumen (1 l Wasser = 200 l Dampf).

Ebenso zeigt die Tabelle, daß die Hauptwärmeaufnahme und somit auch -abgabe bei der Umwandlung von Wasser von 100° C in Dampf von 100° C stattfindet; weitere Steigerung der Temperatur und damit des Dampfdruckes bringt keinen wesentlich größeren Mehrbedarf an Wärme. Umgekehrt ist auch der Wärmeinhalt und somit die mögliche Wärmeabgabe z. B. bei Dampf von 8 Atmosphären nicht viel höher als bei Dampf von 2 Atmosphären.

Wird gesättigter Dampf außer Berührung mit Wasser weiter erhitzt, so entsteht überhitzter Dampf, der bei gleichem Druck ein viel größeres

Volumen einnimmt, bei Abkühlung auch nicht so leicht kondensiert (wodurch Dampfverluste in den Leitungen vermieden werden). Das Hauptverwendungsgebiet des überhitzten Dampfes ist der Betrieb von Kraftmaschinen, wie Kolbendampfmaschinen und Turbinen, weiter auch die Speisung von weit abgelegenen Betriebsabteilungen, da hier bei nicht überhitztem Dampf die Verluste durch Kondensation auch bei guter Isolierung sehr beträchtlich sind.

Aus dem Heizwert eines verwendeten Brennstoffes z. B. Kohle von 8000 WE und dem Wärmeinhalt des Dampfes, läßt sich der theoretische Nutzeffekt, die Verdampfungsziffer, berechnen. Bei Dampf von 8 Atm. ist der Wärmeinhalt 663 WE. Bei voller Wärmeausnützung müßte 1 kg Kohle 12 kg Wasser in Dampf von 8 Atm. umwandeln, was praktisch aber nie erreicht werden kann; vielmehr wird bei gut arbeitenden Dampfkesselanlagen nur ein Nutzeffekt von 80—84 % erzielt, im obigen Falle daher nur etwa 10 kg Dampf aus 1 kg Kohle; man spricht in diesem Falle von einer 10fachen Verdampfung.

Die Verluste, die bei der Umwandlung der Verbrennungswärme der Kohle in Dampf auftreten sind folgende:

1. die Schornsteinverluste,
2. die Aschen und Schlackenverluste,
3. die Strahlungsverluste.

1. Ein Teil der beim Verbrennungsprozeß erzeugten Wärme wird im Schornstein zur Erzeugung des nötigen Zuges verwendet, d. h. um die nötige Luftmenge durch die Feuerschicht und die ganzen Rauchkanäle durchzusaugen. Die Rauchgase verlassen den Kessel meist mit einer Temperatur von rund 300° C, und der Auftrieb dieser warmen leichten Luft im Schornstein genügt, um die Reibungswiderstände der Rauchkanäle und der Kohlenschicht zu überwinden.

2. Die Aschen- und Schlackenverluste sind, besonders heute, wo die Wahl geeigneter Kohlensorten nicht frei ist, sehr beträchtlich: Die Schlacke enthält nach neueren Untersuchungen im Durchschnitt etwa 33 % an brennbaren Bestandteilen[1]).

3. Die Strahlungsverluste entstehen durch Wärmeabgabe durch die Kesselmauerung und die Kesseltüren nach außen.

Es ist nun von Interesse, die Ausnützung der Wärme auf dem Wege der Heizgase zu verfolgen. Wie oben bemerkt, gibt Steinkohlenfeuerung eine Maximaltemperatur von etwa 1300° C über dem Roste. Gehen die Heizgase mit 300° C in den Schornstein, so sind 1000° C ausgenutzt. Es ist nun klar, daß die Wärmeausnutzung zunimmt, und die Temperatur der in den Schornstein abgehenden Gase abnimmt, je mehr die Heizgase Gelegenheit haben, ihre Wärme an den Dampfkessel abzugeben, je kleiner also das Feuer, die Rostfläche, im Verhältnis zur bestrichenen Kesselfläche, der Heizfläche ist.

Ist die erzeugte Temperatur über dem Roste 1150° C, so absorbiert erfahrungsgemäß annähernd

---

[1]) S. A. Neuburger, Zt. angew. Chem. 1921, S. 609.

eine Heizfläche von . . . 0   5   10   20   30   40facher Rostfläche
eine Wärmemenge von . 0° 450° 620° 770° 840° 870 C°
Temperatur der in den
Schornstein abziehenden
Gase . . . . 1150° 700° 530° 380° 310° 280 C°

Haben die Gase Gelegenheit, die Kesselwandung längere Zeit zu bestreichen, so ist ihre Verdampfungswirkung eine um so geringere, je mehr sie ihre Wärme verlieren. Die z. B. mit 310° abgehenden Gase haben vor dem Eintritt in den Schornstein natürlich nicht mehr die Verdampfungsfähigkeit wie unmittelbar über dem Roste, sondern es ergeben die obigen Verhältnisse eine durchschnittliche Verdampfungsfähigkeit bei

5   10   20   30   40facher Rostfläche

entsprechend einer
Wärme von . . . . . 925° 840° 765° 730° 715° C,

wobei für die Gase mit weiterem Weg größere Absorptionsverluste in Anschlag kommen als bei denen mit raschem Abzug.

Wir können also bei großem Roste und kleinem Feuer viel rascher Dampf erzeugen als im umgekehrten Fall. Da indes die Wärme nicht ausgenutzt ist, so werden dazu auch außer Verhältnis mehr Steinkohlen gebraucht. Es diene darüber die folgende Tabelle:

Heizfläche : Rostfläche		5	10	20	30	40
Wasser kann pro qm Heizfläche und Stunde verdampft werden	kg	52	36	22	15	12,2
dazu sind nötig Steinkohlen	„	14,5	7,2	3,6	2,25	1,75
pro kg Kohle wird verdampft Wasser	„	3,6	5	6,1	6,7	7

Mit diesen Zahlen ist die Grundlage gewonnen, um für eine bestimmte Dampfmenge bei verschiedenartigen Anlageverhältnissen die Erzeugungskosten berechnen zu können. Sie zeigen deutlich, daß die Kohlenersparnis mit der der besseren Wärmeausnutzung gleichbedeutend ist.

Man hat also bei hohen Kohlenpreisen alle Ursache, die Verhältniszahl Heizfläche : Rostfläche möglichst groß zu wählen. Das hat aber natürlich auch seine Grenzen, und zwar

1. in den größeren Verlusten bei weitem Weg der Heizgase,

2. in dem höheren Kesselpreis, dessen Verzinsung und Tilgung die Vorteile des billigeren Betriebes unter Umständen aufzehren.

Infolge des zweiten Punktes muß namentlich die Betriebszeit berücksichtigt werden. Eine Anlage, die nur aushilfsweise (z. B. ein Lokomobil) verwendet wird, muß billig sein, auch wenn ihre Kohlenkosten dadurch hohe werden. Wir verdeutlichen das am besten, wenn wir versuchen, von Anlagen verschiedener Größen, Kesselverhältnisse und Betriebszeiten die Kohlenkosten auszurechnen und unter sich zu vergleichen.

Als Größe nehmen wir den Bedarf

einer kleinen Anlage mit   200 kg stündlichem Dampfverbrauch
„   mittleren   „   „   700 „   „   „
„   größeren   „   „   1200 „   „   „

Die Kesselverhältnisse sollen, wie oben, in 5, 10, 20, 30, 40facher Heizfläche : Rostfläche durchgerechnet werden.

Hinsichtlich der Betriebszeit soll eine Anlage

für Einzelzwecke mit nur	100 Arbeitsstunden im Jahr	
eine solche mit	1000 ,,	,, ,,
eine normale 300 × 11 mit	3300 ,,	,, ,,
eine Tag und Nacht arbeitende. . . .	8400 ,,	,, ,,

berücksichtigt werden.

Der Kohlenpreis wird frei Fabrik auf 150 M.[1]) für 10 000 kg angenommen.

Daraus ergibt sich nachstehende Tabelle:

Kohlenkosten verschiedener Anlagen.

Heizfläche : Rostfläche		5	10	20	30	40
Verdampfungsfähigkeit auf 1 qm Heizfläche und Stunde	kg	52	36	22	15	12,2
1 kg Kohle verdampft dabei Wasser . .	,,	3,6	5	6,1	6,7	7

Anlage für 200 kg Dampf für je eine Stunde.

Hierfür ist eine Heizfläche nötig von . .	qm	4	6	9	11	17
,, ,, ,, Rostfläche ,, ,, ,,		0,8	0,6	0,45	0,45	0,41
der Kohlenverbrauch pro Stunde beträgt	kg	55,5	40	33	30	20
Kohlenverbrauch in 1 Stunde in Mark . . .		0,83	0,6	0,5	0,45	0,43

Anlage für 700 kg Dampf in einer Stunde.

Nötige Heizfläche	qm	13,5	19	32	47	57
,, Rostfläche	,,	2,7	1,9	1,6	1,5	1,4
Kohlenverbrauch in einer Stunde	kg	194	140	115	105	100
,, ,, ,, ,, . . .	Mark	2,91	2,1	1,72	1,57	1,5

Anlage für 1200 kg Dampf in einer Stunde.

Nötige Heizfläche	qm	23	33	55	80	99
,, Rostfläche	,,	4,6	3,3	2,7	2,7	2,4
Kohlenverbrauch in einer Stunde	kg	333	240	200	180	170
,, ,, ,, ,, . . .	Mark	5,0	3,6	3,0	2,7	2,55

Die Tabelle ergibt, daß mit einem großen Kessel bei gleichen Mengen Dampf weniger Kohlen gebraucht werden. Dafür ist aber auch der Kessel teurer als ein kleinerer und verschlingt für Zins und Tilgung unter Umständen so viel als ein kleiner Kohlenfresser, namentlich bei niedrigem Kohlenpreis, oder wenn der Kessel nur kurze Zeit während des Jahres im Betriebe ist.

In nachstehender Tabelle wird auf Grund angenommener Kohlenpreise versucht, Zins und Tilgung für eine Betriebsstunde in gleicher Weise vorzuführen wie vorstehend die Kohlenkosten.

---

[1]) Es wurden durchweg Friedenspreise beibehalten. Bei dem schwankenden Kohlen- und Geldwert werden angenäherte Preise ermittelt, indem man Papiermark in Goldmark umrechnet. Im übrigen sind die angegebenen Geldwerte lediglich als Verhältniszahlen zu betrachten.

Kesselkosten verschiedener Anlagen.

Heizfläche : Rostfläche		5	10	20	30	40
Anlage für 200 kg Dampf in einer Stunde.						
Nötige Heizfläche	qm	4	6	9	14	17
„ Rostfläche	„	0,8	0,6	0,45	0,45	0,41
Preis des Kessels für 5 Atm. etwa	Mark	1800	2400	3000	4500	5400
Hiervon 12% Zins und Tilgung etwa	„	216	288	360	540	648
Zins und Tilgung in einer Betriebsstunde — bei 100 jährl. Arbeitsstunden	Pf.	216	288	360	540	648
„ 1000 „	„	22	29	36	54	65
„ 3300 „	„	6,5	9	11	17	20
„ 8400 „	„	2,5	3,5	4,5	6,5	8
Anlage für 700 kg Dampf in einer Stunde.						
Nötige Heizfläche	qm	13,5	19	32	47	57
„ Rostfläche	„	2,7	1,9	1,6	1,5	1,4
Preis des Kessels für 5 Atm. etwa	Mark	4500	5700	8000	9000	10 000
Hiervon 12% Zins und Tilgung etwa	„	540	684	960	1080	1200
Zins und Tilgung in einer Betriebsstunde — bei 100 jährl. Arbeitsstunden	Pf.	540	684	960	1080	1200
„ 1000 „	„	54	68	96	108	120
„ 3300 „	„	17	21	29	33	36
„ 8400 „	„	6,5	8	11,5	13	14
Anlage für 1200 kg Dampf in einer Stunde.						
Nötige Heizfläche	qm	23	33	55	80	99
„ Rostfläche		4,6	3,3	2,7	2,7	2,4
Preis des Kessels für 5 Atm. etwa	Mark	6500	8000	10 000	12 000	13 500
Hiervon 12% Zins und Tilgung etwa		780	960	1200	1440	1620
Zins und Tilgung in einer Betriebsstunde — bei 100 jährl. Arbeitsstunden	Pf.	780	960	1200	1440	1620
„ 1000 „	„	78	96	120	144	162
„ 3300 „	„	24	29	36	44	50
„ 8400 „	„	9	11,5	14	17	19

Kohlenkosten und Kesselkosten zusammengezählt ergeben die regelmäßigen Auslagen, welche in der Art und Weise der Anlage selbst begründet sind; ist die letztere zweckentsprechend, so werden diese Auslagen das Mindestmaß erreichen; wenn unzweckmäßig, so wird sie Jahr aus und ein den Betrieb verteuern und unter Umständen in kurzen Jahren einen Mehrbedarf ausmachen, der dem eigenen Wert oder demjenigen einer zweckdienlichen Anlage gleichsteht. Mancher alte Betrieb, für den das Kesselhaus mit Inhalt zu klein geworden ist, arbeitet noch jahrelang damit weiter und bedenkt nicht den Schaden, welchen der angestrengte Betrieb stündlich bringt. Wartung, allgemeine Unkosten usw. hängen von örtlichen Verhältnissen ab und bleiben deshalb in der umstehenden Zusammenstellung unberücksichtigt.

Wir wollen das Ergebnis der umstehenden Tabelle kurz zusammenfassen:

Die Kohlenkosten vermindern sich bei größerer Anlage.

Die Kesselkosten vermehren sich unter den gleichen Verhältnissen.

Die Summe beider Kosten ist überwiegend zugunsten größerer Anlagen mit Ausnahme der selten vorgefundenen lokomobilartigen Betriebe von 100 jährlichen Arbeitsstunden; bei 1000 jährlichen Arbeitsstunden stellt sich die Heizfläche gleich der 30—20fachen Rostfläche am günstigsten; bei regelmäßigem Jahresbetrieb die 40fache, bei Tag-. und Nachtbetrieb wird eine noch höhere Verhältniszahl Vorteile bringen.

Mit obigen Ausführungen dürfte die Wichtigkeit der Wahl eines in seinen Verhältnissen richtigen Kessels genügend gekennzeichnet sein. Die in der Anlage begründeten und später nicht zu ändernden Kesselbetriebskosten zeigen in der Tabelle eine Verschiedenheit wie 1 : 2, d. h. wo eine richtige Anlage 10 000 M im Jahre kostet, benötigt eine unzweckmäßige 20 000 M. Das ist zwar ein grelles Beispiel, aber nehmen wir nur an, daß in einem kleinen Betriebe Jahr für Jahr nur 1000 M unnötig geopfert werden müssen, so bietet dieser Verlust zum mindesten eine beachtenswerte Größe. Handelt es sich dabei um die zu großen „Kesselkosten", so ist das tröstlich, denn diese werden immer kleiner und sinken mit der Zeit auf Null herab; die „Kohlenkosten" aber sind bleibende.

Vergleich der ständigen Kosten verschiedener Anlagen.

Anlagen für die stündliche Erzeugung

a) von 200 kg Dampf

Heizfläche:Rostfläche.	5	10	20	30	40
bei 100 jährlichen Stunden					
stündliche Kohlenkosten . . . . Pf.	83	60	50	45	43
„ Kesselkosten . . . . . „	216	288	360	540	648
„ Gesamtkosten . . . . „	299	348	410	585	691
bei 1000 jährlichen Stunden					
stündliche Kohlenkosten . . . . Pf.	83	60	50	45	43
„ Kesselkosten. . . . . „	22	29	36	54	65
„ Gesamtkosten . . . . „	105	89	86	99	108
bei 3300 jährlichen Stunden					
stündliche Kohlenkosten . . . . Pf.	83	60	50	45	43
„ Kesselkosten. . . . . „	6	9	11	17	20
„ Gesamtkosten . . . . „	89	69	61	62	63
bei 8400 jährlichen Stunden					
stündliche Kohlenkosten . . . . Pf.	83	60	50	45	43
„ Kesselkosten. . . . . „	3	4	5	7	8
„ Gesamtkosten . . . . „	86	64	55	52	51

b) von 700 kg Dampf

Heizfläche:Rostfläche	5	10	20	30	40
bei 100 jährlichen Stunden					
stündliche Kohlenkosten . . . . Pf.	291	210	172	157	150
„ Kesselkosten. . . . . „	540	684	960	1080	1200
„ Gesamtkosten . . . . „	831	894	1132	1237	1350
bei 1000 jährlichen Stunden					
stündliche Kohlenkosten . . . . Pf.	291	210	172	157	150
„ Kesselkosten. . . . . „	54	68	96	108	120
„ Gesamtkosten . . . . „	345	278	268	265	270
bei 3300 jährlichen Stunden					
stündliche Kohlenkosten . . . . Pf.	291	210	172	157	150
„ Kesselkosten. . . . . „	17	21	29	33	36
„ Gesamtkosten . . . . „	308	231	201	190	186

Heizfläche : Rostfläche	5	10	20	30	40
bei 8400 jährlichen Stunden					
stündliche Kohlenkosten . . . . Pf.	291	210	172	157	150
„ Kesselkosten. . . . . „	7	8	12	13	14
„ Gesamtkosten . . . . „	298	218	184	170	164

c) von 1200 kg Dampf

Heizfläche : Rostfläche	5	10	20	30	40
bei 100 jährlichen Stunden					
stündliche Kohlenkosten . . . . Pf.	500	360	300	270	255
„ Kesselkosten. . . . . „	780	960	1200	1440	1625
„ Gesamtkosten . . . . „	1280	1340	1500	1710	1875
bei 1000 jährlichen Stunden					
stündliche Kohlenkosten . . . . Pf.	500	360	300	270	255
„ Kesselkosten. . . . . „	78	96	120	144	162
„ Gesamtkosten . . . . „	578	456	420	414	417
bei 3300 jährlichen Stunden					
stündliche Kohlenkosten . . . . Pf.	500	360	300	270	255
„ Kesselkosten. . . . . „	24	29	36	44	50
„ Gesamtkosten . . . . „	524	389	336	314	305
bei 8400 jährlichen Stunden					
stündliche Kohlenkosten . . . . Pf.	500	360	300	270	255
„ Kesselkosten. . . . . „	9	12	14	17	19
„ Gesamtkosten . . . . „	509	372	314	287	274

Wir sehen, mit welchem unmittelbaren Nutzen es verbunden ist, mit recht großen Kesseln zu arbeiten. Die teurere Anschaffung macht sich rasch durch Kohlenersparnis bezahlt, ein angestrengter Betrieb dagegen befriedigt trotz der Mehrauslagen nicht, weil es immer ein Zusammentreffen der Bedürfnisse geben wird, denen er einmal nicht genügen kann, so daß Störungen nicht ausbleiben. Reparaturen an Rost und Kessel werden sich häufiger einstellen, und der Betrieb entschieden unzuverlässiger sein. — Bei Betrieben mit großen Arbeitsschwankungen — wie sie namentlich in Lohngeschäften zu verzeichnen sind — ist oft die Frage zu entscheiden, ob es vorteilhafter ist, einen großen Kessel, das eine Mal in vollen, das andere Mal in schwachen Betrieb zu nehmen, oder zwei kleinere Kessel zu benutzen, wovon der eine in der toten Saison kaltgestellt wird und nur zur Aushilfe dient. So angenehm auch ein Ersatzkessel ist, so hat doch das erstere Betriebssystem entschiedene Vorteile. Die „Kesselkosten‘‘ sind kleinere als bei zwei Kesseln von gleicher Gesamtheizfläche; der Betrieb — die Kohlenkosten — ist bei vollem Gebrauch vorteilhafter, weil ein Anheizen genügt, wo sonst zwei Kessel angeheizt werden müssen; bei schwachem Betrieb ist aber die Wärmeausnützung eine vollständigere. Außer Betrieb stehende, nur zeitweilig benutzte Kessel verlangen erfahrungsgemäß mehr Reparaturen als gleichmäßig geheizte und mäßig in Anspruch genommene.

Praktisch wird man auch den gesamten Heizflächenbedarf in Betracht ziehen. Bei Verwendung von Cornwallkesseln und 100 qm Gesamtheizfläche wählt man gerne einen Kessel von 60 qm und einen von 40 qm, bei Bedarf von noch mehr Heizflache ergibt sich eine Teilung von selbst, da man bei Cornwallkesseln meist nicht über 100 qm Heizfläche pro Kessel hinausgeht.

Wie das Verhältnis der Heizfläche zur Rostfläche, so kommt für den billigen Betrieb der Dampfdruck sehr in Betracht.

Hochgespannter Dampf ist im Betrieb weit wirtschaftlicher als Dampf von geringer Spannung; der Unterschied im Verbrauch von Brennmaterial ist äußerst klein gegenüber wenig gespanntem, d. h. mit 1 kg Kohle wird sozusagen die gleiche Menge Dampf erzeugt, gleichviel ob derselbe 1,5 oder 10 Atmosphären Spannung erhält. Wir treten damit einem weitverbreiteten Irrtum entgegen, bei schwachem Geschäftsbetrieb auf weniger Druck heizen zu lassen, um „zu sparen", was übrigens bei modernen, größeren Betrieben gar nicht angängig ist, da neuere Trockenanlagen, Kocher usw. Dampf von 6 Atmosphären brauchen.

Der hochgespannte Dampf von 10 Atmosphären gibt bei nahezu gleichem Wärmeinhalt wie Dampf von 1 Atmosphäre in der Expansionsmaschine die dreifache Arbeitsleistung; man hat also für den Antrieb von Kraftmaschinen das größte Interesse, den höchst zulässigen Arbeitsdruck zu verwenden. Der Kessel wird dadurch in der Konstruktion teurer, die „Kesselkosten" höher, die geleistete Arbeit ist aber unverhältnismäßig größer und dadurch in der Einheit billiger. Wo die Anlage groß genug ist, empfiehlt es sich, für die Dampfmaschine einen besonderen Kessel für hohen Druck aufzustellen. Das bringt den weiteren Vorteil mit sich, die Maschine vor den Schwankungen im Erzeuger zu bewahren, wie sie in den Färbereibetrieben mit ihren äußerst unregelmäßigen Dampfentnahmen unvermeidlich sind. Für Heizzwecke hat der hohe Dampfdruck keinen Wert, abgesehen von der höheren Temperatur, die eine Verringerung der Heizfläche in manchen Fällen gestattet. Trockenapparate, Laugenüberhitzer usw. brauchen Dampfdrucke bis 6 Atmosphären, so daß man gerne 8 Atmosphären als Betriebsdruck wählt.

Für Betriebe, die Dampf für beide Zwecke verwenden, wird ein Dampfdruck von 10 Atmosphären zu empfehlen sein. Bei modernen Anlagen verwendet man Gegendruck oder Anzapfmaschinen, so daß die Maschine als Reduzierventil wirkt und der Hauptwärmeinhalt des Maschinendampfes zur Wärmeabgabe ausgenutzt wird.

Die Dampfkesselsysteme werden in zwei Gruppen geteilt, in solche mit äußerer und in solche mit innerer Feuerung, von denen wir die gebräuchlichsten Typen kurz beschreiben. Ferner kann die Einteilung geschehen in liegende und stehende Kessel, in ortfeste (stationäre), halbstationäre und lokomobile Kessel, in Gleichstrom- und Gegenstromkessel. Am gebräuchlichsten ist die nachfolgend übernommene Einteilung nach der Lage der Feuerung und der Bauart.

A. Dampfkessel mit äußerer Feuerung.

Die einfachste Form stellt der einfache Zylinder- oder Walzenkessel (Abb. 31) dar. Es ist ein beiderseitig geschlossener Zylinder, auf Lagern ruhend und teilweise mit Wasser gefüllt, unter dem auf einem Roste das Brennmaterial die Verdampfung einleitet; die Heizgase bestreichen in angebrachten Zügen einen Teil der übrigen Kesseloberfläche. Mit diesem einfachen Kessel werden trotz geringer Wärmeausnützung vielfach kleinere Betriebe ausgerüstet. Beliebter ist dieses System in Verbindung mit ein bis zwei unter der Feuerung befindlichen Vorwärmern, wobei die Heizgase vor dem Abgang in den Kamin ihre Wärme zugunsten des Vorwärmerinhaltes abgeben (Abb. 32). Das Speisewasser tritt in den Vorwärmer ein, läßt hier infolge der Erhitzung bestimmte Verunreinigungen zurück und

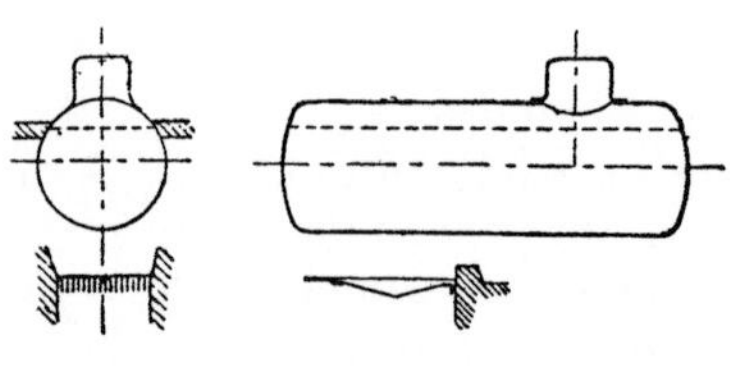

Abb. 31.

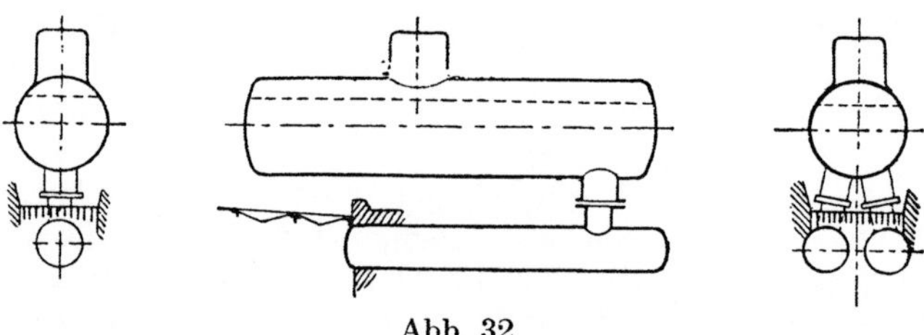

Abb. 32.

tritt durch einen Verbindungsstutzen in den eigentlichen Kessel, wo es in Dampf verwandelt wird.

Besondere Vorzüge des Walzenkessels sind: einfacher und wenig reparaturbedürftiger Bau, bequeme Reinigung und niedrige Anschaffungs-

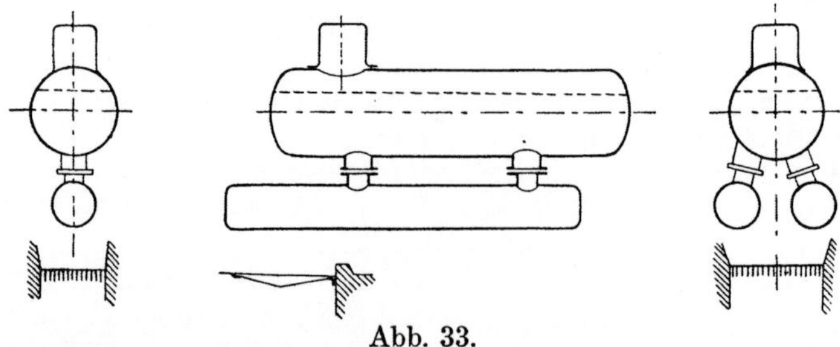

Abb. 33.

kosten. Ungünstig ist die Verdampfungsfähigkeit und der verhältnismäßig große Raumbedarf.

Beim Sieder- oder Bouilleurkessel (Abb. 33) wird die Feuerung statt über die Vorwärmer unter dieselben verlegt, so daß das auf dem Roste befindliche Feuer direkt die letzteren bestreicht und nur die

Heizgase den eigentlichen Kessel erhitzen. Es werden 1—3 solcher
Sieder (Bouilleurs) angebracht, die mit Wasser gefüllt sind; der Dampfraum befindet sich ausschließlich in dem eigentlichen Kessel, aber auch
da über einer entsprechenden Wasserlinie. Die vorhandene große Wassermenge ist die Ursache eines langsamen Anheizens, dagegen ist der einmal erreichte Druck mit Leichtigkeit zu halten. Bei der schon erwähnten
unregelmäßigen Entnahme zu Heizzwecken, wie sie die Färbereien meist
mit sich bringen, ist dieses System recht gut verwendbar. Die Wärmeausnutzung ist eine ziemlich gute (immerhin nimmt das Mauerwerk sehr
viel Wärme auf), die Reinigung eine leichte, wenn von den manchmal
angebrachten Heizrohren im Hauptkessel Abstand genommen wird.

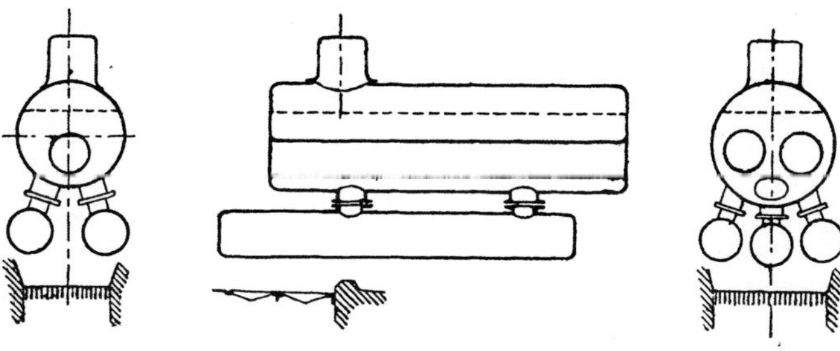

Abb. 34.

Heizrohre werden zur Vergrößerung der Heizfläche durch den „eigentlichen Kessel" gelegt, sie stellen dann einen weiteren Zug dar. Sie werden
in zwei Anordnungen verwendet, als weite Heizrohre oder Rauchröhren,
1—2 Stück für einen Kessel (Abb. 34), und als enge Heizrohre in größerer
Anzahl (Abb. 35); die Rei-
nigung des betreffenden
Kessels wird durch sie erschwert.

Man unterscheidet wei-
terhin Einsiederkessel,
Zweisiederkessel und
Dreisiederkessel oder
Elsässerkessel, je nach-
dem ob ein, zwei oder drei
Sieder angebracht sind. Beim

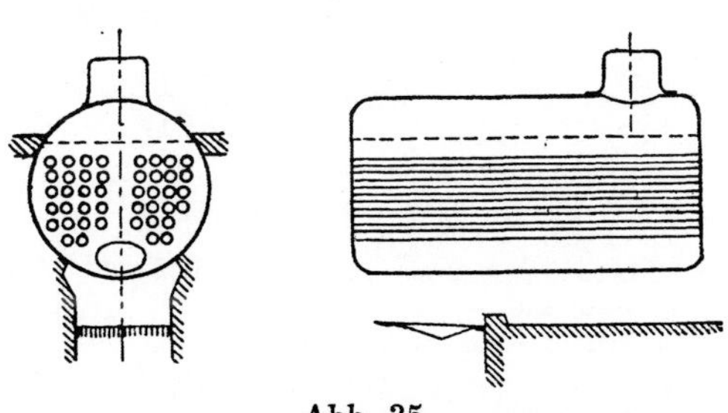

Abb. 35.

Batteriekessel sind die Sieder in Paaren übereinander angeordnet
und haben einen gemeinschaftlichen Dampfsammler.

Oberkessel und Unterkessel (Sieder) sind durch Stutzen verbunden,
deren Querschnitt wenigstens $^1/_{60}$ der Heizfläche betragen soll.

Die Siederkessel haben ein Verdampfungsvermögen etwa wie Flammrohrkessel, sind gegen diese jedoch leichter im Gewicht, bequem zu reinigen, für hohe Dampfdrucke geeignet und nicht teuer im Anschaffungspreis. Sie verlangen dagegen besonders sorgfältiges, teures Mauerwerk
und genaue Montage; ferner bedingen sie stark vorgewärmtes Wasser,
da sonst leicht Zerfressen im Innern entsteht.

Wird bei den vorgenannten Systemen, wo der Dampferzeuger aus mehreren Zylindern besteht, die Einrichtung getroffen, daß das Speisewasser an demjenigen Punkt in den Kessel tritt, wo die Heizgase die Heizfläche zuletzt bestreichen, und ist der Kreislauf des Wassers derjenigen der Heizgase immer entgegengesetzt durchgeführt, so haben wir den Gegenstromkessel. Eine einfache Form ist z. B. folgende (Abb. 36):

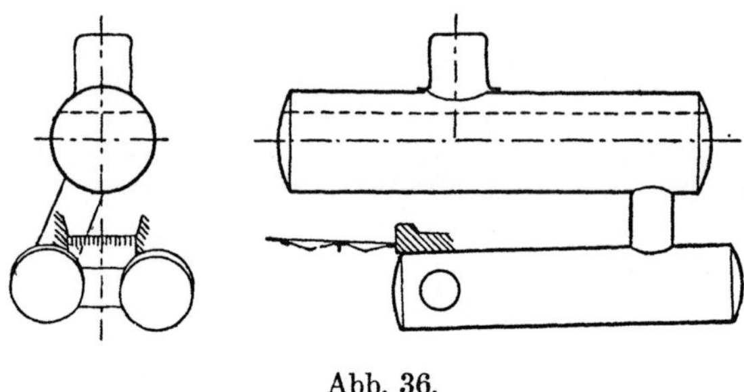

Abb. 36.

Es liegen drei Zylinder übereinander, der eigentliche Kessel zu oberst in wagerechter Lage. Vorn liegt er unmittelbar über dem Roste, hinten steht er durch einen Stutzen mit dem ersten Vorwärmer (dem mittleren Zylinder) in Verbindung. Der Vorwärmer liegt nicht mehr wagerecht, sein höchster Punkt ist beim gemeinschaftlichen Stutzen. Der Stutzen der ersten beiden Zylinder ist an deren hinterem Teile angebracht. Der zweite und dritte Zylinder sind wieder durch einen Stutzen verbunden, dieser befindet sich am entgegengesetzten, dem vorderen Teile. Am hinteren Ende des dritten Zylinders befindet sich die Vorrichtung zum Eintritt des Speisewassers.

Der Gegenstrom findet nach folgendem Schema statt:

Weg der Heizgase.	Weg des Wassers.
I. Rost, untere Fläche des ersten Zylinders von vorn nach hinten.	IV. Durch den Stutzen des oberen Sieders in den Kessel von hinten nach vorn.
II. Um den ersten Stutzen herum zum Sieder. dessen untere Fläche von hinten nach vorn bestreichend.	III. Aus dem Stutzen des Eintrittsieders in den ersten Sieder von vorn nach hinten in diesen.
III. Um den zweiten Stutzen herum zum unteren Sieder, dessen untere Fläche von vorn nach hinten bestreichend.	II. Von hinten nach vorn im Eintrittsieder.
VI. Austritt in den Schornstein.	I. Eintritt am hinteren Ende des untersten Zylinders.

Der Gegenstromkessel wird häufig mit dem Ten-Brink-Apparat (Abb. 37) vereinigt und erreicht dann eine hohe Verdampfungsziffer; ohne diese Vorrichtung steht er hinsichtlich der letzteren Wirkung dem Siederkessel gleich.

Der Wasserröhrenkessel (Abb. 38) schließt die Reihe der Kesselsysteme mit äußerer Feuerung. Er wird in sehr verschiedenen Systemen gebaut, von denen das Rootsche wohl das verbreitetste sein mag. Wir haben bei ihm zwei ganz verschiedene Teile zu unterscheiden:

        den Dampferzeugungskörper und

        den Dampfsammler.

Der erste ist immer ein umständlicher Apparat und besteht aus einer Anzahl enger Wasserröhren, welche mit dem Dampfsammler dicht ver-

bunden sind, so daß das zu verdampfende Wasser durch den ganzen
Kessel fließen kann. Das Röhrenbündel wird mit ziemlich starker Neigung unmittelbar über den Rost gelegt; das Feuer und die Heizgase
bestreichen zunächst aufsteigend den vorderen, höher liegenden Teil des
Röhrenbündels und steigen durch die Zwischenräume seines hinteren

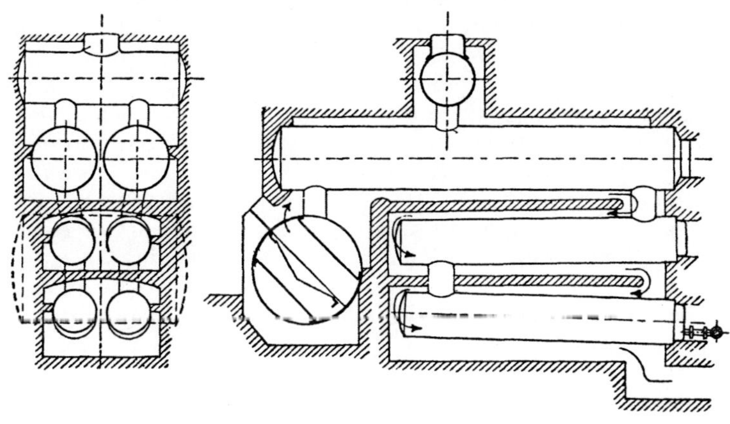

Abb. 37.

Teiles herab, um in den Schornstein abzugehen. An diesem hinteren
Teil ist der Wassereintritt. Das Wasser gelangt nicht unmittelbar durch
das Speiserohr in das Röhrensystem, sondern wird von dem ersteren
zunächst in den Dampfsammler gebracht, von wo es dann durch verschiedenartige Vorrich-
tungen zu den Röhren
herabsinkt.

Am vorderen Teil des
Röhrenbündels findet das
erhitzte Wasser eine Sam-
melvorrichtung und ge-
langt durch dieselbe in den
Dampfsammler zurück.
So findet durch die Röh-
ren hindurch eine fortwäh-
rende Bewegung statt.

Der Dampfsammler
liegt wagerecht oberhalb

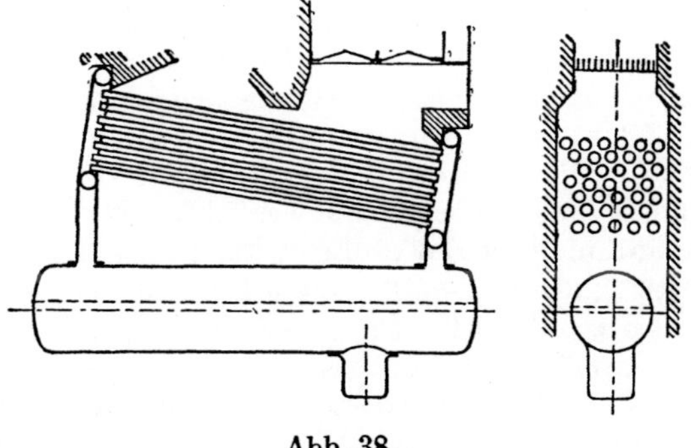

Abb. 38.

des Röhrenbündels und ist in der Hauptsache ein geschlossener Zylinder mit den erwähnten, mit den Wasserröhren gemeinschaftlichen Ver-
bindungsteilen. Er nimmt das Wasser aus der Speiseröhre auf und gibt
den Dampf ab. Die Heizgase bestreichen meist seine untere Fläche,
bei einigen Bauarten aber nicht.

Die Wasserröhrenkessel zeichnen sich durch eine große Verdampfungsfähigkeit (Wärmeausnützung) aus. Die vielen kleinen Wasserröhren
bieten eine sehr große Heizfläche dar und haben dabei geringen Inhalt;

dadurch ist rasche Betriebsbereitschaft ermöglicht. Für Motorenbetrieb sind diese Kessel — wo verwendbar — gute Dampferzeuger, weil mit keinem anderen System so hohe Spannungen gleich rasch und gefahrlos erzeugt werden können. Bei Röhren bzw. Zylindern ist eine um so größere Wandstärke nötig, je größer ihr lichter Durchmesser wird (um dem inneren Druck widerstehen zu können). Man hat es bei diesem System in der Hand, die engen Röhren stark genug anzulegen, um jeder Explosionsgefahr mit Sicherheit vorzubeugen, was bei großen Zylinderdurchmessern in gleichem Maße nicht möglich ist. Der Dampfsammler ist gegenüber den entsprechenden Zylindern anderer Kesselarten ebenfalls klein und, da er öfters von den Heizgasen nicht und von der Rostflamme niemals bestrichen wird, weit sicherer als jene. Gewisse Bauarten haben dieses Vorzuges der „Nichtexplodierbarkeit" halber in einzelnen Staaten die amtliche Erlaubnis zur Aufstellung unter bewohnten Räumen erhalten. Das System hat aber auch seine Schattenseiten. Für hartes Wasser kann es nicht empfohlen werden, weil die Kesselsteinbildung die vorhandenen kleinen Durchgänge stark beeinträchtigt. Überhaupt ist und bleibt die erschwerte Reinigung des immerhin verwickelten Apparates ein Übelstand. Man hat allerdings Bauarten, welche eine Reinigung des Speisewassers vorsehen; ob aber das vollständig erreicht werden kann, bleibt von der jeweiligen Zusammensetzung des Wassers abhängig (s. Wasserreiniger). Die vielen kleinen Einzelteile machen ebenso viele Verdichtungen notwendig, und damit wächst die Reparaturbedürftigkeit. Der verhältnismäßig kleine Dampf- und Wasserraum sowie der Umstand, daß der erzeugte Dampf im Sammler vor seiner Entnahme erst wieder eine kühlere Wasserschicht durchstreichen muß, also gewissermaßen wieder abgekühlt wird, bringt es mit sich, daß mit dem Dampf Wasserteilchen mitgerissen werden. Es werden deshalb besondere „Dampfentwässerer" gebaut; durch alle diese Hilfsapparate wird das System natürlich nur verwickelter.

Eine neuere Konstruktion der Wasserrohrkessel ist der Garbe-Steilrohrkessel, der die Wasserkammern durch zylindrische Kessel ersetzt und so den Wasserraum wesentlich vergrößert. Durch die senkrechte Anordnung der Siederohre wird die bestmögliche Zirkulation und gleichzeitig gute Zugänglichkeit aller Teile erzielt, was für alle Wasserrohrkessel wichtig ist. Dieser Kessel vereinigt auf solche Weise die Vorteile der Groß- und Kleinwasserraumkessel, besitzt allerdings auch die Nachteile der Wasserrohrkessel, indem er gutes reines Wasser verlangt; auch soll der Dampf durch Überhitzer getrocknet werden. Solche Kessel vertragen Belastungen bis 40 kg pro qm Heizfläche und gestatten große Heizflächen auf geringem Raum unterzubringen. Für hohe Dampfdrucke kommen, reines Wasser vorausgesetzt, Wasserrohrkessel in erster Linie in Betracht.

B. Dampfkessel mit innerer Feuerung.

Die einfachste Form ist der Flammrohr- oder Cornwallkessel (Abb. 39). Er besteht aus zwei ineinander geschobenen Zylindern, von denen der innere beidseitig offen, der äußere durch Stirnseiten mit dem inneren so vernietet ist, daß er den letzteren als geschlossener Mantel umgibt. Im vorderen Teil des inneren Zylinders wird der Rost angebracht, sein hinterer Teil wird von den Heizgasen durchzogen und bildet den ersten Zug. In dem gemauerten zweiten Zug werden die Gase, dann die untere Fläche des äußeren Zylinders (von hinten nach vorn) entlang geführt, steigen vorn in die Höhe und im dritten Zug über die obere Fläche des äußeren Zylinders von vorn nach hinten und dann in den Schornstein. Die Verdampfung ist bei großer Verhältnisziffer von Heizfläche zu Rostfläche eine gute, weil die Hauptwärme über dem Rost unmittelbar durch die Feuerröhre hindurchwirkt. Dagegen haben diese Kessel mit einem Flammrohr den entschiedenen Nachteil erschwerter Reinigung. Der innere Zylinder liegt in dem äußeren exzentrisch, und die kleinste Entfernung (an der unteren Seite des Mantels) ist zu ungenügend, um eine gründliche Reinigung zu ermöglichen. Zwecks leichterer Reinigung und verstärkten Wasserumlaufes wird das Flammrohr bisweilen seitlich angelegt. Besitzer von Anlagen, die mit Kesselstein bildendem Wasser arbeiten, seien darauf hingewiesen. Das ganze System hat den Nachteil eines großen Zylinderdurchmessers und daraus folgendem bedeutenden Risikos und verlangt aufmerksamen Bau und Bedienung. Über dem Flammrohr steht das Wasser in verhältnismäßig wenig hoher Schicht; bei den meisten Unglücksfällen ist nachgewiesen, daß

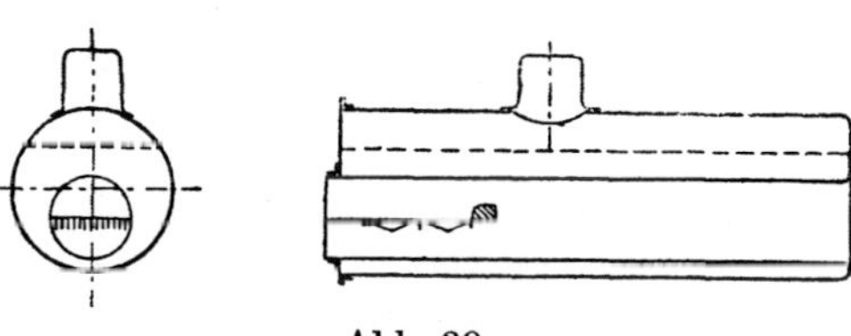

Abb. 39.

diese Wasserschicht aus irgendeinem Grunde zu tief sank, wodurch es dem Rostfeuer ermöglicht wurde, den oberen Teil des Flammrohres zum Glühen zu erhitzen. In diesem Zustande ist das Eisenblech zu weich, um dem inneren Druck widerstehen zu können; es reißt, und die verhältnismäßig große Wassermenge im Mantel findet durch die eintretende Druckentlastung Gelegenheit, sich momentan in Dampf zu verwandeln, der einen ungeheuren Raum beansprucht und sich einen Ausweg sucht.

Ist ein Flammrohr in den Wasserkessel eingebaut, so haben wir den Einflammrohrkessel, bei zwei Flammrohren den Zweiflammrohrkessel.

Richtige Reinigung ist bei den größeren Kesseln dieses Systems mit zwei Flammrohren (auch Lancashire- oder Fairbairnkessel genannt) ermöglicht. Sie können an der unteren Mantelfläche im Raume zwischen den beiden inneren Zylindern befahren werden. Im übrigen gilt das für die Kessel mit einem Flammrohr Gesagte. Sie entwickeln rasch Dampf, erfordern aber die Aufmerksamkeit des Heizers, weil Wasserstand und Druck raschen Schwankungen unterworfen sind. Für Bleicherei- und Färbereianlagen haben sie sich bewährt; reichlich große Anlage ist erforderlich. Zur Vergrößerung der Heizfläche werden Vorwärmer (in den dritten Zug zu legen, Abb. 40) mit Recht empfohlen. Dieselben erhalten das Speisewasser, erwärmen es und geben es an den Kessel ab.

Neuerdings ist man von dem dritten Oberzug abgekommen und verwendet Economiser, um die Wärme der Rauchgase hinter dem Schieber auszunützen.

Die Gallowaykessel (Abb. 41) sind ganz ähnlich den Cornwallkesseln gebaut. Der Unterschied besteht darin, daß im hinteren Teil des Flammrohres, wo solches als Zug wirkt, durchgehende Stutzen in konischer Form den oberen Teil des Mantelinhaltes mit dem untern Teil desselben verbinden. Erhöhung des Wasserumlaufes, Vermehrung der Heiz

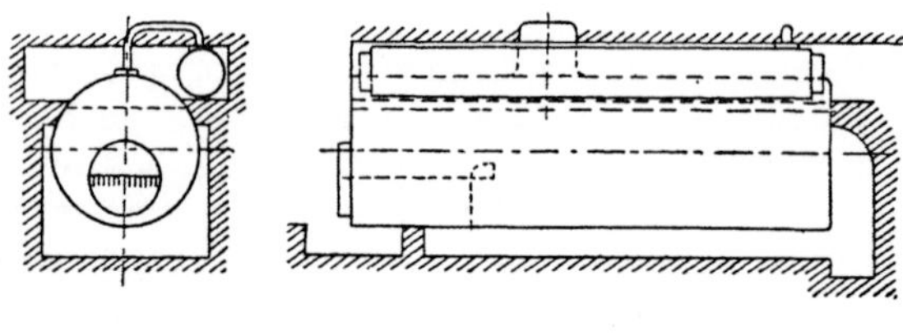

Abb. 40.

fläche, bessere Ausnützung der Heizgase, die im ersten Zug an die Feuerrohrwandung gedrängt werden, ist ihr Zweck. Da sie das System gleichzeitig verwickelter gestalten, sind sie nicht überall beliebt.

Eine weitere Erhöhung des Wasserumlaufes wird durch das Kingsche Zirkulationsrohr erzielt, ein Rohr, das den unteren rückwärtigen Teil des Kessels mit dem vorderen, oberen verbindet. Es ist wie die Gallowaystutzen durch das Flammrohr geführt. Der Kessel gestattet Belastungen bis 30 kg pro qm.

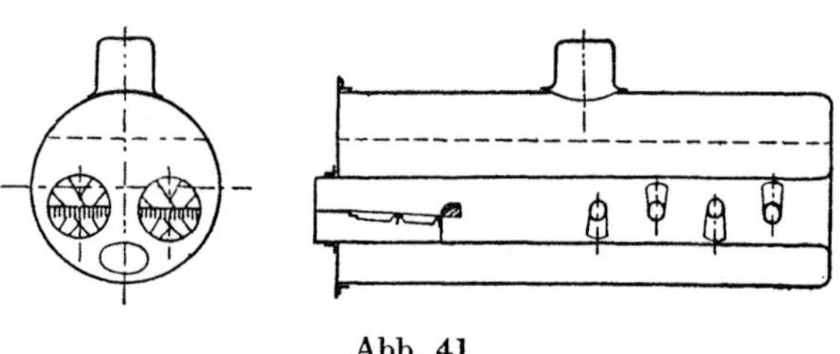

Abb. 41.

Eine Abart der Flammrohrkessel sind solche mit engen Heizröhren (Abb. 42). Statt eines durchgehenden inneren Zylinders ist der letzte hinter dem Roste mit Stirnwand versehen, und der erste Zug wird von einer Anzahl Heizrohre gebildet, welche durch diese Stirnwand und die hintere des Mantels führen. Durch die große Gesamtheizfläche, welche eine größere Zahl enger Röhren bilden, ist bessere Wärmeausnützung auf Kosten erhöhter Reparaturbedürftigkeit und erschwerter Reinigung des Kesselinneren erzielt. Auch eine Vereinigung mit unter dem Roste liegenden Vor

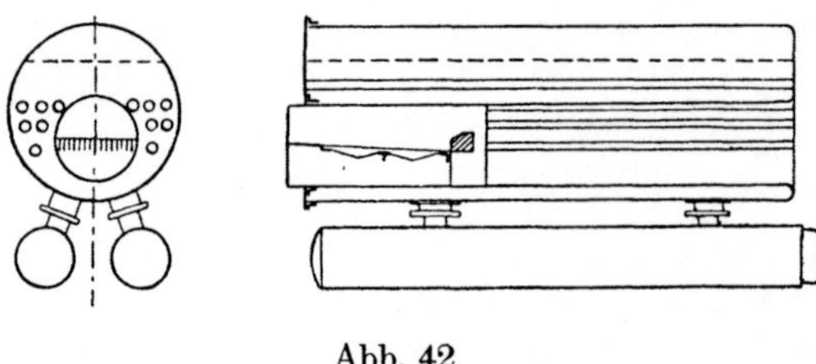

Abb. 42.

wärmern kommt vor, ebenso mannigfaltige andere Zusammenstellungen.

Der Ten-Brink-Kessel (Abb. 37) ist in der Regel ein Gegenstromkessel mit dem vorgesetzten Ten-Brink-Apparat. Während bei dem

Flammrohrkessel das Feuerrohr der Achse des Mantelzylinders parallel läuft, bildet der Ten-Brink-Apparat einen kurzen, zu den übrigen Zylindern querliegenden Mantelzylinder, dessen Mantelfläche durch ein auf der Zylinderachse senkrecht stehendes Feuerrohr durchbrochen ist, während die Stirnseiten ganz bleiben. Das Feuerrohr ist mit starker Neigung angeordnet und enthält in seiner ganzen Länge den unter etwa 45° abfallenden Rost. Für das Wasser im Ten-Brink-Apparat bleibt ein kleiner Raum, so daß rasche Erwärmung eintritt. Der Wasserraum ist durch Stutzen mit dem oder den Walzenkesseln (gewöhnlich sind deren zwei angeordnet) verbunden, gibt das stark erhitzte Wasser an dieselben ab und empfängt von ihnen dagegen kühleres. Die Heizgase bestreichen nach Verlassen des Apparates die Walzenkessel und der Reihe nach die Sieder. Die Verdampfungsfähigkeit ist eine hohe und bildet den Zweck dieser eigenartigen und ihr verwandter Bauarten. Dabei sind die Vorteile des Walzenkessels vollständig erhalten, die Reinigung ist eine leichte, weil das in den Apparat gelangende Wasser durch die Erhitzung in den Vorwärmern und Kesseln seine Unreinigkeiten zum Teil bereits abgeschieden hat.

Dampfkessel für elektrische Heizung.

Obgleich die elektrische Kesselheizung in der Textilindustrie heute noch nicht verwendet wird, seien die in Frage kommenden Konstruktionen kurz beschrieben, weil eine Beschaffung unter Umständen dort in Betracht kommt, wo eigene Wasserkraft nicht ausgenützt ist, also nahezu kostenloser elektrischer Strom zur Verfügung steht. Eine Kilowattstunde gibt rund 860 Wärmeeinheiten. Rechnet man mit einem Nutzeffekt von 90%, so werden von diesen 860 WE etwa 780 nutzbar gemacht, was einer Verdampfung von etwa 1,2 kg Dampf für eine Kilowattstunde entspricht. Um z. B. einen normal belasteten Cornwallkessel von 100 qm Heizfläche (gleich 2000 kg Dampferzeugung) in der Stunde durch einen elektrischen Kessel zu ersetzen, müßten daher rund 1700 Kilowatt stündlich zur Verfügung stehen. Schon aus dieser Rechnung ergibt sich, daß elektrisch beheizte Kessel nur in kleinen Dimensionen für Raumheizung in Frage kommen, wobei es auch möglich ist, Nachtstrom auszunützen und den erzeugten Dampf aufzuspeichern, um ihn etwa zur Heizung in den Morgenstunden oder ähnlichem zu verwenden.

Kleine Dampfkessel werden in der Art der elektrischen Kochtöpfe konstruiert, unter Verwendung von Drahtspiralen; solche Kessel können mit Gleichstrom oder Wechselstrom betrieben werden. Für große Leistungen und hohe Spannungen kommen sie nicht in Betracht. Für größere Leistungen ist es erwünscht, höhere Spannungen zu verwenden, wobei das Wasser des Kessels als Widerstand dient. Der Strom wird durch Elektroden zugeführt; um eine Zersetzung des Wassers zu vermeiden, muß Wechselstrom verwendet werden.

Die Haupttypen sind die A.E.G.-Kessel[1], die zylindrische Elektroden

---

[1] Allgemeine Elektrizitätsgesellschaft, A.G. Berlin.

besitzen, welche von einem hülsenförmigen Isolierrohr umgeben sind. Die Regulierung erfolgt durch Verstellen der Elektroden.

Der B.B.C.-Kessel[1]) ist ähnlich gebaut, nur trennt das Isolierrohr die Elektroden, so daß durch eine Verschiebung des Isolierrohres eine Regulierung möglich ist.

Die Kessel können für Spannungen bis 20 000 Volt gebaut werden, auch mit selbsttätiger Regulierung; als Strom empfiehlt sich Drehstrom.

Wahl eines Dampfkessels.

Allgemeine Regeln lassen sich nicht aufstellen. Es ist bei der Wahl eines Kessels Rücksicht zu nehmen auf die Art und den Preis des Brennmaterials, die Beschaffenheit des Speisewassers, etwaige Wasserreinigungsvorrichtungen, die erforderliche Dampfmenge, die räumlichen Verhältnisse, die Betriebsdauer, sonstige Betriebsverhältnisse usw. Unreines und hartes Speisewasser erfordert eine bequem und gründlich zu reinigende Kesselart, wenn das Wasser nicht vor Eintritt in den Kessel gereinigt wird. — Je teurer das Brennmaterial ist, um so mehr muß man auf möglichst vollständige Ausnützung desselben sehen, wenn auch dadurch eine im Preise teurere Kesselanlage bedingt wird. Flammrohrkessel, vorteilhaft mit Vorwärmer im dritten Zug und allenfalls mit Gallowaystutzen und Ten-Brink-Kessel, haben sich im allgemeinen für Färbereibetriebe bewährt und sind empfehlenswert.

Nachstehend folgt eine Übersicht einer im praktischen Betriebe erreichten Leistungsfähigkeit einiger Kesselarten der Maschinenfabrik Augsburg-Nürnberg A.-G.

Kessel-Bauart	Kessel-Heizfläche qm	Brennstoff	Ausnützung des Brennstoffheizwertes %
Zweiflammrohr-Heizröhrenkessel .	252	Ruhrkohle Nuß IV	83,5
Zweiflammrohr - Heizröhrenkessel mit Überhitzer	212	Zwickauer gew. Knörpel	80,3
Zweiflammrohr - Heizröhrenkessel mit Überhitzer	212	Schlesische gewasch. Erbs	77,5
Wasserrohrkessel mit Überhitzer	200	Ruhrbriketts B. D.	75,6
Wasserrohrkessel mit Überhitzer	160	Böhmische Braunkohle	75,7
Zweiflammrohrkessel	80	Ruhrbriketts S. B.	75,7 76,8
Zweiflammrohrkessel	70	Ruhrbriketts B. D.	74,9 77,0
Batteriekessel mit Quersieder und Überhitzer	200	Ruhrkohle	81,5

11 Zweiflammrohr-Heizröhrenkessel von je 252,2 qm Heizfläche für 11,5 Atm. Betriebsüberdruck. Der Abnahmeversuch hatte nachstehende Ergebnisse:

---

1) Brown, Boveri & Co., Mannheim.

Brennmaterial:	Sorte: Gewaschene Ruhrkohle Nuß IV, Zeche König Ludwig	
	verheizt im ganzen an einem Betriebstage kg	2252
	„ in der Stunde, auf 1 qm Rostfläche „	85,3
Speisewasser:	verdampft im ganzen . . . . „	23 408
	„ in der Stunde, auf 1 qm Heizfläche „	15,47
	Temperatur. . . . . C°	63,4
Dampf:	Überdruck . . . . Atm.	11,23
	Erzeugungswärme . . . . WE	600,4
Heizgase:	Kohlensäuregehalt . . . . %	11,7
	Temperatur im Fuchs. . . . . C°	239
Verdampfung:	1 kg Brennmaterial verdampfte Wasser . . kg	10,4

Wärmebilanz	WE	%
Nutzbar gemacht zur Dampfbildung	6244	83,5
Verloren: a) im Kamin durch freie Wärme der Heizgase. . .	912	12,2
b) in den Herdrückständen durch unverbrannte Teile, ferner durch Strahlung, Leitung, Ruß, unverbrannte Gase usw. als Rest	324	4,3
Gesamtheizwert des Brennmaterials	7480	100

8 Zweiflammrohrkessel von je 85 qm Heizfläche für 10 Atm. Betriebsüberdruck mit in die Feuerzüge eingebauten Dampfüberhitzern von je 26 qm Heizfläche.

Die Abnahmeversuche lieferten nachstehende Ergebnisse:

Brennmaterial:	Sorte: Gewasch. Ruhrkohle Zeche Shamrock		
	verheizt im ganzen an einem Betriebstage. . . . . .kg	1464	1303
	„ in der Stunde auf 1 qm Rostfläche . . . . .kg	78,7	69,2
Speisewasser:	verdampft im ganzen . . . . „	12 240	11 055
	„ in der Stunde auf 1 qm Heizfläche . . .kg	24,0	21,37
	Temperatur . . . . . . .C°	33,3	33,0
Dampf:	Überdruck . . . . . .Atm.	9,7	9,75
	Temperatur . . . . . . .C°	236	250,5
	Erzeugungswärme. . . . .WE	654,7	661,9
Heizgase:	Temperatur im Fuchs . . . .C°	346	295
Verdampfung;	1 kg Brennmaterial verdampfte Wasser. . . . . .kg	8,361	8,484

Wärmebilanz	WE	%	WE	%
Nutzbar gemacht zur Dampfbildung . . , . .	5474	73,2	5615	75,1
Verloren: im Kamin durch freie Wärme der Rauchgase, in den Herdrückständen durch unverbrannte Teile, ferner durch Strahlung, Leitung, Ruß, unverbrannte Gase usw. als Rest.	2001	26,8	1860	24,9
Gesamtheizwert des Brennmaterials	7 475	100	7 475	100

2 Zweiflammrohrkessel von je 100 qm Heizfläche für 10 Atm. Betriebsüberdruck, bei welchen im zweiten Feuerzug regulier- und ausschaltbare Überhitzer eingebaut sind.

Die Feuerungen sind für Koksgrus eingerichtet und bestehen aus engspaltigen Planrosten. Die Luftzuführung unter die Roste erfolgt mittels eines elektrisch angetriebenen Ventilators.

Die Abnahmeversuche hatten folgende Ergebnisse:

Brennmaterial:	Sorte: Koksgrus aus Saarkohle, Zeche Heinitz-Dechen		
	verheizt im ganzen an einem Betriebstage . . . . . kg	1845	1870
	„ in der Stunde auf 1 qm Rostfläche . . . . kg	79	80
Speisewasser:	verdampft im ganzen . . . . „	10 064	9970
	„ in der Stunde auf 1 qm Heizfläche . . . kg	12,5	12,5
	Temperatur . . . . C°	8	8
Dampf:	Überdruck . . . . Atm.	9,1	9,5
	Temperatur . . . . C°	309	321
Heizgase:	Kohlensäuregehalt . . . . . %	10,4	9,8
	Temperatur im Fuchs . . . . C°	221	227
Verdampfung:	1 kg Brennmaterial verdampfte Wasser . . . . kg	5,455	5,332
Stromverbrauch	des Ventilators in der Stunde für 1 Kessel . . . . KW	1,22	1,33

Wärmebilanz	WE	%	WE	%
Nutzbar gemacht zur Dampfbildung	3965	66,1	3909	66,4
Verloren: a) im Kamin durch freie Wärme der Heizgase	820	13,6	880	14,9
b) in den Herdrückständen durch unverbrannte Teile, ferner durch Strahlung, Leitung, Ruß, unverbrannte Gase usw. als Rest	1250	20,3	1096	18,7
Gesamtheizwert des Brennmaterials	6000	100	5885	100

4 Wasserrohrkessel. Jeder dieser Kessel hat 70 qm Heizfläche und ist für 10 Atm. Überdruck gebaut. Bei zwei Kesseln ist im zweiten Feuerzug ein Überhitzer eingebaut. Die Oberkessel liegen außerhalb der Feuerzüge, da sich in den Räumen oberhalb der Kessel Menschen aufhalten.

Der Abnahmeversuch hatte folgendes Ergebnis:

Brennmaterial:	Sorte: Gewaschene Peißenberger Nuß I	
	verheizt im ganzen . . . . kg	1538
	„ in der Stunde auf 1 qm Rostfläche . „	81
Speisewasser:	verdampft im ganzen . . . . „	7920
	„ in der Stunde auf 1 qm Heizfläche „	13,8
	Temperatur . . . . C°	43

Dampf:	Überdruck . . . . Atm.	9,5
	Temperatur. . . . . C°	382
	Erzeugungswärme und Überhitzungswärme WE	624+63
Heizgase:	Kohlensäuregehalt . . . . %	11,7
	Temperatur im Fuchs. . . . . C°	309
Verdampfung:	1 kg Brennmaterial verdampfte Wasser . . kg	5,15

Wärmebilanz	WE	%
Nutzbar gemacht zur Dampfbildung und Überhitzung	3538	71,5
Verloren: a) im Kamin durch freie Wärme der Heizgase. . .	815	16,4
b) in den Herdrückständen durch unverbrannte Teile, ferner durch Strahlung, Leitung, Ruß, unverbrannte Gase usw. als Rest	602	12,1
Gesamtheizwert des Brennmaterials	4955	100

In dem Gutachten des Revisionsvereins hieß es: „Die mit dem Kessel festgestellte Wärmeausnützung von 71,5% des Kohlenheizwertes ist als sehr befriedigend zu bezeichnen."

Bestandteile des Kessels und der Feuerung.

Zur Aufnahme des Rostes und der Feuertüren dient das Feuergeschränk, das bei Flammrohrkesseln am Kessel, bei Wasserrohrkesseln am Mauerwerk befestigt ist. Es besteht aus Gußeisen und ist bei Flammrohrkesseln mit gußeisernen Schutzbogen für die vordere Nietung des Flammrohrs versehen. Bogen, Feuerbrücke usw. werden durch feuerfestes Mauerwerk vor dem Durchbrennen geschützt.

Der Rost besteht aus einzelnen Stäben von verschiedenen Formen, meist aus Gußeisen (Hartguß), selten aus Schmiedeeisen; am gebräuchlichsten ist der glatte, linealförmige Roststab mit drei Verstärkungen, die die gleichmäßigen Abstände der einzelnen Stäbe sichern. Seltener verwendet wird der Polygonroststab und der Schlangenroststab. Bei Flammrohrkesseln wird der Rost als Planrost ausgeführt und ist besonders für die Verfeuerung von Steinkohlen von mindestens Nußgröße geeignet. Für Unterwindfeuerung zur Verfeuerung von minderwertigem Brennmaterial auf Planrosten werden auch Rostplatten mit verschiedenartig angeordneten Löchern verwendet.

Für Braunkohlen empfehlen sich Treppenroste oder Muldenroste. Der übliche Treppenrost hat als Abschluß einen kleinen Planrost.

Für Wasserrohrkessel kann ein gewöhnlicher Planrost verwendet werden oder besser ein mechanisch angetriebener Wanderrost. Der Rost besteht hier aus einer endlosen, aus kurzen gußeisernen Rostgliedern zusammengesetzten Kette, die oben und unten durch in bestimmten Zwischenräumen angeordnete Wellen unterstützt wird, welch letztere in gußeiserne Rahmen gelagert sind. Diese Seitenrahmen, auf vier Rädern ruhend, bilden den Kettenrostwagen, der aus dem eigentlichen Feuerraum ausziehbar angeordnet ist. Aus dem am vorderen Ende befindlichen Kohlentrichter gelangt der Brennstoff (nur Steinkohle) der

ganzen Breite nach auf die Kette, die durch ein regulierbares Schalt-
werk langsam durch den Verbrennungsraum hindurchgeführt wird Die
Geschwindigkeit der Kohlenzufuhr wird so eingestellt, daß sie zur vollständigen Verbrennung der Kohle ausreicht. Die Höhe der Kohlenschicht ist durch eine zweiflügelige Schiebetür, entsprechend der Belastung des Kessels, genau einstellbar.

Die sich bildende Schlacke und Asche wird durch die Bewegung des
Rostes nach rückwärts befördert und fällt dort auf eine die Aschenfall-
öffnung abschließende Klappe. Diese wird vom Heizerstand täglich ein-
oder zweimal geöffnet, und das Abschlacken findet vollkommen selbsttätig und ohne Öffnen von Heiztüren statt. Die Hauptantriebswelle für
den Kettenrost macht 35 Umläufe in der Minute; der Kraftbedarf ist
für den Kessel bei einer einfachen Feuerung etwa $\frac{1}{2}$ HP.

Andere mechanische Kohlenbeschickungsapparate sind die Wurf-
apparate, die von verschiedenen Firmen gebaut werden; sie bestehen
aus einem großen Trichter, durch den die meist nußgroße Kohle in ab-
geteilten Mengen vor eine Wurfschaufel fällt. Diese wird durch Feder-
kraft betrieben, wobei durch verschieden starkes Spannen verschiedene
Wurfweite erzielt werden kann, um den Rost gleichmäßig zu bedecken.
Die Heizer arbeiten, wenn sie mit der Einrichtung einmal vertraut sind,
gerne mit diesen Apparaten. Der Hauptvorteil dieser Apparate besteht
vor allem in dem Fehlen falscher Luft, die selbst bei mit größter Sorgfalt
ausgeführter Handfeuerung bei jedem Öffnen der Feuertür eintritt.
Hierzu kommt der Vorteil stets gleichmäßiger Beschickung.

Flüssige Brennstoffe werden selten verwendet. In Betracht kommen
gegebenenfalls Teeröle, die durch Düsen zerstäubt werden, die unter
dem Druck von Dampf oder Preßluft stehen. Es gibt auch gemischte
Feuerungen; die Ölfeuerung verfolgt dann den Zweck, aus dem Kessel
höhere Leistungen herauszuholen.

Die Einmauerung erfolgt mit feuerfesten Steinen und Schamotte-
mörtel, wobei die Züge groß genug sein müssen, um ein bequemes Befahren zu ermöglichen. Hinter dem letzten Zug ist ein Rauchschieber
angeordnet, der vom Heizerstand aus bedienbar ist und gestattet, den
Zug zu regeln. Der Rauchkanal hinter dem Schieber heißt der Fuchs
und führt zum Schornstein. Alle Rauchkanäle sollen dem Durchströmen
der Rauchgase möglichst geringen Widerstand bieten; vor allem sind
scharfe Knickungen zu vermeiden. Im Querschnitt soll der Umfang
möglichst klein im Verhältnis zur Fläche sein.

Der Schornstein (Kamin, Esse) soll die zur Verbrennung erforderliche Luft durch den Rost ansaugen und gleichzeitig die gasförmigen
Verbrennungsrückstände in einer solchen Höhe ableiten, daß diese die
Umgebung nicht mehr belästigen. Die Geschwindigkeit der Heizgase
ist um so größer, je höher der Kamin und die Eintrittstemperatur der
Gase ist; die mittlere Geschwindigkeit sei etwa 2—3 m in der Sekunde,
geringere (1—1,5 m) und größere Werte (4—6 m) sind nicht selten.

Die Höhe des Schornsteins beträgt gewöhnlich nicht unter 15—20 m;
für sehr schlechte Steinkohlen wenigstens 25—30 m. In größeren Städten
ist häufig eine Mindesthöhe vorgeschrieben, z. B. für Berlin 19 m. Der

geringste Querschnitt des Kamins sei mindestens $= \frac{1}{3}$, über 3 m Höhe $= \frac{1}{4}$ der freien Rostfläche.

Die Ausführung der Kamine geschieht meist in Mauerwerk; für unsicheren Baugrund, vorübergehenden oder kleineren Betrieb auch in Eisen, in neuerer Zeit auch Eisen mit Steinausmauerung. Die günstigste Querschnittsform für Stein- und Eisenkamin ist der Kreis, erfordert aber genau passende Formsteine. Der bei gemauerten Kaminen noch vorkommende achteckige Querschnitt ist etwas ungünstiger, gesattet aber mehr Freiheit in der gemischten Verwendung von Normal- und Formsteinen. Der viereckige Querschnitt stellt sich im Bau zwar am billigsten, ist jedoch für größere Anlagen nicht geeignet.

Der Zug im Schornstein wird durch den Auftrieb der heißen, daher leichten Luft erzeugt und verursacht insofern Kosten, als mindestens die doppelte Luftmenge, die zur Verbrennung notwendig wäre, mit erhitzt werden muß und mit hoher Temperatur abströmt. Bei falscher Schieberstellung wird noch erheblich mehr Wärme mit dieser heißen Luft, die zur Erzeugung des Zuges erforderlich ist, verschwendet. Wo billige Kraft zur Verfügung steht, kann man den nötigen Zug auch durch Ventilatoren erzeugen. Man spricht dann von künstlichem Zug oder Saugzug. Man unterscheidet 1. indirekten Saugzug, bei dem ein Ventilator durch eine Düse Luft in den Kamin einbläßt und so nach Art eines Injektors wirkt, und 2. direkten Saugzug, bei dem der Ventilator die Rauchgase aus dem Fuchs ansaugt und in den Schornstein proßt. Als Ventilatoren verwendet man solche mit wassergekühlten Lagern und schützt die Teile, die mit den Rauchgasen in Berührung kommen, durch einen hitze- und säurefesten Anstrich. Sowohl um die Lebensdauer des Ventilators zu erhöhen, als auch um die Wärme der Rauchgase möglichst auszunützen, kühlt man sie soweit als möglich ab. Der direkte Saugzug ist dort am Platze, wo ein Schornstein nicht mehr ausreicht oder durch Errichtung eines kleineren Kamins an den Anlagekosten gespart werden soll und wo gleichzeitig billige Antriebskraft zur Verfügung steht.

Eine andere Form des künstlichen Zuges ist der Unterwind, der es besonders bei minderwertigem, feinkörnigem Brennmaterial, das der Luft großen Widerstand entgegensetzt, ermöglicht, mit minderwertigem Brennmaterial verhältnismäßig große Kesselleistungen herauszuholen. Unterwind wird vor allem bei Planrosten in Flammrohrkesseln mit minderwertigem Brennmaterial, wie Koksgrus, Rohbraunkohle usw. verwendet, doch findet er auch bei Wanderrosten usw. Verwendung. Die Ausführung kann durch ein Dampfstrahlgebläse erfolgen, das zwar erhebliche Vorteile, aber auch den Nachteil sehr hohen Dampfverbrauchs hat; ferner durch Ventilatoren, die entweder direkt in die Aschenfalltüren eingebaut oder außerhalb derselben aufgestellt sind. Die Druckluft wird in letztem Falle durch Blechrohre unter den Rost geführt. Bei Unterwindfeuerungen erfolgt die Einstellung derart, daß über dem Feuer der Zug 0 mm ist, d. h. bei Öffnung der Feuertüren soll weder Luft angesaugt noch ausgeblasen werden, da letzteres zum Herausschlagen des Feuers gegen den Heizer führen würde.

Weitere Bestandteile des Kessels sind die Wasserstandszeiger, die, gemäß den nachfolgend wiedergegebenen Vorschriften, doppelt vorhanden sein müssen. Gute Konstruktionen haben Hähne mit Selbstschluß, die im Falle eines Glasbruches ein Ausströmen des Dampfes verhindern, ferner Reflexionsgläser, die auch bei ungünstiger Beleuchtung den Wasserstand deutlich erkennen lassen. Eine einfachere Ausführung besteht in einsetzbaren Glasrohren, die wegen ihres leichten Bruches mit starken Schutzhüllen aus Drahtglas umgeben sind.

Die Einrichtung der Sicherheitsventile und Manometer bedarf hier keiner Erklärung.

Wichtig sind noch die Speisevorrichtungen, von denen zwei vorhanden sein müssen und davon die eine gewöhnlich ein Injektor ist. Letzterer arbeitet jedoch erst, wenn genügender Dampfdruck zur Verfügung steht, bedarf also der Ergänzung durch vom Dampfdruck unabhängige Vorrichtungen. Weitere Speisevorrichtungen sind: Zentrifugalpumpen, die bequem durch Elektromotoren angetrieben werden, Stiefelpumpen und Dampfpumpen. Für mehrere Kessel genügen zwei Speisevorrichtungen, sofern sie von ausreichender Leistung sind.

Zur Kesselarmatur gehören noch die Abschlämmventile, von denen verschiedene Konstruktionen gestatten, unter vollem Druck abzuschlämmen und so die Kesselreinigung zu vereinfachen.

Die Reinigung des Kessels geschieht in bestimmten Zeitabständen und hängt von der Beschaffenheit des Speisewassers und der Kesselbauart ab; auch bei reinem Wasser muß jährlich mindestens eine Besichtigung und nötigenfalls Reinigung stattfinden. Die Entleerung des Kessels muß nach völliger Abkühlung geschehen und dann gleich die Reinigung vorgenommen werden. Der Stein wird vermittels des sogenannten Kesselsteinpickers von den Blechen sorgfältig abgehämmert, wobei Nietköpfe und Nähte besonders zu beachten sind. Neuerdings verwendet man auch elektrisch angetriebene Kesselreiniger, die mit Schlagringen arbeiten, und die Kesselbleche schonen. Um das Festsetzen des Kesselsteins zu verhüten, ist ein Mineralöl- oder Teeranstrich von Vorteil.

Besser ist es jedoch, wenn die Kesselsteinbildner gar nicht oder nur in geringem Maße in den Kessel gelangen, indem das Speisewasser vorher gereinigt wird (s. weiteres unter Wasserreinigungsanlagen).

In Verbindung mit Dampfkesseln werden häufig Speisewasservorwärmer aufgestellt, bei denen sonst verloren gehende Wärmemengen ausgenützt werden und durch die wesentlich an Kohlen gespart wird. Man unterscheidet Economiser, die die Abwärme der Rauchgase ausnützen und Abdampfvorwärmer. Economiser bestehen aus gußeisernen, stehenden Rohren, die durch Schaber frei von Ruß gehalten werden. Das Speisewasser tritt in dieselben mit einer Temperatur von 40° C ein (um ein Kondensieren der Feuchtigkeit der Rauchgase zu vermeiden) und verläßt dieselben mit 120° C und darüber. Die Rauchgase werden ihrerseits von 360° auf 200° und darunter abgekühlt, besonders wenn Saugzug vorhanden ist. Die Heizfläche der Economiser soll etwa $1/5 - 1/4$ der Kesselheizfläche betragen.

Abdampfvorwärmer nützen den Abdampf von Maschinen in Röhrenkesseln aus.

Besonders zum Antriebe von Kraftmaschinen werden Überhitzer eingebaut, die eine wesentliche Verringerung des Dampfverbrauches ermöglichen. Sie bestehen aus schmiedeeisernen Rohrsystemen, die in die Rauchkanäle eingebaut werden und von Dampf durchströmt sind. Wird der Dampf nur für Heizzwecke in Textilbetrieben verwendet, so bietet die Überhitzung, wie bereits früher ausgeführt, keinen Vorteil.

Nebeneinrichtungen des Kesselhauses sind Transporteinrichtungen für Kohlen, die sich jedoch nur für große Betriebe lohnen, dann aber viel Bedienungspersonal ersparen.

Durch die Kohlenknappheit der letzten Zeit sind in Deutschland oft Koksbrecher nötig gewesen, da Zechenkoks nur mit solchen wirtschaftlich zu verfeuern ist. Infolge der Teuerung der Brennstoffe lohnt es sich auch, aus den Schlacken durch Schlackenseparatoren den in denselben enthaltenen Brennstoff zurückzugewinnen. Schlacken enthalten oft 30—40% Koks[1]), so daß solche Maschinen bei größerem Schlackenanfall lohnend sind. Es gibt verschiedene Systeme von Schlackenseparatoren; sie beruhen 1. auf magnetischer Abscheidung von eisenhaltiger Schlacke, 2. auf der Ausnützung des geringeren spezifischen Gewichtes der Koksteile (Aufschlämmen in schweren Flüssigkeiten), 3. auf dem Abschlämmen durch den Druck strömenden Wassers.

Kesselhauskontrolle.

Bei dem Kauf von Dampfkesseln ist es allgemein üblich, Leistungsgarantien in den Kaufvertrag einzusetzen. Die Prüfung, ob diese Garantien erfüllt werden, überträgt man in der Regel den Dampfkesselüberwachungsvereinen oder ähnlichen Einrichtungen, die durch umfangreiche Versuche eine genaue Verbrennungsbilanz aufstellen. Aus dieser Bilanz geht hervor, ob der garantierte Nutzeffekt erreicht ist, ferner welche Verluste zu groß sind, welcher Brennstoff für die gegebene Kesselanlage der geeignetste ist usw. Bei steter Kontrolle und mustergültiger Heizung können so Nutzeffekte bis etwa 84% erzielt werden. Im praktischen Betrieb lassen sich solche glänzenden Resultate jedoch nicht immer erreichen; auch bei guten Heizern gibt es Schwankungen, bei schlechten Heizern werden oft dauernd ungünstige Resultate zu verzeichnen sein. Es ist deshalb Zweck der Kesselhauskontrolle, die Durchschnittsleistungen zu bestimmen und Unregelmäßigkeiten möglichst auszuschalten.

Bei gleichbleibendem Brennmaterial gibt die Verdampfungsziffer (Anzahl kg Dampf pro kg Kohle) ein gutes Bild der Leistung. Zu ihrer Bestimmung ist es nötig, zu wissen, wieviel kg Kohle verbrannt und wieviel kg Wasser verdampft worden sind. Die Bestimmung des Kohlenverbrauchs erfolgt in ganz großen Betrieben durch automatische Wagen; in kleineren Betrieben kann die Kohle in Handkarren auf Dezimalwagen gewogen werden. Vielfach begnügt man sich auch damit, die Karren

---

[1]) S. auch S. 25.

zu zählen und bei Berechnung des Gesamtkohlenverbrauches das festgestellte Durchschnittsgewicht einer Karre zugrunde zu legen; dies führt aber zu großen Ungenauigkeiten.

Die verdampfte Wassermenge wird mit Hilfe verschiedener Wassermesser gemessen. Beispielsweise können vor der Pumpe Flüssigkeitswagen angebracht werden, bei denen sich ein kalibriertes Sammelgefäß nach Füllung entleert und wobei die Anzahl der Entleerungen verzeichnet wird. Diese Messer sind genau, aber unbequem, da sie in keine Druckleitung eingebaut werden können.

Wassermesser, die in die Druckleitung eingebaut werden, sind die Zweikolbenmesser bei denen zwei Kolben in Zylindern hin und herbewegt werden, wobei immer der konstante Zylinderinhalt an Wasser die Leitung durchfließt. Die Anzahl der Hube wird registriert.

Eine dritte Art sind die Siemens-Halske-Scheibenmesser, bei denen sich ein scheibenförmiger Kolben in einer Kapsel dreht. Bei allen diesen Apparaten kommen gelegentliche Reparaturen vor; für solche Fälle ist eine Umführung des Wassermessers nötig, oder mindestens ein Rohrpaßstück vorrätig zu halten, das schnell an Stelle des Messers eingesetzt werden kann. Gute Messer zeigen auf $2-3\%$ genau.

Aus den Werten für den Kohlenverbrauch und das verdampfte Wasser ist es leicht, die Verdampfungsziffer zu berechnen und durch Vergleich festzustellen, ob bei den Probeversuchen die gleichen Ergebnisse erzielt wurden, ferner, wie hoch die Kesselbelastung pro qm Heizfläche ist, da bei zu großer Inanspruchnahme der Kessel der Nutzeffekt von selbst sinkt. In ähnlicher Weise lassen sich der Heizwert der Kohle und etwaige Unregelmäßigkeiten des Heizers feststellen.

Hauptbedingungen für gutes Heizen sind: Gleichmäßigkeit der Beschickung, richtige Höhe der Feuerschicht, schnelles Abschlacken u. a. m. Alle hierauf bezüglichen Fehler zeigen sich deutlich im Kohlensäuregehalt der Rauchgase. Daher gestatten schnell hintereinander aufgenommene und selbsttätig aufgezeichnete Kohlensäurebestimmungen eine genaue Kontrolle. Dem Heizer werden gleichzeitig seine Fehler genau nachgewiesen, und er wird zu sorgfältiger und aufmerksamer Bedienung des Kessels angeleitet. Solche selbsttätige Rauchgasprüfer werden u. a. von J. C. Eckardt in Stuttgart und von Jul. Pintsch in Frankfurt a. M. gebaut.

Wünscht man bei verläßlichem Heizerpersonal nur gelegentliche Kontrollversuche vorzunehmen, um Fehler festzustellen, die dem rein empirisch arbeitenden Heizer entgehen, so ist ein gewöhnlicher Orsatapparat am Platze, mit dem man nach kurzer Einarbeitung Kohlensäurebestimmungen ausführen kann. Ein langes Stockthermometer, das gestattet, die Rauchgastemperaturen hinter dem Kessel (im Fuchs) zu bestimmen, und ein Zugmesser vervollständigen das Instrumentarium, das dem Fachkundigen ein Urteil über die Verbrennungsvorgänge ermöglicht.

Der Zugmesser dient zur Messung und Kontrolle der Zugstärke. Die Höhe des Zuges, zwischen Feuerung und Rauchschieber gemessen, schwankt zwischen 10 und 50 mm Wassersäule und soll bei offenem Schieber mindestens 12—15 mm Wassersäule betragen. Nach der Zugstärke richtet sich die Menge der in die Feuerung gelangenden Verbrennungsluft und damit die Vollkommenheit und Wirtschaftlichkeit der Verbrennung selbst. Zu wenig Zug heißt auch zu wenig Luft, also unvollkommene Verbrennung und geringere Kesselleistung; zu viel Zug bzw. zu viel Luft ist ebenso unwirtschaftlich, da die überschüssigen Luftmengen viel Wärme unausgenützt entführen, auch unverbrannte Kohle mit fortreißen und die Feuerungswandungen abkühlen. Die erforderliche Zugstärke wird meist nur mit dem Rauchschieber eingestellt, wobei sich der Heizer noch sehr oft lediglich auf sein praktisches Gefühl verläßt. Statt dessen sollen die Zugmesser eine sichere Einstellung und genaue Kontrolle der Zugstärke ermöglichen. Das Anschlußrohr wird in der Nähe des Rauchschiebers in den Feuerungskanal geführt, der Apparat selbst gewöhnlich außen am Mauerwerk befestigt.

Für Economiser werden meist die Thermometer zur Messung der Wassereintritts- und -austrittstemperatur mitgeliefert.

Amtliche Dienstvorschriften für Kesselwärter und Dampfkesselgesetze.

Jeder Dampfkessel ist nach der Reichsgewerbeordnung genehmigungspflichtig.

Sein Bau und seine Ausrüstung, seine Prüfung und seine Aufstellung unterliegen gesetzlichen Bestimmungen, desgleichen seine Inbetriebsetzung wie endlich sein Betrieb selbst.

Die wichtigsten in Betracht kommenden Dienstvorschriften und Verordnungen sind folgende.

I. Amtliche Dienstvorschriften für Kesselwärter.

Allgemeine Betriebsanweisung.

1. Das Kesselhaus und alles, was darin ist oder zum Betriebe der Kessel gehört, ist stets sauber und in bester Ordnung zu halten. Der Kesselwärter hat dafür zu sorgen, daß Unbefugte nicht ins Kesselhaus eintreten.

2. Der Wasserstand darf nie unter die Marke sinken.

3. Das Wasserstandsglas ist nach jedesmaligem Schüren zu beobachten. Täglich mehrere Male muß daraus der Schlamm abgeblasen, und müssen daran sämtliche Hähne gezogen werden.

4. Die Probierhähne und Probierventile sind täglich mehrere Male zu öffnen.

5. Der Schwimmer ist täglich mindestens einmal zu probieren.

6. Das Sicherheitsventil ist täglich mindestens einmal zu lüften, aber nur ganz langsam.

7. Das Manometer ist nach jedesmaligem Schüren zu beobachten.

8. Der Dampfdruck darf nicht größer werden, als die Marke am Manometer anzeigt.

9. Von den Speisevorrichtungen ist jede täglich in Gang zu setzen, es ist also nicht ausschließlich mit der Vorrichtung zu speisen, welche am besten arbeitet.

10. Das Dampfventil und jeder Dampfhahn darf nur ganz langsam geöffnet, aber beliebig rasch geschlossen werden.

11. Das Abblasen eine Kessels darf erst beginnen, nachdem das Kesselmauerwerk sich abgekühlt hat. — Eine Atmosphäre Dampfdruck ist zum Abblasen immer hinreichend. Das Abblasen eines Kessels ist von Anfang bis zu Ende von dem nämlichen Kesselwärter zu leiten, darf also nicht auf die Ablösung übertragen werden.

12. Das Füllen eines Kessels mit frischem Wasser darf erst dann geschehen, wenn der Kessel gehörig abgekühlt ist.

13. Der Kesselstein soll vollständig und mit nicht zu scharfen Hämmern und Meißeln entfernt werden. Beim Ausklopfen soll man nicht auf, sondern zwischen die Nietköpfe schlagen. Speise- und Abblaserohre sowie die Rohre zu dem Wasserstandsglase, zu den Probierhähnen und zu der Lärmpfeife sind bei jeder Kesselreinigung gründlich nachzusehen und von Kesselstein zu befreien.

14. Ruß und Flugasche sollen so oft und gründlich wie möglich aus den Zügen entfernt werden.

15. In kurzen und vor langen Stillstandspausen soll man speisen. — Solange irgendwelches Feuer auf dem Rost ist, darf der Kesselwärter sich nicht entfernen.

16. Steigt der Dampf zu hoch, so soll man speisen und den Rauchschieber niederlassen. — Nur wenn das nicht hilft, dürfen ausnahmsweise Feuertüren und Rauchschieber ganz geöffnet werden.

17. Fällt das Wasser unter die Marke, so ist sofort alles Feuer vom Rost zu entfernen, der Rauchschieber aber offen zu lassen.

18. Schäumt das Wasser, so ist zu speisen, Feuertür und Rauchschieber ganz aufzusperren und das Dampfventil zu schließen.

19. Der Rost soll stets rein und gleichmäßig, aber nicht zu hoch bedeckt gehalten werden. Das Aufwerfen soll möglichst rasch bei halbgeschlossenem Rauchschieber erfolgen.

20. Leckt es irgendwo auf dem Kessel, so ist sofort ein Eimer unterzustellen und dann die schadhafte Stelle zu verdichten.

21. Beim Schichtwechsel darf der abtretende Kesselwärter sich nicht eher entfernen, bis der antretende alles nachgesehen und in Ordnung gefunden hat.

22. Der antretende Kesselwärter hat sofort nach Wasserstand und Manometer zu sehen, die Probierhähne und alle Hähne am Wasserstand zu ziehen, das Sicherheitsventil zu lüften und mindestens eine Speisevorrichtung zu probieren.

Anweisung zur Vorbereitung der Kessel für die innere Untersuchung und zur Wasserdruckprobe.

Vorbereitung zur inneren Untersuchung.

Vor der Untersuchung muß der Kesselstein und Schlamm im Innern des Kessels und der Ruß und die Flugasche am Äußern des Kessels vollständig beseitigt und eine gründliche Reinigung der Feuerzüge (gründliches Abbürsten mit Drahtbürsten) von Asche und Ruß vorgenommen sein.

Das Kesselmauerwerk muß so weit entfernt werden, daß die Kesselwandungen überall genau zu besichtigen sind, die obere Deckschicht ist zu entfernen und der Kessel auch hier, wie oben angegeben, gründlich zu reinigen.

Ausziehbare Kessel sind auseinandergenommen zur Untersuchung zu stellen.

Stehen angeheizte Kessel mit dem zu untersuchenden in Verbindung, so ist die Speise- und Dampfleitung durch einen Blindflansch abzusperren, oder es ist ein Stück der Leitung auszuschalten.

Das Anstreichen der Kesselwandungen innen und außen vor der Untersuchung ist unstatthaft. Sämtliche Hähne, Ventile, Dichtungen und Verschraubungen sind zur Untersuchung gründlich nachzusehen, nachzuschleifen und zu dichten. Zur Untersuchung sind zwei Kerzen, Handhammer, Flach- und Kreuzmeißel bereitzuhalten.

Vorbereitung zur Wasserdruckprobe.

Der Kessel ist vollständig mit Wasser zu füllen. Es ist darauf zu achten, daß beim Füllen die Luft aus dem Kessel vollständig entweichen kann, erforderlichenfalls ist an der höchsten Stelle eine Entlüftungsvorrichtung (Hahn oder Schraube) anzubringen.

Sämtliche Dichtungen und Verpackungen sind vorher gründlich zu untersuchen, auch sind alle Hähne, Ventile und Verschraubungen nachzuschleifen und zu verdichten.

Die Druckpumpe muß in brauchbarem Zustande und ihre Verbindung mit dem Kessel vor Ankunft des Kesselprüfers hergestellt sein.

Zur Beseitigung etwaiger Undichtigkeiten vor der amtlichen Probe ist der Kessel mit einem die festgesetzte höchste Dampfspannung um 1 Atmopshäre übersteigenden Druck vorzupressen. Die dabei auftretenden Undichtigkeiten sind zu beseitigen.

Das Sicherheitsventil ist für diese Untersuchung festzukeilen, jedoch nicht durch einen Blindflansch abzusperren. Nach der Druckprobe wird die Belastung des Ventils geprüft, daher ist dasselbe vorher sauber einzuschleifen und erforderlichenfalls nachzudrehen.

Die Reinigungsöffnungen in den Feuerzügen sind sämtlich zu öffnen; die Kesselwandungen und die Feuerzüge sind in derselben Weise zu reinigen, wie dieses für die innere Untersuchung vorgeschrieben ist (s. o.).

Soll bei befahrbaren Kesseln die innere Untersuchung mit der Wasserdruckprobe an demselben Tage vorgenommen werden, so ist der zu untersuchende Kessel zuerst zur inneren Untersuchung vorzubereiten.

Bei Kesseln, welche ihrer Bauart wegen nicht in allen Teilen genau besichtigt werden können, tritt an Stelle der inneren Untersuchung die Wasserdruckprobe; demnach sind diese Kessel stets zur Wasserdruckprobe vorzubereiten.

Die Ummantelung und Einmauerung von Kesseln mit nicht befahrbaren Zügen ist vor der Druckprobe so weit zu entfernen, daß sämtliche Nähte zugänglich sind.

II. Anleitung zum Reinigen von Dampfkesseln.

(Aufgestellt vom Magdeburger Verein für Dampfkesselbetrieb.)

Außerbetriebsetzung des Kessels.

1. Nachdem der Betrieb des Kessels zum Zweck der Reinigung eingestellt worden ist und etwa undichte Stellen an den äußeren Teilen angezeichnet worden sind, lasse man Essenschieber und Feuertür offen stehen.

2. Einsteigeöffnungen im Mauerwerk bleiben geschlossen.

3. Das Wasser wird noch nicht abgelassen.

4. Der Rost wird rein abgeräumt, besonders darf keine Glut auf demselben bleiben.

5. Der Dampf wird abgelassen, soweit es möglich ist.

6. So bleibt der Kessel stehen, bei Steinkohlenfeuerung mindestens 10 Stunden lang, bei Braunkohlenfeuerung mindestens 20 Stunden lang.

7. Dann erst wird das inzwischen auch etwas abgekühlte Wasser abgelassen. Vorher überzeuge man sich noch ausdrücklich davon, daß ein Mann die gemauerten Zugkanäle auch bei geschlossenem Essenschieber befahren kann, ohne durch Hitze behindert zu sein. Das Mauerwerk muß man überall mit der Hand dauernd berühren können; etwa vorhandene Asche muß so weit abgekühlt sein, daß man überall mit der Hand durch sie hindurchgreifen kann, ohne Hitze bzw. brennende Wärme zu fühlen. Ist diese Abkühlung schon früher als zu der angegebenen Zeit eingetreten, so kann auch das Wasser schon eher abgelassen werden. Bei Flammrohrkesseln achte man besonders darauf, daß die in den Flammrohren abgelagerte Asche genügend abgekühlt oder schon ganz entfernt ist, bevor das Wasser abgelassen wird.

Reinigung der Zugkanäle.

8. Während der zweiten Hälfte der unter 6 genannten Zeit kann schon die Asche und der Ruß aus den Zugkanälen beseitigt werden. Dazu werden auch, soweit erforderlich, die seitlichen Öffnungen der Einmauerung freigemacht.

9. Die Asche wird mit großen Blechschaufeln herausgenommen, welche die ungefähre Breite des Zugkanales haben. Die Schaufeln haben Stiele, so lang wie der Zugkanal, mit denen sie in die Asche hineingeschoben und wieder heraus-

gezogen werden. Die Stiele sind aus leichtem Gasrohr oder Holz hergestellt und können, wenn notwendig, durch Verschraubung oder Bajonettverschluß zusammengesetzt werden. Die Schaufel kann auch an zwei Schnüren befestigt sein. Davon reicht die eine nach dem hinteren Ende des Zugkanals (z. B. Flammrohres, Seitenzuges usw.), die andere Schnur reicht nach der Vorderfront des Kessels. Ein Mann zieht die Schaufel nach hinten in die Asche hinein, damit sie sich füllt, der andere Mann zieht die gefüllte Schaufel wieder zurück.

10. Zum Abkratzen des Rußes von den Kesselwandungen benutzt man etwa 150—200 mm breite, geschmiedete und verstählte leichte Kratzen. Der Mann legt sich dabei in den Kanal, den Kopf gegen den Luftzug gerichtet und arbeitet mit nach den Füßen hin ausgestrecktem Arme, wobei immer die frische Luft durch die Züge streicht und allen Staub fortnimmt, so daß er nicht im mindesten belästigt wird. Die Zugstärke wird dabei so geregelt, daß sie für den Mann bequem erträglich ist, die Asche vor ihm jedenfalls nicht aufgewirbelt wird.

11. Diese Zugreinigung an einem großen Cornwallkessel muß mit 2 Mann in 6 Stunden beendigt sein.

12. Nachdem das Wasser abgelaufen ist, werden gleich beide Mannlöcher oben und unten geöffnet, worauf sofort die Reinigung im Kesselinnern erfolgen kann, zuerst unten, weil es dort am kühlsten ist, bald darauf auch oben.

13. Es ist äußerst wichtig, daß diese Reinigung im Kesselinnern vorgenommen wird, bevor die Niederschläge trocknen, weil sie im feuchten Zustande noch weich sind und sich leichter abkratzen oder abfegen lassen. Durch das Trocknen, zumal bei hoher Temperatur, wird der Kesselstein erst fest und zähe.

Auf diese Weise kann ein großer Cornwallkessel von 4 Mann in 4 Stunden im Innern gut gereinigt werden, wenn auch viel Niederschläge vorhanden sind.

14. Der dann noch fest anhaftende Kesselstein ist gewöhnlich nur von geringer Dicke. Solcher steinige Ansatz von 2—3 mm Dicke ist für den Kessel nicht nachteilig und braucht nicht abgeklopft zu werden. Meist springt er durch das Wiederanheizen des Kessels von selbst ab und bildet bei der nächsten Reinigung lose Massen. Nur wenn man findet, daß Kesselstein bei dieser Behandlung sich stellenweise dicker als 3 mm fest ansetzt, bedarf es der Reinigung durch Klopfen. Auch wenn der Kessel untersucht werden soll, muß er vollständig rein sein.

15. Ein Anstrich mittels Graphit, in Magermilch eingeweicht und auf die inneren Kesselwandungen aufgebürstet, wirkt zweckmäßig als Antiklebemittel, indem der steinige Ansatz leichter abspringt.

16. Es gibt auch noch andere zweckentsprechende Mittel gegen den Kesselstein, sie gehören aber nicht hierher. Für die Anwendung von Soda gegen Kesselstein hat der Verein eine besondere Anweisung herausgegeben.

17. Besitzt der Kessel nur ein Mannloch, so geht die innere Abkühlung langsamer von statten als bei zwei Mannlöchern. Dann kann, wenn Zeit gewonnen werden soll, der Kessel künstlich ventiliert werden, indem ein etwa 250 mm weites Blechrohr aus dem Innern des Kessels, von dem entferntesten Punkte an durch das Mannloch in den Fuchs oder den Schornstein gelegt wird. Dann saugt der Schornstein die warme, verdorbene Luft ab, und frische Luft strömt durch das Mannloch ein.

Inbetriebsetzung des Kessels.

18. Bevor der Kessel nach vollendeter Reinigung wieder zugemacht wird, soll der Kesselwärter persönlich noch einmal alles durchsehen, ob die Reinigung im Kesselinnern und in den Zugkanälen wirklich fertig ist, und ob keine Gegenstände, besonders im Kesselinnern, liegen geblieben sind; gleichzeitig ist darauf zu achten, daß alle im Kessel befindlichen Öffnungen, wie die des Wasserstandes, zu der Speisung und des Manometers, frei und rein sind.

19. Sobald das untere Mannloch geschlossen ist, wird Wasser eingelassen. Solche Kessel, die keine Unterfeuerung haben, werden bis oben hin, bis zum Überlauf aus dem Mannloche, gefüllt.

20. Während das Wasser fließt, wird der Staub von den Garnituren gewischt, alle Hähne und Ventile werden auseinandergenommen, gereinigt, eventuell ein-

geschliffen, geschmiert, verpackt und wieder zusammengesetzt. Undicht gewesene Verschraubungen sind neu zu dichten.

Alle Maueröffnungen sind wieder zuzusetzen und zu verdichten. Schadhafte Roststäbe sind auszuwechseln.

21. Sobald der Kessel gefüllt ist, kann Feuer angemacht werden. Nachdem dieses vollständig brennt, wird das Wasserablaßventil etwas geöffnet, und zwar so, daß, wenn das Wasser zu kochen beginnt, es von oben bis auf ungefähr den niedrigsten Wasserstand gesunken ist. Dann vergesse man aber nicht, das Ablaßventil zu schließen. Das abfließende Wasser wird dann ziemlich dieselbe Temperatur haben wie in den oberen Schichten; ist das nicht der Fall, so ist noch Wasser einzuspeisen und unten wieder abzulassen, bis es heiß genug abfließt. Konnte der Kessel nicht bis obenhin gefüllt werden (wegen ungenügenden Wasservorrates und dgl.), so verfährt man in anderer Weise, die den gleichen Erfolg hat: eine möglichst gleichmäßige Temperatur des Wassers im ganzen Kessel herbeizuführen.

22. Ist der Wasserstand im Glase nach dem Ablassen wieder sichtbar, so wird das Mannloch oben geschlossen, und der Betrieb kann wieder vor sich gehen.

23. Bei diesem Verfahren wird kein Kessel undicht, und der Betrieb kann Montag früh wieder aufgenommen werden, wenn er Sonnabend abend unterbrochen worden war.

24. Es wird hierbei angenommen, daß nur ein Tag zur Kesselreinigung erübrigt werden kann. Ist mehr Zeit vorhanden, dann kann auch zur Abkühlung mehr Zeit verwendet werden, und man öffnet dann den Essenschieber während der Abkühlung entsprechend weniger oder auch gar nicht. Immer hat man sich aber zu überzeugen, wie unter Punkt 7 erläutert, daß die Zugkanäle genügend abgekühlt sind, bevor das Wasser abgelassen wird.

25. Jeder Kesselwärter muß wissen, daß der kalte Luftzug dem Kessel nicht schadet, so lange letzterer mit Wasser gefüllt ist. Wenn der Kessel leer ist, dann darf nur wenig Luftzug durch die Kanäle gehen. Sind die Züge noch heiß, während der Kessel leer ist, so erhitzt sich dieser ungleichmäßig, und die Nähte werden undicht.

26. Das ist der Grund, weshalb die Kessel nicht mit Dampf abgeblasen werden sollen, denn so lange sich Dampf im Kessel hält, sind die Zugkanäle für den leeren Kessel noch zu heiß. Der Dampfdruck als solcher schadet dem leeren Kessel nichts. Schlamm läßt sich durch Druck auch nicht aus dem Kessel spülen.

27. Für Kessel, die ihrer tiefen Lage wegen mit Dampf abgeblasen werden, ist sehr zu empfehlen, die Einrichtung dahin abzuändern, daß die Entleerung ohne Dampfdruck ermöglicht wird. Die Art und Weise einer solchen Abänderung richtet sich nach den örtlichen Verhältnissen, und es kann deshalb nur in jedem einzelnen Falle an Ort und Stelle darüber Auskunft erteilt werden.

III. Gesetz vom 3. Mai 1872 über den Betrieb der Dampfkessel.

§ 1. Die Besitzer von Dampfkesselanlagen oder die an ihrer Statt zur Leitung des Betriebes bestellten Vertreter sowie die mit der Bewartung von Dampfkesseln beauftragten Arbeiter sind verpflichtet, dafür Sorge zu tragen, daß während des Betriebes die bei Genehmigung der Anlage oder allgemein vorgeschriebenen Sicherheitsvorrichtungen bestimmungsmäßig benutzt und Kessel, die sich nicht in gefahrlosem Zustande befinden, nicht im Betriebe erhalten werden.

§ 2. Wer den ihm nach § 1 obliegenden Verpflichtungen zuwiderhandelt, verfällt in eine Geldstrafe bis zu 200 Taler oder in eine Gefängnisstrafe bis zu drei Monaten.

§ 3. Die Besitzer von Dampfkesselanlagen sind verpflichtet, eine amtliche Revision des Betriebes durch Sachverständige zu gestatten, die zur Untersuchung der Kessel benötigten Arbeitskräfte und Vorrichtungen bereitzustellen und die Kosten der Revision zu tragen.

Die näheren Bestimmungen über die Ausführung dieser Vorschrift hat der Minister für Handel, Gewerbe und öffentliche Arbeiten zu erlassen.

§ 4. Alle mit diesem Gesetze nicht im Einklange stehenden Bestimmungen, insbesondere das Gesetz, den Betrieb der Dampfkessel betreffend, vom 7. Mai 1856 (Gesetz-Sammlung S. 295), werden aufgehoben.

IV. Bestimmungen der Gewerbeordnung über Dampfkesselbetrieb.

§ 24. Zur Anlegung von Dampfkesseln, dieselben mögen zum Maschinenbetriebe bestimmt sein oder nicht, ist die Genehmigung der nach den Landesgesetzen zuständigen Behörden erforderlich. Dem Gesuche sind die zur Erläuterung erforderlichen Zeichnungen und Beschreibungen beizufügen.

Die Behörde hat die Zulässigkeit der Anlage nach den bestehenden bau-, feuer- und gesundheitspolizeilichen Vorschriften, sowie nach denjenigen allgemeinen polizeilichen Bestimmungen zu prüfen, welche von dem Bundesrat über die Anlegung von Dampfkesseln erlassen werden. Sie hat nach dem Befunde die Genehmigung entweder zu versagen oder unbedingt zu erteilen, oder endlich bei Erteilung derselben bestimmte Auflagen zu machen.

Bevor der Kessel in Betrieb genommen wird, ist zu untersuchen, ob die Ausführung den Bestimmungen der erteilten Genehmigung entspricht. Wer vor dem Empfange der hierüber auszufertigenden Bescheinigung den Betrieb beginnt, hat die in § 147 angedrohte Strafe verwirkt.

Die vorstehenden Bestimmungen gelten auch für bewegliche Dampfkessel.

Für den Rekurs und das Verfahren über denselben gelten die Vorschriften der §§ 20 und 21.

§ 25. Die Genehmigung zu einer der in den §§ 16 und 24 bezeichneten Anlagen bleibt so lange in Kraft, als keine Änderung in der Lage oder Beschaffenheit der Betriebsstätte vorgenommen wird, und bedarf unter dieser Voraussetzung auch dann, wenn die Anlage an einen neuen Erwerber übergeht, einer Erneuerung nicht. Sobald aber Veränderung der Betriebsstätte vorgenommen wird, ist dazu die Genehmigung der zuständigen Behörde nach Maßgabe des § 24 notwendig.

Diese Bestimmungen finden auch auf Anlagen Anwendung, welche bereits vor Erlaß dieses Gesetzes bestanden haben.

V. Allgemeine polizeiliche Bestimmungen über die Anlegung von Landdampfkesseln.

Vom 17. Dezember 1908 (veröffentlicht im Reichsgesetzblatt Nr. 2 vom 9. Januar 1909).

Auf Grund des § 24 Abs. 2 der Gewerbeordnung hat der Bundesrat nachstehende

Allgemeine polizeiliche Bestimmungen über die Anlegung von Landdampfkesseln

erlassen.

A. Geltungsbereich der Bestimmungen.

§ 1.

1. Als Dampfkessel im Sinne der nachstehenden Bestimmungen gelten alle geschlossenen Gefäße, die den Zweck haben, Wasserdampf von höherer als der atmosphärischen Spannung zur Verwendung außerhalb des Dampfentwicklers zu erzeugen.

2. Als Landdampfkessel (Dampfkessel) gelten außer den an Land benutzten feststehenden und beweglichen Dampfkesseln auch die vorübergehend auf schwimmenden und im Wasser beweglichen Bauten aufgestellten Dampfkessel.

3. Den Bestimmungen für Landdampfkessel werden nicht unterworfen:
a) Behälter, in denen Dampf, der einem anderen Dampfentwickler entnommen ist, durch Einwirkung von Feuer besonders erhitzt wird (Dampfüberhitzer);

b) Kessel, die mit einer Einrichtung versehen sind, welche verhindert, daß die Dampfspannung $^1/_2$ Atmosphäre Überdruck übersteigen kann (Niederdruckkessel). Als Einrichtungen dieser Art gelten:

   α) ein unverschließbares, vom Wasserraum ausgehendes Standrohr von nicht über 5000 mm Höhe und mindestens 80 mm Lichtweite;

   β) ein vom Dampfraum ausgehendes, nicht abschließbares Rohr in Heberform oder mit mehreren auf- und absteigenden Schenkeln, dessen aufsteigende Äste bei Wasserfüllung zusammen nicht über 5000 mm, bei Quecksilberfüllung nicht über 370 mm Länge haben dürfen, wobei die Lichtweite dieser Rohre so bemessen werden muß, daß auf 1 qm Heizfläche (§ 3, Abs. 3) ein Rohrquerschnitt von mindestens 350 qmm entfällt. Die Lichtweite der Rohre muß mindestens 30 mm betragen und braucht 80 mm nicht zu überschreiten;

   γ) jede andere von der Zentralbehörde des zuständigen Bundesstaats genehmigte Sicherheitsvorrichtung.

c) Zwergkessel, das heißt Dampfentwickler, deren Heizfläche $^1/_{10}$ qm und deren Dampfspannung 2 Atmosphären Überdruck nicht übersteigt, sofern sie mit einem zuverlässigen Sicherheitsventil ausgerüstet sind.

4. Für die Kessel in Eisenbahnlokomotiven bleiben die auf Grund der Artikel 42 und 43 der Reichsverfassung erlassenen besonderen Bestimmungen in Kraft.

B. Bau.

§ 2. Kesselwandungen.

1. Jeder Dampfkessel muß in bezug auf Baustoff, Ausführung und Ausrüstung den anerkannten Regeln der Wissenschaft und Technik entsprechen. Als solche Regeln gelten bis auf weiteres die Grundsätze, welche entsprechend den Bedürfnissen der Praxis und den Ergebnissen der Wissenschaft auf Antrag oder nach Anhörung einer durch Vereinbarung der verbündeten Regierungen anerkannten Sachverständigenkommission fortgebildet werden.

2. Die von den Heizgasen berührten Teile der Wandungen der Dampfkessel dürfen nicht aus Gußeisen oder Temperguß hergestellt werden; andere nur, sofern ihre lichten Querschnitte kreisförmig sind und ihre lichte Weite 250 mm nicht übersteigt. Für höhere Dampfspannungen als 10 Atmosphären Überdruck ist Gußeisen oder Temperguß in keinem Teile der Kesselwandungen gestattet. Formflußeisen darf für alle nicht im ersten Feuerzuge liegenden Teile der Wandungen benutzt werden. Auf Gehäusewandungen von Dampfzylindern, die mit dem Dampfkessel verbunden sind, finden die vorstehenden Bestimmungen keine Anwendung.

3. Als Wandungen der Dampfkessel gelten die Wandungen derjenigen Räume, welche zwischen den Absperrventilen (§ 6, Abs. 1, 2 und 3) liegen. Den Kesselwandungen sind die mit ihnen verbundenen Anschlußteile gleich zu achten.

4. Die Verwendung von Messingblech ist nur für Feuerrohre gestattet, deren lichte Weite 80 mm nicht übersteigt.

§ 3. Feuerzüge.

1. Die Feuerzüge der Dampfkessel müssen an ihrer höchsten Stelle mindestens 100 mm unter dem festgesetzten niedrigsten Wasserstande liegen. Bei Dampfkesseln, deren Wasseroberfläche kleiner als das 1,3fache der gesamten Rostfläche ist, muß dieser Abstand mindestens 150 mm betragen. Bei Innenzügen ist der Mindestabstand über den von den Heizgasen berührten Blechen zu messen.

2. Die Bestimmungen über die Höhenlage der Feuerzüge finden keine Anwendung auf Dampfkessel, deren von den Heizgasen berührte Wandungen ausschließlich aus Wasserrohren von weniger als 100 mm Lichtweite oder aus derartigen Rohren und den zu ihrer Verbindung angewendeten Rohrstücken bestehen, sowie auf solche Feuerzüge, in welchen ein Erglühen des mit dem Dampfraum in Berührung stehenden Teiles der Wandungen nicht zu befürchten ist. Die Gefahr des Erglühens ist in der Regel als ausgeschlossen zu betrachten, wenn

die vom Wasser bespülte Kesselfläche, welche von den Heizgasen vor Erreichung der vom Dampfe bespülten Kesselfläche bestrichen wird, bei natürlichem Luftzuge mindestens zwanzigmal, bei künstlichem Luftzuge mindestens vierzigmal so groß ist als die gesamte Rostfläche. Bei Dampfkesseln ohne Rost ist der 4fache Betrag des Querschnitts des ersten Feuerzuges, unter Ausschluß des verengten Querschnitts über der Feuerbrücke, als der Rostfläche gleichstehend zu erachten.

3. Als Heizfläche der Dampfkessel gilt der auf der Feuerseite gemessene Flächeninhalt der einerseits von den Heizgasen, andererseits vom Wasser berührten Wandungen.

4. Als künstlicher Luftzug gilt jeder durch andere Mittel als den Schornsteinzug erreichte Luftzug, welcher bei saugender Wirkung in der Regel mehr als 25 mm Wassersäule, gemessen hinter dem letzten Feuerzuge, bei Preßluft mehr als 30 mm Wassersäule, gemessen unter dem Roste, beträgt.

C. Ausrüstung.

§ 4. Speisevorrichtungen.

1. Jeder Dampfkessel muß mindestens mit zwei zuverlässigen Vorrichtungen zur Speisung versehen sein, die nicht von derselben Betriebsvorrichtung abhängig sind. Mehrere zu einem Betriebe vereinigte Dampfkessel werden hierbei als ein Kessel angesehen.

2. Jede der Speisevorrichtungen muß imstande sein, dem Kessel doppelt so viel Wasser zuzuführen, als seiner normalen Verdampfungsfähigkeit entspricht. Bei Pumpen, die unmittelbar von der Hauptbetriebsmaschine angetrieben werden (Maschinenspeisepumpen), genügt das $1\frac{1}{2}$fache der normalen Verdampfungsfähigkeit. Zwei oder mehrere Speisevorrichtungen, die zusammen die geforderte Leistung ergeben, sind als eine Speisevorrichtung anzusehen. Maschinenspeisepumpen werden, wenn die Kessel beim Stillstande der Maschine auch noch anderen Zwecken dienen, nur dann als zweite Speisevorrichtung angesehen. wenn es dem regelmäßigen Betrieb entspricht, daß die Maschinen zum Speisen in Gang gesetzt werden.

3. Handpumpen sind nur zulässig, wenn das Produkt aus der Heizfläche in Quadratmetern und der Dampfspannung in Atmosphären Überdruck die Zahl 120 nicht übersteigt.

4. Die unmittelbare Benutzung einer Wasserleitung an Stelle einer der Speisevorrichtungen ist zulässig, wenn der nutzbare Druck der Wasserleitung am Kessel jederzeit mindestens 2 Atmosphären höher als der genehmigte Dampfdruck im Kessel ist.

§ 5. Speiseventile und Speiseleitungen.

1. In jeder zum Dampfkessel führenden Speiseleitung muß möglichst nahe am Kesselkörper ein Speiseventil (Rückschlagventil) angebracht sein, das bei Abstellung der Speisevorrichtung durch den Druck des Kesselwassers geschlossen wird.

2. Die Speiseleitung muß möglichst so beschaffen sein, daß sich der Dampfkessel bei undichtem Rückschlagventil nicht durch die Speiseleitung entleeren kann. Haben Speisevorrichtungen gemeinschaftliche Sauge- oder Druckleitung, so muß jede Speisevorrichtung von der gemeinschaftlichen Leitung abschließbar sein. Übereinander liegende Verbundkessel mit getrennten Wasserräumen sowie Dampfkessel mit verschieden hohem Betriebsdrucke müssen je für sich gespeist werden können.

§ 6. Absperr- und Entleerungsvorrichtungen.

1. Jeder Dampfkessel muß mit einer Vorrichtung versehen sein, durch die er von der Dampfleitung abgesperrt werden kann. Wenn mehrere Kessel, die für verschiedene Dampfspannung genehmigt sind, ihre Dämpfe in gemeinschaftliche Dampfleitungen abgeben, so müssen die Anschlüsse der Kessel mit niedrigerem Drucke an die gemeinsame Dampfleitung unter Zwischenschaltung eines Rückschlagventils erfolgen. Durch die Anwendung von Druckminderventilen oder Druckreglern wird das Rückschlagventil nicht entbehrlich gemacht.

2. Jeder Dampfkessel muß zwischen dem Speiseventil und dem Kesselkörper eine Absperrvorrichtung erhalten, auch wenn das Speiseventil abschließbar ist.

3. Jeder Dampfkessel muß mit einer zuverlässigen Vorrichtung versehen werden, durch die er entleert werden kann.

4. Die Speiseabsperrvorrichtungen und die Entleerungsvorrichtungen müssen gegen die Einwirkung der Heizgase geschützt sein und ebenso wie alle anderen Absperrvorrichtungen (§ 5, Abs. 2, § 6, Abs. 1) so angebracht werden, daß der verantwortliche Wärter sie leicht bedienen kann.

§ 7. Wasserstandsvorrichtungen.

1. Jeder Dampfkessel muß mit mindestens zwei geeigneten Vorrichtungen zur Erkennung seines Wasserstandes versehen sein, von denen wenigstens die eine ein Wasserstandsglas sein muß. Schwimmer und Schmelzpfropfen sowie Spindelventile, die nicht durchstoßbar sind oder sich ganz herausdrehen lassen, sind als zweite Vorrichtung nicht zulässig. Die Vorrichtungen müssen gesonderte Verbindungen mit dem Innern des Kessels haben. Es ist jedoch gestattet, sie an einem gemeinschaftlichen Körper anzubringen, oder, falls zwei Wasserstandsgläser gesondert voneinander durch Rohre mit dem Kessel verbunden werden, die Dampfrohre durch eine gemeinsame Öffnung in den Kessel zu führen, wenn die Öffnung mindestens dem Gesamtquerschnitte beider Rohre gleich ist.

2. Werden die Wasserstandsvorrichtungen an einem gemeinschaftlichen Körper angebracht, so müssen dessen Verbindungen mit dem Wasser- und Dampfraume mindestens je 6000 qmm lichten Querschnitt haben. Werden die Wasserstandsvorrichtungen einzeln durch Rohre mit dem Kessel verbunden, so müssen die Verbindungsrohre ohne scharfe Krümmungen geführt sein, unter Vermeidung von Wasser- und Dampfsäcken. Gerade, nach dem Kessel durchstoßbare Verbindungsrohre müssen mindestens 20 mm, gebogene Verbindungsrohre bei Kesseln bis zu 25 qm Heizfläche mindestens 35 mm, über 25 qm Heizfläche mindestens 45 mm lichten Durchmesser haben. Verbindungsrohre sind gegen die Einwirkung der Heizgase zu schützen. Gebogene Zuleitungsrohre im Innern des Kessels zum Anschluß an die Wasserstandsvorrichtungen sind nicht gestattet.

3. Die Lichtweiten der Wasserstandsgläser sowie die Bohrungen der Wasserstandsvorrichtungen müssen mindestens 8 mm betragen. Die Hähne und Ventile der Wasserstandsvorrichtungen müssen so eingerichtet sein, daß man während des Betriebs in gerader Richtung durch die Vorrichtungen hindurchstoßen kann. Wasserstandshahnköpfe müssen so ausgeführt sein, daß das Dichtungsmaterial nicht in das Glas gepreßt werden kann.

4. Alle Hahnkegel der Wasserstandsvorrichtungen müssen sich ganz durchdrehen lassen. Die Durchgangsrichtung muß bei allen Hähnen deutlich auf dem Hahnkopfe gekennzeichnet sein. Die Bohrung der Hahnkegel an Wasserstandsvorrichtungen muß so beschaffen sein, daß sich der Durchgangsquerschnitt beim Nachschleifen nicht vermindert.

5. Werden Probierhähne oder Probierventile als zweite Vorrichtung angewendet, so ist die unterste dieser Vorrichtungen in der Ebene des festgesetzten niedrigsten Wasserstandes anzubringen. Die Höhenlage der Wasserstandsgläser ist so zu wählen, daß der höchste Punkt der Feuerzüge mindestens 30 mm unterhalb der unteren sichtbaren Begrenzung des Wasserstandsglases liegt. Dieses Erfordernis gilt nicht für Kessel, deren von den Heizgasen berührte Wandungen ausschließlich aus Wasserrohren von weniger als 100 mm Lichtweite oder aus solchen Rohren und den zu ihrer Verbindung angewendeten Rohrstücken stehen.

6. Es müssen Einrichtungen für ständige, genügende Beleuchtung der Wasserstandsvorrichtungen während des Betriebs der Dampfkessel vorhanden sein. Die Wasserstandsvorrichtungen müssen im Gesichtskreise des für die Speisung verantwortlichen Wärters liegen und von seinem Standorte leicht zugänglich sein.

§ 8. Wasserstandsmarke.

1. Der für den Dampfkessel festgesetzte niedrigste Wasserstand ist durch eine an der Kesselwandung anzubringende feste Stichmarke von etwa 30 mm Länge, die von den Buchstaben N.W. begrenzt wird, dauernd kenntlich zu machen.

Die Stichmarke ist bei der Bauprüfung des Dampfkessels unter Berücksichtigung des dem Kessel bei der Aufstellung etwa zu gebenden Gefälls festzulegen. Ihre Höhenlage ist durch Abgabe ihres Abstandes von einem jederzeit erreichbaren Kesselteil in der über die Abnahmeprüfung aufzunehmenden Bescheinigung dann zu sichern, wenn die Marke nicht sichtbar bleibt.

2. Werden die Wasserstandsvorrichtungen unmittelbar an der Kesselwandung angebracht, so ist neben oder hinter jedem Wasserstandsglas in Höhe der Stichmarke ein Schild mit der Bezeichnung „Niedrigster Wasserstand" mit einem bis nahe an das Wasserstandsglas reichenden wagerechten Zeiger anzubringen. Werden die Wasserstandsvorrichtungen an besonderen Wasserstandskörpern oder Rohren befestigt, so ist mit diesen in Höhe der Stichmarke neben oder hinter jedem Wasserstandsglase das vorbezeichnete Schild mit dem Zeiger zu verbinden. Für Dampfkessel mit weniger als 25 qm Heizfläche kann, wenn es an Platz mangelt, die Bezeichnung „Niedrigster Wasserstand" in N.W. abgekürzt werden. Die Schilder sind dauerhaft, aber weder mit den Schrauben der Armaturgegenstände noch an der Bekleidung zu befestigen.

§ 9. Sicherheitsventil.

1. Jeder feststehende Dampfkessel ist mit wenigstens einem zuverlässigen Sicherheitsventil, jeder bewegliche Dampfkessel mindestens mit zwei solchen Ventilen zu versehen. Die Sicherheitsventile müssen zugänglich und so beschaffen sein, daß sie jederzeit gelüftet und auf ihrem Sitze gedreht werden können. Bei Ventilen, die durch Hebel und Gewicht belastet werden, darf der auf jedes Ventil durch den Dampf ausgeübte Druck 600 kg nicht überschreiten. Die Belastungsgewichte der Ventile müssen je aus einem Stücke bestehen. Sind zwei Ventile vorgeschrieben, so muß ihre Belastung unabhängig voneinander erfolgen. Der Dampf darf den Ventilen nicht durch Rohre zugeführt werden, die innerhalb des Kessels liegen. Geschlossene Ventilgehäuse müssen in ihrem tiefsten Punkte mit einer nicht abschließbaren Entwässerungsvorrichtung versehen sein. Bei Hebelventilen ist die Stellung des Gewichts durch Splinte, bei Federventilen die Spannung der Federn durch Sperrhülsen oder feste Scheiben zu sichern.

2. Die Sicherheitsventile dürfen höchstens so belastet werden, daß sie bei Eintritt der für den Kessel festgesetzten Dampfspannung den Dampf entweichen lassen. Ihr Querschnitt muß bei normalem Betrieb imstande sein, so viel Dampf abzuführen, daß die festgesetzte Dampfspannung höchstens um $^1/_{10}$ ihres Betrags überschritten wird. Sind zwei Sicherheitsventile vorgeschrieben, oder bedingt die Größe des Kessels mehrere Ventile, so muß ihr Gesamtquerschnitt dieser Anforderung entsprechen. Änderungen in den Belastungsverhältnissen, die den Druck des Ventilkegels gegen den Sitz erhöhen, dürfen nur durch die amtlichen Sachverständigen vorgenommen werden. Über jede Änderung der bei der amtlichen Abnahme festgesetzten Belastung ist von dem dazu Berechtigten ein Vermerk in das Revisionsbuch (§ 19) aufzunehmen.

§ 10. Manometer.

Mit dem Dampfraume jedes Dampfkessels muß ein zuverlässiges, nach Atmosphären (§ 12) geteiltes Manometer verbunden sein. Dieser Bestimmung wird auch durch Anschluß des Manometers an den Dampfraum eines dem 7 §, Abs. 2 entsprechenden besonderen Wasserstandskörpers genügt. An dem Zifferblatte des Manometers ist die festgesetzte höchste Dampfspannung durch eine unveränderliche, in die Augen fallende Marke zu bezeichnen. Das Manometer muß die Ablesung des bei der Druckprobe anzuwendenden Probedrucks (§§ 12 und 13) gestatten. Es muß so angebracht sein, daß es gegen die vom Kessel ausstrahlende Hitze möglichst geschützt ist, und daß seine Angaben vom Kesselwärter jederzeit ohne Schwierigkeiten beobachtet werden können. Die Leitung zum Manometer muß mit einem Wassersacke versehen und zum Ausblasen eingerichtet sein.

§ 11. Fabrikschild.

1. An jedem Dampfkessel muß die festgesetzte höchste Dampfspannung, der Name und Wohnort des Fabrikanten, die laufende Fabriknummer und das Jahr der Anfertigung auf eine leicht erkennbare und dauerhafte Weise angegeben sein.

2. Diese Angaben sind auf einem metallenen Schilde (Fabrikschild) anzubringen, das mit versenkt vernieteten kupfernen Stiftschrauben so am Kessel befestigt werden muß, daß es auch nach der Ummantelung oder Einmauerung des letzteren sichtbar bleibt.

D. Prüfung.

§ 12. Bauprüfung, Druckprobe und Abnahme neu oder erneut zu genehmigender Dampfkessel.

1. Jeder neu oder erneut zu genehmigende Dampfkessel ist vor der Inbetriebnahme von einem zuständigen Sachverständigen einer Bauprüfung, einer Prüfung mit Wasserdruck und der nach § 24, Abs. 3 der Gewerbeordnung vorgeschriebenen Abnahmeprüfung zu unterziehen. Die Bauprüfung und Druckprobe müssen vor der Einmauerung oder Ummantelung des Kessels ausgeführt werden; sie sind möglichst miteinander zu verbinden. Die Bauprüfung kann jedoch auf Antrag des Fabrikanten auch während der Herstellung des Dampfkessels vorgenommen werden. Bei neu zu genehmigenden Dampfkesseln kann, wenn seit der letzten inneren Untersuchung noch nicht zwei Jahre verflossen sind, nach dem Ermessen des Sachverständigen von der Durchführung dieser Bestimmungen insoweit abgesehen werden, als eine erneute Prüfung für die Erneuerung der Genehmigung nicht erforderlich ist.

2. Die Bauprüfung erstreckt sich auf die planmäßige Ausführung der Abmessungen, den Baustoff und die Beschaffenheit des Kesselkörpers. Bei ihrer Ausführung ist der Dampfkessel äußerlich und, soweit es seine Bauart gestattet, auch innerlich zu untersuchen. Vor Ausführung der Prüfung ist dem Sachverständigen bei neuen Dampfkesseln der Nachweis darüber zu erbringen, daß der zu den Wandungen des Kessels verwendete Baustoff geprüft worden ist. Über die Bauprüfung hat der Sachverständige ein Zeugnis auszustellen und mit diesem den Materialnachweis und — falls nicht eine bereits genehmigte Zeichnung vorgelegt wird — die den Abmessungen des Dampfkessels zugrunde gelegte Zeichnung zu verbinden. Vom Lieferer sind im letzteren Falle zwei Zeichnungen des Dampfkessels zur Verfügung des Sachverständigen zu halten. Bei erneut zu genehmigenden Dampfkesseln hat der Sachverständige in dem Zeugnis über die Bauprüfung zugleich ein Gutachten darüber abzugeben, mit welcher Dampfspannung der Kessel zum Betriebe geeignet erscheint.

3. Die Wasserdruckprobe erfolgt bei Dampfkesseln bis zu 10 Atmosphären Überdruck mit dem $1\frac{1}{2}$fachen Betrage des beabsichtigten Überdrucks, mindestens aber mit 1 Atmosphäre Mehrdruck, bei Dampfkesseln über 10 Atmosphären Überdruck mit einem Drucke, der den beabsichtigten um 5 Atmosphären übersteigt. Die Kesselwandungen müssen während der ganzen Dauer der Untersuchung dem Probedrucke widerstehen, ohne undicht zu werden oder bleibende Formveränderungen aufzuweisen. Sie sind für undicht zu erachten, wenn das Wasser bei dem Probedruck in anderer Form als der von feinen Perlen durch die Fugen dringt. Über die Prüfung mit Wasserdruck hat der Sachverständige ein Zeugnis auszustellen.

4. Unter dem Atmospärendrucke wird der Druck von einem Kilogramm auf das Quadratzentimeter verstanden.

5. Nachdem die Bauprüfung und die Wasserdruckprobe mit befriedigendem Erfolge stattgefunden haben, sind die Niete des Fabrikschildes (§ 11) von dem zuständigen Sachverständigen mit dem amtlichen Stempel zu versehen, der in dem Prüfungszeugnis über die Wasserdruckprobe abzudrucken ist. Einer Erneuerung des Stempels bedarf es bei alten, erneut zu genehmigenden Dampfkesseln nicht, wenn der alte Stempel noch gut erhalten ist und mit dem amtlichen Stempel des Sachverständigen übereinstimmt.

6. Die endgültige Abnahme der Dampfkesselanlage muß unter Dampf erfolgen. Dabei ist zu untersuchen, ob die Ausführung der Anlage den Bedingungen der erteilten Genehmigung entspricht. Nach dem befriedigenden Ausfalle dieser Untersuchung und der Behändigung der Abnahmebescheinigung oder einer Zwischenbescheinigung darf die Kesselanlage ohne weiteres in Betrieb genommen werden, soweit die baupolizeiliche Abnahme der etwa zur Kesselanlage gehörigen Baulichkeiten stattgefunden und zu keinen Bedenken Anlaß gegeben hat.

§ 13. Druckproben nach Hauptausbesserungen.

1. Dampfkessel, die eine Hauptausbesserung erfahren haben oder durch Wassermangel oder Brandschaden überhitzt worden sind, müssen vor der Wiederinbetriebnahme von einem zuständigen Sachverständigen einer Prüfung mit Wasserdruck in gleicher Höhe wie bei neu aufzustellenden Dampfkesseln unterzogen werden. Der völligen Bloßlegung des Kessels bedarf es in solchem Falle in der Regel nicht.

2. Von der Außerbetriebsetzung eines Dampfkessels zum Zwecke einer Hauptausbesserung des Kesselkörpers hat der Kesselbestizer oder sein Stellverteter der zur regelmäßigen Prüfung des Dampfkessels zuständigen Stelle Anzeige zu erstatten. Die gleiche Pflicht liegt dem Kesselbesitzer oder seinem Vertreter ob, wenn ein Dampfkessel durch Wassermangel oder Brandschaden überhitzt worden ist.

§ 14. Prüfungsmanometer.

1. Der bei der Prüfung ausgeübte Druck muß durch ein von dem zuständigen Sachverständigen amtlich geführtes Doppelmanometer festgestellt werden.

2. An jedem Dampfkessel muß sich in der Nähe des Manometers (§ 10) am Manometerrohr ein mit einem Dreiwegehahn versehener Stutzen zur Anbringung des amtlichen Manometers befinden. Dieser Stutzen muß bei beweglichen Kesseln einen ovalen Flansch von 60 mm Länge und 25 mm Breite besitzen. Die Weite der Schlitze zur Einlegung der Befestigungsschrauben und die Öffnung des Stutzens muß 7 mm, die Länge der Schlitze 20 mm betragen.

E. Aufstellung.

§ 15. Aufstellungsort.

1. Dampfkessel für mehr als 6 Atmosphären Überdruck und solche, bei welchen das Produkt aus der Heizfläche (§ 3, Abs. 3) in Quadratmetern und der Dampfspannung in Atmosphären Überdruck für einen oder mehrere gleichzeitig im Betriebe befindliche Kessel zusammen mehr als 30 beträgt, dürfen unter Räumen, die häufig von Menschen betreten werden, nicht aufgestellt werden. Das gleiche gilt für die Aufstellung von Dampfkesseln über Räumen, die häufig von Menschen betreten werden, mit Ausnahme der Aufstellung über Kellerräumen. Innerhalb von Betriebsstätten und in besonderen Kesselräumen ist die Aufstellung solcher Dampfkessel unzulässig, wenn die Räume mit fester Wölbung oder fester Balkendecke versehen sind. Feste Konstruktionsteile über einem Teile des Kesselraums, die den Zwecken der Rostbeschickung dienen, sind nicht als feste Balkendecken anzusehen. Trockeneinrichtungen oberhalb des Dampfkessels sowie das Trocknen auf dem Kessel sind nicht zulässig. Bei eingemauerten Dampfkesseln, deren Plattform betreten wird, muß oberhalb derselben eine mittlere verkehrsfreie Höhe von mindestens 1800 mm vorhanden sein.

2. Dampfkessel, die in Bergwerken unterirdisch oder auf Kraftfahrzeugen aufgestellt werden, und solche, welche ausschließlich aus Wasserrohren von weniger als 100 mm Lichtweite oder aus derartigen Rohren und den zu ihrer Verbindung angewendeten Rohrstücken bestehen, unterliegen den vorstehenden Bestimmungen nicht; Dampfkessel letzterer Art auch dann nicht, wenn sie mit Schlammsammlern und mit Oberkesseln, die nur als Dampfsammler dienen, versehen sind. Auf Wasserkammerrohrkessel mit Rohren unter 100 mm Lichtweite finden die Bestimmungen des Abs. 1 dann keine Anwendung, wenn ihre Rohre nahtlos hergestellt sind, die Wandungen ihrer Oberkessel von den Heizgasen nicht berührt werden und ihr Dampfdruck 6 Atmosphären Überdruck nicht übersteigt.

§ 16. Kesselmauerung.

Zwischen dem Mauerwerke, das den Feuerraum und die Feuerzüge feststehender Dampfkessel einschließt, und den dieses umgebenden Wänden muß ein Zwischenraum von mindestens 80 mm verbleiben, der oben abgedeckt und an den Enden verschlossen werden darf. Die Feuerzüge müssen durch genügend weite Einfahröffnungen zugänglich und in der Regel so groß bemessen sein, daß sie befahrbar sind. Werden die Feuerzüge benachbarter Kessel durch eine gemeinsame Mauer getrennt, so ist diese mindestens 340 mm dick herzustellen. Das Kesselmauerwerk darf nicht zur Unterstützung von Gebäudeteilen benutzt werden.

F. Bewegliche Dampfkessel und Kleinkessel.

§ 17. Bewegliche Dampfkessel.

Als bewegliche Dampfkessel gelten solche, deren Benutzung an wechselnden Betriebsstätten erfolgt. Als bewegliche Dampfkessel dürfen nur solche Dampf- . entwickler betrieben werden, zu deren Aufstellung und Inbetriebnahme die Herstellung von Mauerwerk, das den Kessel umgibt, nicht erforderlich ist.

§ 18. Kleinkessel.

Kleinkessel, das sind Dampfentwickler, bei denen das Produkt aus der Heizfläche in Quadratmetern und der Dampfspannung in Atmosphären Überdruck die Zahl 2 nicht übersteigt, gelten hinsichtlich ihres Aufstellungsortes als bewegliche Kessel, auch wenn sie von Mauerwerk umgeben sind und an einem Betriebsorte zu dauernder Benutzung aufgestellt werden.

G. Allgemeine Bestimmungen.

§ 19. Aufbewahrung der Kesselpapiere.

1. Zu jedem Dampfkessel gehören:
a) Eine Ausfertigung der Urkunde über seine Genehmigung nebst den zugehörigen Zeichnungen und Beschreibungen.

Mit der Urkunde sind die Bescheinigungen über die Bauprüfung, die Wasserdruckprobe und die Abnahme (§ 12) zu verbinden. Letztere Bescheinigung muß einen Vermerk über die zulässige Belastung der Sicherheitsventile enthalten. Gelangen in einer Anlage mehrere Dampfkessel von gleicher Größe, Form, Ausrüstung und Dampfspannung gleichzeitig zur Aufstellung, so ist für diese nur eine Urkunde erforderlich.

b) Ein Revisionsbuch, das die Angaben des Fabrikschildes (§ 11) enthält. Die Bescheinigungen über die im § 13 vorgeschriebenen Prüfungen und die periodischen Untersuchungen müssen in das Revisionsbuch eingetragen oder ihm derart beigefügt werden, daß sie nicht in Verlust geraten können.

2. Die Genehmigungsurkunde nebst den zugehörigen Anlagen oder beglaubigte Abschriften dieser Papiere sowie das Revisionsbuch sind an der Betriebsstätte des Dampfkessels aufzubewahren und jedem zur Aufsicht zuständigen Beamten oder Sachverständigen auf Verlangen vorzulegen. Auf die Dampfkessel von Kraftfahrzeugen und Feuerspritzen findet diese Bestimmung keine Anwendung, wenn ihr Betrieb den Polizeibehörden und den zuständigen Kesselsachverständigen ihres Heimatsorts angemeldet ist.

§ 20. Entbindung von einzelnen Bestimmungen.

1. Bei Kleinkesseln (§ 18) ist es zulässig:
a) von der Anbringung einer zweiten Speisevorrichtung,
b) von dem Speiseventil (Rückschlagventil),
c) von der Anbringung einer zweiten Wasserstandsvorrichtung abzusehen,
d) nur ein Sicherheitsventil anzuwenden, auch wenn der Kessel beweglich betrieben wird,
e) die Lichtweiten der Wasserstandsgläser und die Bohrungen der Wasserstandsvorrichtungen auf 6 mm zu ermäßigen.

2. Im übrigen sind die Zentralbehörden der einzelnen Bundesstaaten befugt, in einzelnen Fällen und für einzelne Kesselarten von der Beachtung der Bestimmungen der §§ 2—19 und des § 21 zu entbinden.

§ 21. Übergangsbestimmungen.

1. Bei Dampfkesseln, die zur Zeit des Inkrafttretens dieser Bestimmung auf Grund der bisher geltenden Vorschriften genehmigt sind, kann eine Abänderung ihres Baues, ihrer Ausrüstung oder Aufstellung nach Maßgabe dieser Bestim-

mungen so lange nicht gefordert werden, als sie einer erneuten Genehmigung nicht bedürfen.

2. Im übrigen finden die vorstehenden Bestimmungen für die Fälle der erneuten Genehmigung von Dampfkesseln mit der Maßgabe Anwendung, daß dabei von der Durchführung der Bestimmungen des § 2, Abs. 1 und 4 und des § 7, Abs. 5 zweiter Satz abgesehen werden kann. Bei der Genehmigung alter Dampfkessel, deren Materialbeschaffenheit nicht nachgewiesen wird, ist eine Festigkeit von höchstens 30 kg auf das Quadratmillimeter anzunehmen.

§ 22. Schlußbestimmungen.

1. Die Bekanntmachung, betreffend allgemeine polizeiliche Bestimmungen über die Anlegung von Dampfkesseln, vom 5. August 1890 wird aufgehoben, insoweit sie nicht für bestehende Dampfkesselanlagen Geltung behält.

2. Die Bestimmungen des § 21, Abs. 2 über die zulässige Materialbeanspruchung alter Dampfkessel treten sofort in Kraft. Im übrigen treten die vorstehenden Bestimmungen erst ein Jahr nach ihrer Veröffentlichung in Wirksamkeit. Dampfkessel, die bereits vor diesem Zeitpunkte nach den vorstehenden Bestimmungen gebaut und angelegt werden, sind nicht zu beanstanden.

Berlin, den 17. Dezember 1908.

Der Reichskanzler.
In Vertretung:
von Bethmann-Hollweg.

Kraftmaschinen.

Wenngleich die Krafterzeugung für Textilausrüstungsbetriebe nicht die Rolle spielt wie die Dampferzeugung, so kann doch durch sachgemäße Einrichtungen viel gespart werden.

Es kommen in Betracht:

1. Dampfkraftmaschinen,
2. Verbrennungskraftmaschinen,
3. Bezug von fremder Kraft, elektrischer Energie.

Am verbreitetsten und in den meisten Fällen am geeignetsten sind Dampfkraftmaschinen, von denen man zwei Systeme unterscheidet, die Kolbendampfmaschine und die Dampfturbine. Die Kolbendampfmaschine nützt den Druck des hochgespannten Dampfes aus, der einen Kolben in einem Zylinder hin- und herbewegt, und zwar wird die Bewegung durch ein Kurbelgetriebe in die praktisch allein brauchbare drehende Bewegung umgewandelt. Die Maschine arbeitet um so sparsamer, je höher der Dampfdruck ist, da höherem Dampfdruck kein proportional höherer Wärmeverbrauch entspricht. Ebenso wird durch Überhitzung der Nutzeffekt verbessert; doch muß die Wartung entsprechend sorgfältiger sein. Man unterscheidet Maschinen liegender Bauart, stehender Bauart und Lokomobilen. Lokomobilen werden in Ausrüstungsbetrieben selten verwendet, da deren Kessel (auf dem die Maschine montiert ist) nur soviel Dampf erzeugt, als die Maschine braucht, und der Dampf für den übrigen Betrieb in besonderen Kesseln erzeugt werden muß. Vorteilhafter ist es deshalb, die Dampferzeugung in einem großen Kessel oder in einer Batterie gleichartiger Kessel vorzunehmen. In Ausnahmefällen wird eine Lokomobile ihrer leichten Wiederverkäuflichkeit wegen in Frage kommen, wenn es lediglich darauf ankommt, aushilfsweise für einige Jahre eine Kraftquelle zu schaffen. Für solche

Zwecke wird auch eine Verbrennungskraftmaschine, z. B. ein Dieselmotor, in Betracht kommen, da er die nachfolgend erörterten Vorteile der Dampfkraftmaschine oder des elektrischen Kraftanschlusses nicht besitzt.

Von den Kolbenmaschinen wird die stehende Bauart für kleine Typen dort gewählt, wo Platzmangel herrscht und wo höhere Tourenzahlen zum Antriebe von Dynamos erforderlich sind. Der übliche Typ ist die liegende Dampfmaschine. Von älteren Konstruktionen seien erwähnt 1. die Zwillingsmaschinen, bei denen zwei Kolben gemeinsam auf eine Hauptwelle arbeiten, 2. die Compoundmaschinen, bei denen die Arbeitsleistung des Dampfes auf einen Hochdruck- und einen Niederdruckzylinder verteilt wird, 3. als überholte Steuerungsart die Schiebersteuerung. Die modernen Maschinen arbeiten mit zwangsläufig bewegten Ventilen, mit sogenannter Ventilsteuerung, die im laufenden Betrieb größere Sparsamkeit sichert. Eine weitere Abweichung der modernen Maschinen liegt in dem Dampfauslaß, der in der Mitte des Zylinders angebracht wird, so daß der Dampf in der gleichen Strömungsrichtung den Zylinder verläßt, in der er eintritt. Man spricht in diesem Falle von Gleichstrommaschinen, im Gegensatz zu den älteren Gegenstrommaschinen, bei denen der Dampf am Zylinderende ein- und austritt, daher eine Rückbewegung machen muß. Derartige Gleichstrommaschinen werden bis zu 1000 PS mit einem Zylinder ausgeführt. Neuere Maschinen werden zwecks Verbilligung mit höheren Tourenzahlen ausgeführt, doch sind die langsamer laufenden Maschinen betriebssicherer. Arbeitet man direkt auf eine Haupttransmission, so ist eine niedere Tourenzahl von Vorteil; dagegen sind bei der heute häufig angetroffenen elektrischen Kraftübertragung hohe Tourenzahlen zum Antriebe der Generatoren vorzuziehen. Der gewöhnliche Maschinentyp arbeitet mit Kondensation, d. h. der austretende Dampf wird durch reichliche Kühlung schnell niedergeschlagen, so daß das erzeugte Vakuum die Leistung und den Effekt der Maschine erhöht. Solche Maschinen brauchen in günstigen Fällen 4,5—5 kg Dampf für eine Pferdekraftstunde. In Ausrüstungsbetrieben verwendet man mit Vorteil sogenannte Gegendruckmaschinen, bei denen der Abdampf nicht kondensiert wird, sondern für Fabrikzwecke, besonders für Heizungszwecke ausgenützt wird. Der Druck dieses Abdampfes schwankt zwischen 0,1—2 Atm. Der Dampfverbrauch solcher Gegendruckmaschinen ist zwar ein viel höherer als bei Kondensationsmaschinen (häufig 10 kg Dampf und mehr für 1 PS-Stunde), doch ist der Gesamteffekt der Anlage ein viel besserer, da etwa $^3/_4$ des Dampfes für Fabrikationszwecke zur Verfügung stehen. Dieser Abdampf hat eine viel niedrigere Spannung als der im Kessel erzeugte Dampf, was jedoch auf seinen Wärmeinhalt von keinem wesentlichen Einfluß ist. Die Dampfmaschine arbeitet gewissermaßen als Reduzierventil, das den im Kessel erzeugten hochgespannten Dampf von 12 Atm. (und mehr) auf praktisch beinahe gleich wirksamen Dampf von 0,1 bis 2 Atm. herunterbringt und die Kraft dabei nahezu kostenlos liefert. Es ist natürlich auch möglich (in Zeiten, in denen für den Abdampf keine Verwendung vorliegt), eine Kondensation anzuschließen oder automatisch auf Auspuff umzustellen, wenn der Gegendruck in der gewöhnlichen Anlage zu groß wird. Doch arbeitet die Maschine in Zeiten, in denen der Abdampf in die Luft geht, sehr unwirtschaftlich.

Die Dampfturbine nützt die Stoßkraft des strömenden Dampfes aus. Bei Krafterzeugungen über 1000 PS ist sie der Kolbenmaschine im Nutzeffekt überlegen; dazu kommt geringer Raumbedarf, einfache Wartung, schmierölfreier Abdampf, hohe Tourenzahl und gleichmäßiger Gang, was die Dampfturbine für hohen Kraftverbrauch bei gleichzeitiger Erzeugung elektrischer Energie als allein geeignet erscheinen läßt. Reine Ausrüstungsbetriebe haben nur selten so hohen Kraftverbrauch, so daß nur in Verbindung solcher Betriebe mit kraftfressenden Spinnereien oder Webereien an ihre Anschaffung gedacht werden kann. Auch bei Turbinen ist es möglich, den Abdampf nicht zu kondensieren, sondern als Abdampf im Betriebe zu verwenden, oder, wenn höherer Dampfdruck gewünscht wird, den Dampfstrom in der Maschine durch sogenannte Anzapfturbinen teilweise im Betriebe für Heizzwecke verwendbar zu machen.

Die Dampfkraftmaschine dominiert bei eigener Krafterzeugung, da Dampferzeuger nötig sind und die Krafterzeugung durch Verwendung des Abdampfes so billig wird, daß keine andere Kraftquelle mit ihr konkurrieren kann. Ist doch der große Verlust durch die Kondensation der Hauptnachteil der auch sonst herrschenden Dampfkraftmaschine.

Von großer Bedeutung ist heute die Frage der Beschaffung elektrischer Energie. Der elektrische Antrieb hat zwar den direkten Transmissionsantrieb vollständig verdrängt; doch ist es nur eine Preisfrage, ob man sich den Strom billiger selbst erzeugt oder von außen bezieht. Liegt in der Nähe ein Kraftwerk, das Wasserkraft zur Verfügung hat, oder ein Kraftwerk in der Nähe eines Kohlenwerkes, so kann der Strombezug lohnend sein; besonders wenn der Kraftbedarf ein geringer ist, wie in vielen Ausrüstungsbetrieben. Ein besonderer Vorteil des Strombezuges ist die dauernde Betriebsbereitschaft ohne besondere Erzeugungskosten. Man ist imstande, alle Maschinen, die keinen Dampf brauchen, jederzeit laufen zu lassen, ohne einen Pfennig mehr zu zahlen, als die Kraft selbst kostet, die man tatsächlich verbraucht und die oft sehr gering ist. In Betracht kommen besonders Meßmaschinen, Bleichereimaschinen, Mangen, Pumpen usw., die auf solche Weise während der Überstunden billig im Betrieb gehalten werden können.

Steht eigene Wasserkraft zur Verfügung, so ist außer für die Antriebskraft eine Ausnutzung möglich: für Raumheizung, Kesselheizung (elektrische Dampfkessel) und zur Herstellung elektrolytischer Bleichlauge, besonders auch während der Nachtzeit. Während des Tagbetriebes wird meist ausreichender Bedarf für Antriebszwecke, Licht usw. vorhanden sein.

Wasserförderung.

Über die Beschaffenheit des Wassers und seine Reinigung, sowie über Rohrleitungen zur Fortleitung wurde in anderen Kapiteln gesprochen; hier sollen die verschiedenen Pumpensysteme beschrieben werden.

Der Wasserverbrauch, besonders von Färbereien und Bleichereien ist ein sehr großer; er wird z. B. für 1000 kg Bleichware auf etwa 1500 cbm geschätzt, so daß es nötig ist, das sparsamste und betriebssicherste Pumpensystem zu wählen.

Pulsometer. Sie sollen, besonders zur Verwendung in Brunnen geeignet, 2—3 m oberhalb der zu hebenden Flüssigkeit aufgestellt werden. Die Druckhöhe beträgt bis zu 30 m und mehr. Leistung für 1 kg Dampf = etwa 7000 mkg, wobei der Dampf einen um 2 Atm. höheren Druck haben soll, als die zu hebende Flüssigkeitssäule. Pulsometer sind kolbenlose Pumpen mit zwei Kammern. Die Dampfzufuhr wird durch ein Kugelventil oder eine Zunge umgesteuert. Der Dampf tritt in die eine Kammer, drückt das Wasser in derselben hoch, schlägt sich dann nieder und erzeugt so ein Vakuum; hierdurch wird die Dampfzufuhr nach der anderen Kammer umgestellt, während das Vakuum in der ersten Kammer Wasser ansaugt. Zur Vermeidung von Stößen wird in der Ansaugperiode durch ein Luftventil Luft angesaugt. Ein Fußventil mit Saugkorb ist sehr zu empfehlen.

Kolbenpumpen. Saughöhe für gewöhnliche Anlagen = 6—7 m, Druckhöhe beliebig, Wirkungsgrad 90—95% der theoretischen Leistung. Der Kolben wird in einem Zylinder gehoben und erzeugt so ein Vakuum, in das das Wasser der Saugleitung durch den Atmosphärendruck hineingepreßt wird. Die Saugleitung kann daher nie größer als 10 m sein, welche Wassersäule dem Atmosphärendruck entspricht. Bei großen Saughöhen oder großen Längen der Saugleitung schaltet man einen Saugwindkessel ein, ebenso in die Druckleitung einen Druckwindkessel von mindestens 8fachem Pumpeninhalt, um Stöße in den Rohrleitungen zu vermeiden. Man verwendet ein Fußventil mit Saugkorb, um die Pumpenventile vor Verunreinigung zu schützen. Je nachdem ob beide oder nur eine Seite des Zylinders arbeiten, unterscheidet man einfach- und doppeltwirkende Pumpen. Des langsamen Ganges wegen erfolgt der Antrieb meist von einer Transmission aus. Für Kesselspeisezwecke kombiniert man Kolbenpumpen auch gern mit kleinen Dampfmaschinen.

Zentrifugalpumpen können heute, besonders bei größeren Wassermengen, als die beste Pumpentype gelten. Die Hauptvorteile sind: kleiner Raumbedarf, gleichmäßiger Gang (daher ein Windkessel unnötig), leichter Antrieb durch direkte Kuppelung mit Elektromotoren von hoher Tourenzahl, geringer Preis, das Arbeiten gegen geschlossene Ventile führt zu keiner Steigerung des Druckes, die Pumpe arbeitet leer mit geringem Kraftverbrauch. Man baut einstufige oder mehrstufige Pumpen, je nachdem, ob ein oder mehrere Laufräder im gleichen Gehäuse hintereinandergeschaltet arbeiten, um die Förderhöhe zu vergrößern. Die Saughöhe ist 7—8 m und ein gutes Fußventil Vorbedingung, da die Pumpe nur im gefüllten Zustand aus der mit Wasser gefüllten Saugleitung Wasser ansaugt und gegen Luft in der Saugleitung sehr empfindlich ist. Der elektrische Antrieb läßt sich leicht mit Fernschaltung versehen, so daß bei Wasserbedarf von der Schalttafel aus die Pumpe eingeschaltet werden kann. Auch für Kesselspeisezwecke werden Zentrifugalpumpen verwendet, für deren Antrieb eine Dampfturbine dienen kann. Es wird noch bemerkt, daß die Pumpe bei geringer Saughöhe auch heißes Wasser fördern kann. Doch stellt man alle Pumpen, die heißes Wasser fördern, besser tief, so daß ihnen das Wasser selbsttätig zufließt.

Injektoren oder Dampfstrahlpumpen werden meist für Kesselspeisezwecke verwendet, da in diesem Falle die gesamte Wärme des Dampfes wieder nutzbar gemacht wird.

Zum Vorrätighalten größerer Wassermengen dienen in kleineren Betrieben mit Mennige gestrichene Eisenreservoire, die nur wenige Meter über dem Erdboden aufgestellt sind. In großen Betrieben können die langen Rohrleitungen Widerstände bis zu 2 Atm. bieten, und man ist deshalb gezwungen, Hochreservoire anzulegen, die bei großem Bedarf aus Beton hergestellt sind. Bei solchen Hochreservoiren ist es erwünscht, über die Höhe des Wasserstandes unterrichtet zu sein. Bei Eisenreservoiren genügt ein Schwimmer, der an einer Schnur oder Kette einen Zeiger über eine Skala führt. Bei Hochreservoiren sind pneumatische Wasserstandszeiger vorzuziehen, da man bei diesen an beliebig entfernten Punkten die Höhe des Wasserstandes im Reservoir ablesen kann. Sie bestehen aus einem mit einer Gummimembran verschlossenen Zylinder, der auf den Grund des Reservoirs versenkt wird. Dieser Zylinder steht durch ein dünnes Kupferrohr mit einem oder mehreren Manometern in Verbindung, deren Skala direkt „Meter Wassersäule" anzeigt. Alle Reservoire müssen mit einer Überlaufleitung versehen sein.

Dampfleitungen.

Die Verbindung des Röhrennetzes mit dem Dampferzeuger, meist dem höchsten Kesselpunkt, vom Dampfdom ausgehend, ist in der Regel eine unmittelbare, so daß das Rohrnetz den gleichen Druck aushalten muß. Die Leitung soll unter tunlichster Vermeidung von plötzlichen Richtungswechseln und Querschnittsverengungen mit 1 : 100 bis 1 : 150 Gefälle nach den Maschinen zu verlegt werden. Das bisweilen gehandhabte Verfahren, der Dampfleitung nach dem Kessel zu Gefälle zu geben, um das Wasser in diesen zurückzuleiten, kann nicht als zweckmäßig angesehen werden. Am Anfang der Rohrleitung auf dem Kessel ist das Hauptabsperrventil anzubringen, wobei leichte Zugänglichkeit und bequeme Bedienung desselben vorzusehen sind.

Sind viele Abzweigungen erforderlich, so bringt man hinter dem Hauptabsperrventil einen Dampfverteiler an. Dieser besteht aus einem Zylinder mit zahlreichen Stutzen, von denen aus die einzelnen Leitungen abgezweigt werden, die durch je ein Ventil abgesperrt werden können.

An das entgegengesetzte Leitungsende, kurz vor der Dampfmaschine, kommt ein Kondensationswasserabscheider. Letzterer ist bei Leitungen unter 15—20 m Länge gewöhnlich zu entbehren, sofern der Kessel genügend trockenen Dampf liefert. Bei langen Dampfleitungen empfiehlt es sich, mehrere Wasserabscheider in Zwischenräumen auf die ganze Leitung zu verteilen und dicht vor der Dampfmaschine ein etwas größeres Kaliber einzuschalten. Man nehme die Wasserabscheider reichlich groß und sorge für regelmäßige Ableitung des Wassers aus dem Abschei-

der ins Freie. — Bei Verwendung des direkten Dampfes zum Heizen von
Farbbädern usw. wird man gewöhnlich die Abscheider entbehren und bei An-
setzung des Bades mit der Volumenzunahme des Bades durch Kondenswasser
zu rechnen haben. In Fällen, wo Kondenswasserzugang nicht erwünscht ist,
wird mit indirektem Dampf (Schlangen aus Eisen oder Kupfer) geheizt.

Der Rohrquerschnitt muß allgemein um so größer sein, je länger
die Leitung und je niedriger die Dampfspannung ist.

Für solche Frischdampfleitungen werden verwendet
    gußeiserne Flanschenrohre,
       schmiedeeiserne Flanschenrohre und Gewinderohre, Kupferrohre.

Gußeiserne Rohre werden mit den beidseitigen Flanschen an einem
Stück in Längen von 0,5—4 m gegossen, die Verdichtungsflächen der
Flanschen werden abgedreht, alles übrige roh belassen. Die geläufigste
Baulänge ist 3—4 m. Unter Baulänge wird bei Flanschenrohren die
Gesamtlänge, d. h. von Dichtungsfläche bis Dichtungsfläche der Flan-
schen gerechnet, während bei Muffenrohren die Rohrlänge ohne die
Muffentiefe verstanden wird. Die gußeisernen Rohre sollen die vom
Verein deutscher Eisenhüttenleute 1889 für Bau- und Maschinenguß
aufgestellten Normen haben: „Die Gußstücke sollen aus grauem, wei-
chem Eisen sauber und fehlerfrei gegossen sein. Es muß möglich sein,
mittels eines gegen eine rechtwinklige Kante mit dem Hammer geführten
Schlages einen Eindruck zu erzielen, ohne daß die Kante abspringt.
Das Eisen muß feinkörnig und zähe sein und sich mit Meißel und Feile
bearbeiten lassen. Die Zugfestigkeit soll mindestens 12 kg auf das qmm
betragen. — Ein unbearbeiteter Stab von 30 mm Seite, auf 1 m voneinander entfernten Stäben liegend, muß bis zu 450 kg zunehmender Belastung
in der Mitte aufnehmen können, bevor er bricht." Bei der Erwärmung von
0° bis 100° C dehnt sich das Eisen um $1/_{901}$ seiner Länge aus, über 100°
wird die Ausdehnung stärker, und zwar durch Dampf bis 4 Atm. ($145{,}5^\circ$)
etwa um $1/_{450}$. Das spezifische Gewicht beträgt 7—7,5. Der Schmelz-
punkt liegt bei 1150—1250° C. Wärmeleitung = 11,9 (Silber = 100).
Elektrische Leitung = 6—9 (Quecksilber = 1). Zulässige Beanspruchung
für den qcm auf Zug 250 kg, auf Druck 500 kg, auf Abscherung 200 kg.

Da die einzelnen Rohre nicht bearbeitet werden können, so verwendet
man zum Bau der Leitungsnetze Verbindungsstücke. Das sind nach
bestimmten Normalien angefertigte Formstücke: Krümmer und Ver-
zweigungen, für welche die in Abb. 43 angegebenen Buchstabenbezeich-
nungen allgemein gültig sind, so daß man z. B. unter A-Stücken, R-
Stücken ganz bestimmte Formen versteht, die in ihren Abmessungen
in vielen Nummern Massenartikel sind oder in jeder verlangten Größe
mit geringen Mehrkosten angefertigt werden.

Auf 20 Atm. Druck geprüfte gußeiserne Rohre sind für Dampf- und
Druckleitungen als Flanschenrohre gebaut.

Die Baulänge beträgt im Mittel für gußeiserne Rohre
        bis einschl.   40 mm lichte Weite 2,0 m
          „   „   60 mm   „   „   2,5 m
          „   „   90 mm   „   „   3,0 m
          „   „   100 mm   „   „   4,0 m

Flanschenrohre und -krümmer (Abb. 44) dienen zur Herstel·
lung des Überganges von den Gußrohrleitungen zu den schmiedeeisernen
Rohren mit ovalen Flanschen.

Bisweilen kommen Gußporen vor, welche sich (oft erst nach Jahren)

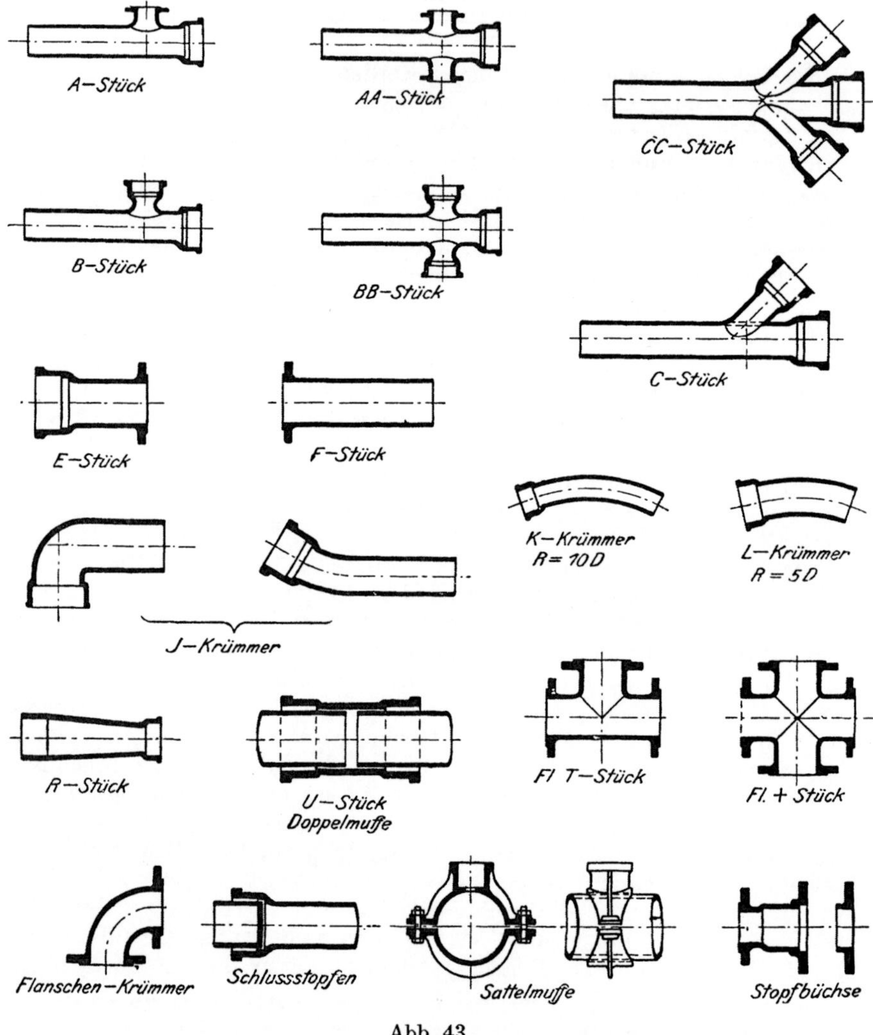

Abb. 43.

zu undichten Stellen ausbilden. Diese Rohre werden selten unter einem
lichten Durchmesser von 25 mm angefertigt und sind erst von 75 mm
Lichtweite an aufwärts zu empfehlen. Gußeisen bedarf zum Widerstand gegen inneren Druck einer viel größeren Wandstärke als schmiedeeiserne oder gar kupferne Rohre. Bei Rohren für 5 Atm. Druck stellen
sich die Wandstärken und Metergewichte wie folgt:

Gußrohr			Schmiedeeisernes Rohr	
Lichtweite	Wandstärke	Gewicht p. lauf. Meter	Wandstärke	Gewicht p. lauf. Meter
25 mm	12 mm	10 kg	4 mm	3 kg
30 „	12,5 „	12,2 „	4,5 „	3,5 „
40 „	13 „	15 „	5 „	5 „

Das Gewicht gußeiserner Rohre ist ein bedeutendes, die Montage wird dadurch erschwert, noch mehr aber durch die Unmöglichkeit, das gegossene Stück in Form oder Länge irgendwie zu verändern. Für Neuanlagen müssen demnach alle Zwischenstücke, welche nicht in einer geraden Länge benutzt werden können, nach dem Plan besonders hergestellt werden.

Spätere Änderungen sowie die Einschiebung von Zweigleitungen sind nur mit verhältnismäßig großen Kosten mittels anders geformter Zwischenstücke möglich. Um dies einigermaßen zu vermeiden, werden von

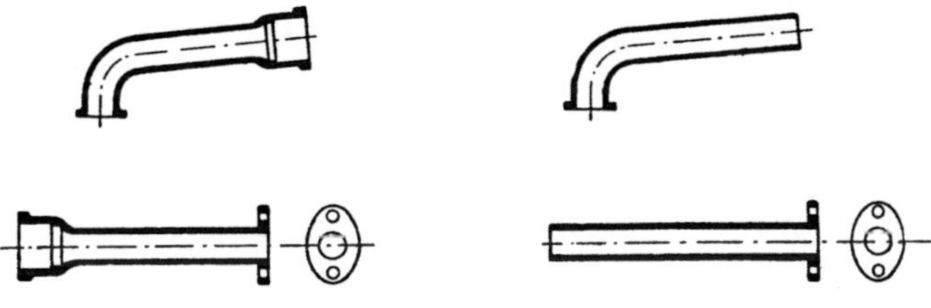

Abb. 44.

Strecke zu Strecke, unter Umständen nach jeder Rohrlänge Kreuz- oder T-Stücke in die Leitung eingesetzt, was aber die Leitung verwickelt und noch schwerer macht, als sie schon ist. Die gegenüber schmiedeeisernen Rohren kurzen Stücke mit noch kürzeren zahlreichen Zwischenteilen bedürfen einer großen Zahl von Verdichtungsstellen (Flanschen), was durch die zugehörigen Mutterschrauben und das Dichtungsmaterial die Anlage verteuert und viele Ausbesserungen (Neuverdichtungen) im Betrieb nötig macht. Bei einem kleinen Schaden wird das ganze Rohr wertlos; bricht z. B. ein Stück Flansche aus, so ist das kaum oder nur auf augenfällige, aushilfsweise Art zu flicken. Dem steht ein kleiner Vorteil gegenüber; die äußere Schicht des Gusses ist stets von besonderer Härte und, wenn roh belassen, recht widerstandsfähig gegen Oxydation und ähnliche Einflüsse. Da — von Heizrohren für Lufterwärmung abgesehen — in einem sachgemäß eingerichteten Betriebe die Leitungsrohre nicht bloß liegen, so hat dieser Vorteil aber nur geringe Bedeutung.

Von den **schmiedeeisernen Rohren** sind die gezogenen oder Gewinderohre am empfehlenswertesten; sie werden bis zu 150 mm Lichtweite hergestellt, sind ungleich leichter und handlicher in der Montage als Gußeisen und können beliebig mit Gewindemuffen oder aufgelöteten Flanschen verbunden werden. Die einzelnen Rohre haben gewöhnlich eine Länge von 4—5 m, benötigen also entsprechend wenig Verdichtungsmaterial und Mutterschrauben. Wo eine häufigere Trennung des Leitungsstranges vorauszusehen ist, oder die Montage es erfordert, sollen Flanschen eingeschoben werden.

Die schmiedeeisernen Rohre lassen sich biegen. Sie rosten aber leichter als gußeiserne Rohre und dürfen daher u. a. nicht ohne Rostschutz in die Erde gelegt werden. Den Abmessungen der schmiedeeisernen und der Mannesmannrohre liegt leider noch häufig das englische Zollmaß zugrunde.

Kupferrohre sind für gewisse Zwecke — wo Eisenoxyd direkt schädlich ist — in Färbereien notwendig. Sie erfordern bei gleichem Druck und Durchmesser nur die halbe Wandstärke der schmiedeeisernen Rohre. Es werden vorwiegend gezogene Rohre, aber auch (für geringeren Druck) solche mit einer der Länge nach laufenden Lötung verwendet; erstere sind unbedingt vorzuziehen. Die Verbindung erfolgt ausschließlich durch Flanschen.

Die Kupferrohre werden vielfach da angebracht, wo viele Krümmungen und Windungen in der Leitung vorhanden sind. Für überhitzten Dampf von 250° C eignen sich jedoch Kupferrohre von großem Querschnitte nicht, da sie dann zu weich werden. Ferner gewähren die Kupferrohre noch den Vorteil, daß sie sich bis zu 10—15 mm Weite kalt biegen lassen. Zu dem Zweck werden sie mit Sand gefüllt und verstopft, damit das dünnwandige Rohr beim Biegen nicht knickt.

Die Wandstärken der Kupferrohre sind 1, 1½, 2, 2½, 3, 3½, 4 und 5 mm. Rohre über 120 mm Durchmesser haben eine geringste Wandstärke von 2 mm und solche von 160 mm Durchmesser mindestens 3 mm Wandstärke. Die Fabrikationslänge ist 4—6 m. Das Gewicht der Kupferrohre ist annähernd 0,03 D.W.L. kg, worin D. = der innere Durchmesser, W. = die Wandstärke in mm und L. = die Rohrlänge in m ausdrückt. Demnach würde ein Rohr von 15 mm innerem Durchmesser, 2 mm Wandstärke und 3 m Länge $0,03 \times 15 \times 2 \times 3 =$ etwa 2,70 kg wiegen. Der Grundpreis für Kupfer ist äußerst schwankend, heute noch als Einfuhrartikel von der Valuta direkt abhängig; hierzu kommt meist noch der nach Wandstärke und Rohrdurchmesser wechselnde Überpreis.

Die **Flanschen** sind bei den Gußrohren angegossen mit oder ohne Druckring (Abb. 45). Zwischen die Druckringe wird das Verdichtungsmaterial eingepreßt; die schmale Druckfläche soll ein gleichmäßiges Pressen der Verdichtung gestatten. Dabei stehen die niedrigeren äußeren Flächenringe, auf welche die Schrauben zunächst wirken, über einem Hohlraum. Das Anziehen der Mutterschrauben soll vorsichtig ausgeführt werden, doch ist bei zweckentsprechendem Verdichtungsmaterial gleichmäßiges Pressen gut zu erreichen. Das gleichmäßige Anziehen der Befestigungsschrauben ist aber nicht nur bei Dampfleitungen, sondern bei allen Rohrleitungen und da, wo überhaupt Flächen abgedichtet und verbunden werden, unbedingt erforderlich. Durch Nichtbeachtung dieser einfachen Vorschrift sind schon viele Betriebsstörungen und Unfälle vorgekommen.

Beim Anziehen ist jede Schraube langsam zu und keine „satt" zu ziehen, bis alle anderen auf dem gleichen Anzug sind. Die Schrauben werden nicht der Reihe nach, sondern übers Kreuz angetrieben. Recht zweckentsprechend sind die Dichtungsrillen, d. s. gleichmäßig 0,5—1 mm tief kreisrund in die Flanschenflächen eingedrehte Gräbchen, welche dem Dichtungsmaterial Halt geben (Abb. 46).

Die Flanschen der schmiedeeisernen Rohre (Abb. 47) sind entweder aufgelötet oder als Gewindeflansche aufgeschraubt (im letzteren Falle ist sorgfältige Abdichtung mit Hanf und Mennige nötig).

Für Kupferrohre wird fast ausschließlich die umgebördelte Flansche angewendet; aber man sieht auch hart aufgelötete Flanschen. Diese sind vorzuziehen, weil sie haltbarer und sicherer zu verdichten sind.

Als Dichtungsmaterialien für Flanschen werden verwendet:

1. Papier- bzw. Pappenscheiben (Lumpenpapier), in Leinöl gründlich durchgeweicht und dann zwischen die Flanschen gepreßt. Das Papier ist haltbar und gibt nichts in das Rohrinnere ab. Bei anfänglich teigartigen Dichtungen fällt immer etwas in das Rohr; bei

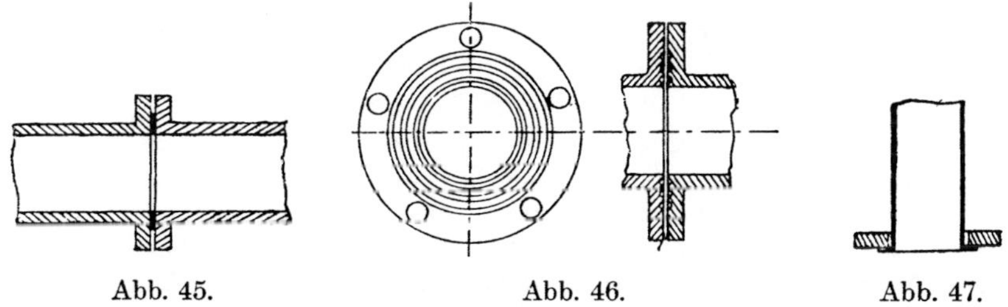

Abb. 45.   Abb. 46.   Abb. 47.

Gummiplatten und dergl. steht häufig Material vor, welches die Lichtweite verengert, den Dampfdurchgang erschwert und Ursache zum Stehenbleiben von Kondensationswasser sein kann.

2. Gummi- (Kautschuk-) Platten, bestehend aus einer oder mehreren Gewebelagen (auch Drahteinlage kommt vor), welche mit Kautschuk überdeckt sind. Es sollen Platten verwendet werden, welche außen (auf beiden Flächen) mit Gewebe überdeckt sind, sogenannte Umlage haben, weil diese die direkte Berührung des Gummis mit den Flanschenflächen verhindert. Der Kautschuk verklebt andernfalls die abgedrehten Flächen, brennt sich ein und muß bei jeder Erneuerung mit Zeitverlust abgeschabt werden. Die Flanschenflächen müssen für alle Verdichtungen rein sein. Gummiplatte findet wohl die häufigste Verwendung von allen Verdichtungsmitteln. Sie ist rasch und bequem zu montieren, und ihre Behandlung erfordert wenig Sachkenntnis. Das Material wird beim Erwärmen weich, und es ist notwendig, daß bei neuer Montage die Schrauben mehrmals nachgezogen werden, bis es so weit zusammengepreßt ist, daß es nicht weiter nachgeben kann. Selten ist es möglich, die Lebensdauer einer längere Zeit im Betrieb stehenden Verdichtung durch weiteres Nachziehen der Schrauben zu verlängern; der Kautschuk ist in der Regel verbrannt und hat alle Elastizität verloren. Um das Verbrennen einigermaßen zu verhindern und die Klebkraft zu vermindern, sind Asbestgummiplatten empfohlen

worden. Sie besitzen weder Ein- noch Umlagen, bestehen aus einer Mischung von Asbest und Gummi und sind zu gleichmäßigen Platten ausgewalzt.

Am meisten verwendet werden die Klingeritplatten und zahlreiche ähnliche Produkte (Itplatten), die als Platten oder ausgestanzte Ringe, die sofort in die üblichen Flanschen passen, im Handel sind.

3. Mennige als Dichtungsmittel wird überall da angewendet, wo große Haltbarkeit und seltenes Öffnen der betreffenden Leitungsstelle wünschenswert ist; sie ist also an nahezu allen Flanschen am Platz und bildet — einmal hart und dann ruhig belassen — ein unverwüstliches Dichtungsmaterial. Unbeweglichkeit der verdichteten Flächen ist allerdings erste Bedingung der guten Abdichtung einer Leitung. Mennige wird unter langsamer Zugabe von Leinöl so lange geklopft, bis sich ein ausziehbarer, steifer, aber völlig gleichmäßiger Teig bildet. Derselbe wird beidseitig auf ein den Flanschen angepaßtes Drahtgewebe (weniger gut auch auf Papier) gestrichen; gleichmäßig auf der Fläche verteilter Überzug ist notwendig. Zwei solcher bestrichenen Gewebescheiben werden aufeinandergelegt und das Ganze zwischen den Flanschen festgepreßt. Nun ist es aber nötig, daß der Mennigekitt genügend Zeit (mehrere Tage) zum Erhärten hat, weil er erst dann gegen den Dampfdruck und gegen Spülung des Kondensationswassers widerstandsfähig ist.

Daraus entsteht die Unmöglichkeit, diese Verdichtungsart während des Betriebes durchzuführen, während sie bei Neuanlagen nicht genug empfohlen werden kann. Man hat versucht, mit dem rascher erhärtenden Metall-Diamant-Kitt, der in ähnlicher Weise wie Mennige, auch ohne jede Einlage, verwendet wird, den Übelstand zu vermeiden und hat damit gute Ergebnisse erzielt; der Mennige steht er aber nach. Dagegen hat er den Vorteil, an den Flächen nicht anzukleben wie Mennige oder Gummi.

Die kittartigen Verdichtungsmittel können ganz wohl zu solchen Flanschen verwendet werden, welche unregelmäßige Flächenebenen haben, wie solche z. B. bei genieteten schmiedeeisernen Heizrohren vorkommen.

4. Als ein sehr gutes Dichtungsmaterial hat sich auch Vulkanfiber eingeführt.

5. Für dauernde Dichtungen werden auch Blei-, Aluminium- und Kupferringe benutzt.

Im allgemeinen ergibt es sich nach kurzer Erfahrung von selbst, welches Material im gegebenen Falle für die Dichtung, auch „Verpackung" genannt, am geeignetsten ist.

In sehr vielen Fällen werden die Verpackungen aus den Asbest-, Pappe- und anderen Kartons nach Bedarf ausgestanzt oder ausgeschlagen. Der damit Beauftragte soll sich zu dem Zweck Schablonen aller häufig gebrauchten Verpackungen halten, um damit die Kartongrößen am besten ausnützen und auch immer von den verschiedenen Formen und Größen Vorrat halten zu können. Wenn in eiligen Fällen erst immer die Verpackungen zugeschnitten werden sollten, so würde dadurch unter Umständen ein bedenklicher Zeitverlust entstehen können.

Nicht vollkommen ebene, teils verbogene oder mit angebackenen Resten früherer Verpackungen bedeckte Dichtungsflächen, ungenaues Einlegen der Verpackungen sowie falsches Anziehen der Flanschenschrauben sind nicht selten die Ursachen unvollkommener Abdichtungen.

Das Verbindungselement der Gewinderohre ist außer den Flanschen die **Gewindemuffe** (Abb. 48). Die Leitung wird an der Verbindungsstelle nur um die Wandstärke der Muffe dicker, aber die Verbindung ist, wenn sorgfältig ausgeführt, eine vorzüglich dicht haltende; nur verträgt sie kein häufiges Öffnen und Wiederschließen. Das Rohrgewinde ist vom Einschraubende an konisch zunehmend, daher die Möglichkeit vorhanden, die Gewinde satt anzuziehen. Es ist noch ein besonderes Abdichten notwendig, das mit feinen, in Mennige getauchten Hanffasern, womit die Gewinderillen umwickelt werden, erfolgt. Eine Abart der Muffe ist das sogenannte Langgewinde (Abb. 49); es erlaubt, wie die

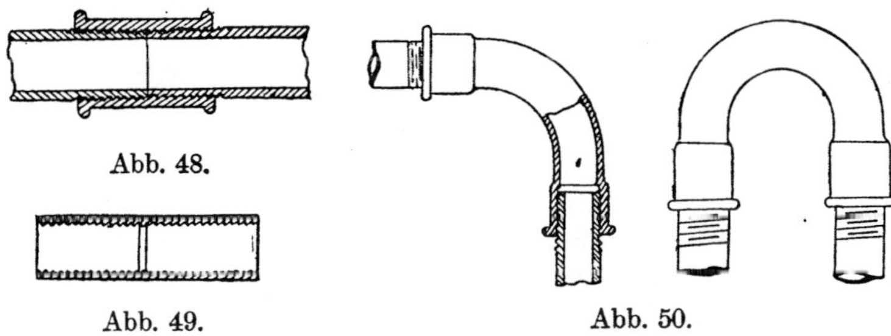

Abb. 48.

Abb. 49.

Abb. 50.

Flanschen und im Gegensatz zu den Muffen, die Leitung beliebig zu öffnen, dagegen ist es für Dampf ungenügend, weil schwierig zu verdichten; bei Wasser genügt es. Verdichtet wird wie bei den Muffen.

Winkel und Bögen. Die Bögen (Abb. 50) führen den Inhalt allmählicher in die veränderte Richtung über als die Winkel und nehmen wenig mehr Platz ein als letztere. Bei schmiedeeisernen Rohren hat man die Annehmlichkeit, die ganzen Rohre beliebig abzubiegen und anzupassen; ebenso bei kupfernen, bei welchen ausschließlich Bögen angewendet werden, während für Gewinderohre außer Bögen auch Winkel zur Verwendung kommen.

Bei Reduktion der Leitung auf kleineren Durchmesser sollen exzentrische Flanschen (Abb. 51) oder Reduktionsmuffen (Abb. 52) verwendet werden. Bei konzentrischem Anschluß kann sich die Leitung nicht völlig entleeren, das stehenbleibende Kondenswasser gibt Anlaß zur Rostbildung.

Reduzierende T-Stücke sind, soweit möglich, zur Leitungslinie senkrecht nach unten zu stellen (Abb. 53).

Die **Abschließungen** (Hähne, Ventile, Schieber und Drosselklappen) bilden einen wichtigen

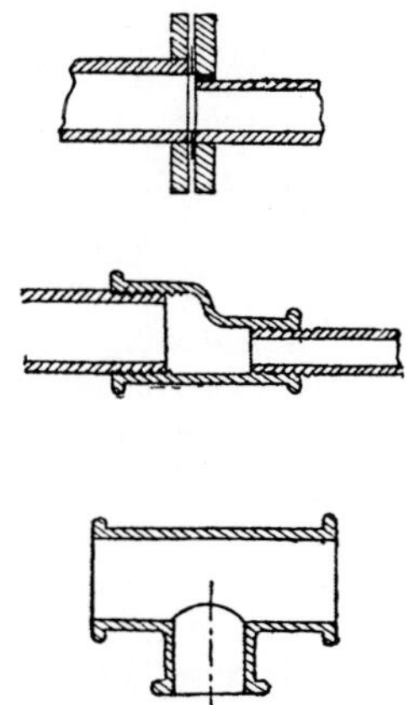

Abb. 51—53.

Teil der Dampfleitungen. Sie dienen dazu, den Dampf einzulassen, abzusperren, auszulassen und die durch die Leitung strömende Menge zu regeln.

Man stellt folgende Ansprüche an eine gute Abschließung:

1. Sie muß dauerhaft und dem auszuhaltenden Druck entsprechend gebaut, dabei leicht sein und wenig Raum einnehmen.

2. Die Flächen sollen dicht und dauerhaft sein. Man macht sich gewöhnlich keine Vorstellung davon, welche bedeutenden Verluste schlechte Abschlußventile verursachen. An den Heizeinrichtungen wird oft beobachtet, daß Betriebsräume ohne Öffnen des Ventils von dem infolge Undichtigkeit durchströmenden Dampf genügend erwärmt werden. Es ist eine häufig wiederkehrende Klage über mangelhafte Isolation der Leitungsröhren, ebenso berechtigt ist aber auch die Klage über den Mangel an dichthaltenden Abschließungen. Für die Färberei-, Bleicherei- und Appreturbetriebe kommt es nicht allein auf den Verlust an Dampf an; das sich bildende Kondenswasser nimmt immer Eisen (Rost) auf und beeinflußt dann eine Reihe von Vorgängen in schädlicher Weise. — Eine elastische Fläche schließt immer besser als eine unelastische, sie ist dauerhafter und nützt sich weniger ab als zwei sich aufeinander bewegende Metallflächen von gleicher oder annähernd gleicher Härte. Kein Guß — auch porenfreier — ist von weicheren und härteren Partien frei, daher die ungleiche und rasche Abnützung.

3. Das Verschlußelement muß eine gute Führung erhalten; hängt es ziemlich beweglich im Gehäuse, so wird es von den Stößen in der Leitung zerschlagen.

4. Die Abdichtung soll gleich beim Eintritt des Dampfes stattfinden, nicht erst an der demselben gegenüberliegenden Fläche; andernfalls leiden die Deckelverpackung und Stopfbüchse unnötigerweise auch bei abgeschlossenen Hähnen. Etwaiges Kondenswasser liegt in und auf der Abschließung und kann z. B. beim Gefrieren Schaden bringen.

5. Der Durchgang muß dem lichten Durchmesser der Leitung entsprechen, eher größer als kleiner sein, geradlinig verlaufen und die Leitungsachse als Mittellinie haben. Winkelführung des Dampfes ist vom Übel.

6. Das Öffnen und Schließen muß leicht und sicher gehen; es muß eine genaue Regelung der Dampfströmung möglich sein. Bei Anwendung von Schraubenspindeln soll das Gewinde leicht gehen. Es ist gefährlich, die Spindel und die Mutter im Verschlußteil aus Eisen zu machen; oxydiert das Eisen, was leicht eintreten kann, so wird es voluminöser und rostet dann ein. Ein Festklemmen tritt ein, wo — wie bei den Ventilabschließungen — die Bewegung des Ventils beim Aufliegen auf dem Ventilsitz plötzlich aufhört; sind beide unelastisch, so kann das Gewinde überdreht werden, ein Zurücktreiben der Spindel erfordert dann bedeutende Kraftanwendung.

7. Der bewegende Teil (Handrädchen oder Schlüssel) muß fest aufgemacht und handlich sein; bei Dampfleitungen soll er wenig erhitzt werden können.

8. Reparaturen sollen sich, soweit es sich um Verbesserung der Verdichtungsflächen handelt, rasch, billig und ohne Herausnahme des Gehäuses aus der Leitung vornehmen lassen.

Es unterscheiden sich die verschiedenen Systeme in konstruktiver Hinsicht dadurch, daß Hähne in der Dichtungsfläche rotieren, die Ventile sich von der zu schließenden Öffnung abheben, der Verschluß des Schiebers durch eine verschiebbare und der der Drosselklappe durch eine drehbare Ebene bewirkt wird.

Weiterhin sind sehr viele Abarten von Hähnen, Ventilen usw. vorhanden: die gewöhnlichen Kükenhähne oder Reiberhähne, die Stopfbüchsenhähne, die selbstdichtenden Hähne usw., welche als Durchgangshähne zu bezeichnen sind, während Winkelhähne einen Winkel bilden, deren Küken (ebenso wie bei den Drei- und Mehrweghähnen) anders gebohrt sind. Die Ventile können wiederum als selbsttätige und als Spindelventile unterschieden werden. In den Ausführungsformen sind sie unendlich verschiedenartig. Jedes Ventil besteht aus dem Ventilgehäuse, dem Ventilkörper und dem Ventilsitz. Der Ventilsitz ist die Fläche, auf welcher der den Verschluß bewirkende Ventilkörper ruht. Die selbsttätigen Ventile öffnen und schließen sich je nach den in dem Ventilgehäuse vorhandenen Druckverhältnissen, also ohne äußeren Mechanismus, und werden hauptsächlich bei Pumpen verwendet. Zu ihnen gehören die Klapp-, Kugel-, Speise- und Kegelventile. Je nachdem sich die Pumpenventile beim Ansaugen oder beim Empordrücken der zu fördernden Flüssigkeit öffnen, heißen sie Saug- oder Druckventile. Liegen die Saugventile auf dem Grunde der Pumpen, so heißen sie auch Bodenventile. Haben die Klappventile einen größeren Durchmesser, nennt man sie auch Tellerventile usw. So unterscheidet man ferner Rückschlagventile, Spindelventile, Niederschraub- und Bauchventile, Absperr-, Dreiweg- oder Wechselventile und Eckventile, Jenkins-Ventile usw. Es ist nicht Sache dieser Arbeit, die einzelnen Systeme zu beschreiben, sondern nur die Hauptvertreter und ihre Brauchbarkeit bzw. Leistungsfähigkeit für die Zwecke der Textilveredlungsindustrie zu beurteilen.

Die Drosselklappe eignet sich nicht zur Erzielung eines völlig dichten Verschlusses und stellt hauptsächlich ein Regulierungsorgan für die in einer Leitung vorhandene Strömung dar.

Es verhalten sich die Hähne, Ventile usw. zu den einzelnen Forderungen wie folgt:

I. Küken- oder Reiberhähne (Abb. 54).

Zu 1. gut.

Zu 2. Die Dichtung erfolgt durch Metallflächen; kalkhaltiges Wasser, bewirkt durch Ablagerung von Kalksalzen rasche Verletzung der Dichtungsfläche. Für Dampf ist das System wenig empfehlenswert.

Zu 3. sehr gut.   Zu 4. gut.

Zu 5. Bei guter Herstellung genügend.

Zu 6. Die aufeinander geschliffenen Flächen widerstehen oft bedeutend der Drehungsbewegung, namentlich bei stattfindender Erhitzung. Die Durchströmungsregelung ist mangelhaft, und bei Ausflußhähnen zerstreut sich bei reduziertem Durchgang der Strahl durch Anprallen an die Gehäusewandung.

Zu 7. befriedigend.

Zu 8. Das Einschleifen erfordert viel Zeit und meist Herausnahme des Hahnes aus der Leitung.

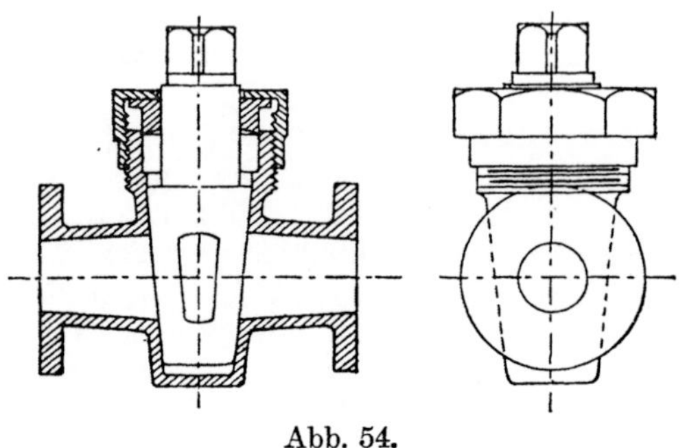

Abb. 54.

II. Ventilabschließungen (Abb. 55).

Zu 1. befriedigend.

Zu 2. Dichtungsflächen aus Metall sind nach kurzem Gebrauch ungenügend und erfordern häufiges Einschleifen.

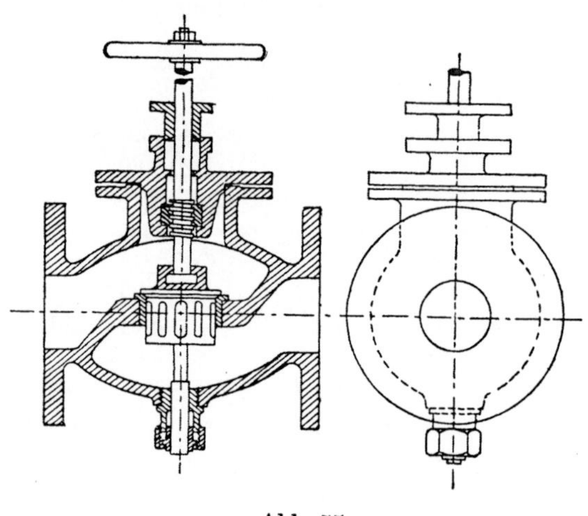

Abb. 55.

Zu 3. Bei den älteren Konstruktionen besteht die Führung aus drei Füßchen, die sich rasch abnutzen und starkes Lottern herbeiführen, wodurch der Ventildeckel sehr leidet. Die neuere Konstruktion hat statt der flügelförmigen Füßchen eine kreisrunde durchbrochene Büchse; diese Verbesserung ist nennenswert.

Zu 4. ungenügend.

Zu 5. ungenügend.

Zu 6. ungenügend.

Zu 7. Hier und da trifft man zu kurze Spindelschäfte, die beim Ausgleiten Veranlassung zu Verletzungen der Hand an den Gehäuseteilen geben.

Zu 8. ungenügend.

III. Schieberabschließungen (Abb. 56, mehr für große Leitungsdurchmesser). Für Wasserleitungen muß der Verschlußkörper wenig konisch gestaltet und die Steigung der Verschlußspindel eine möglichst flache sein, damit das Öffnen und Schließen verlangsamt vor sich geht, andernfalls entstehen schädigende hydraulische Stöße in der Leitung. Das Gehäuse darf

nicht zweiteilig sein; diese Konstruktion ist teurer, unzuverlässig und kostspielig im Unterhalt, da bei der geringsten Schieberreparatur oder beim Undichtwerden der Mittelverdichtung die Abschließung aus der Leitung herausgenommen und alle Dichtungen erneuert werden müssen. Das System verhält sich:

Zu 1. ziemlich schwer und voluminös.

Zu 2. befriedigend.

Zu 3. gut.

Zu 4. ausgezeichnet.

Zu 5. gut.

Zu 6. gut.

Zu 7. gut.

Zu 8. gut.

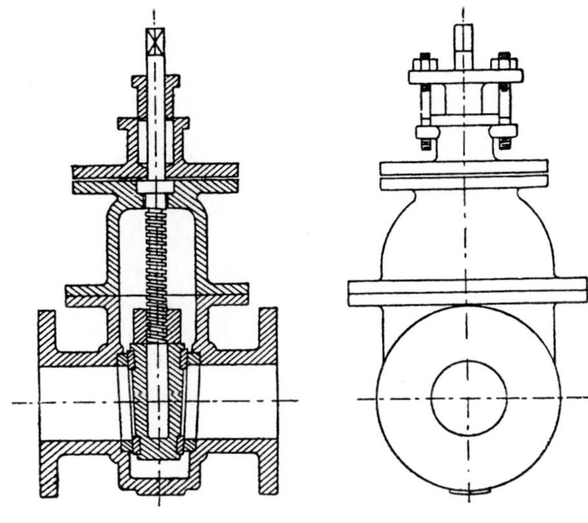

Abb. 56.

IV. Pflockhähne (Abb. 57 u. 58).

Zu 1. gut.

Zu 2. gut. Metalldichtung; es wäre von Vorteil, wenn über den Schiebkegel von Metall eine zweite elastische Masse (ähnlich der Dich-

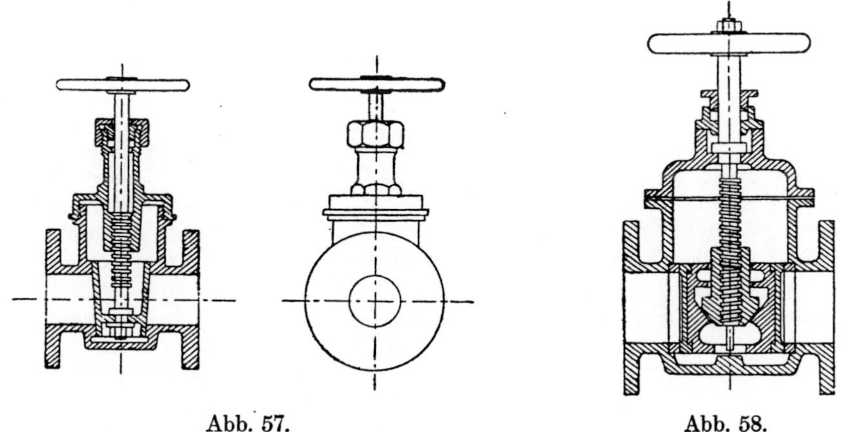

Abb. 57.   Abb. 58.

tungsmasse bei den Jenkins-Ventilen) gestülpt werden könnte; bei dieser Konstruktion sollte es möglich sein.

Zu 3. vorzüglich.

Zu 4. gut. Abdichtung nach beiden Leitungsrichtungen.

Zu 5. gut, wenn der Gehäuseaufsatz so hoch vorgesehen ist, daß der Kegel vollständig aufgezogen werden kann.

Zu 6. gut.

Zu 7. gut.

Zu 8. befriedigend, das Einschleifen erfordert aber ziemlich viel Zeit.

V. Niederdruckhähne (Abb. 59), Niederschraubhähne mit Gummi- und Lederdichtung nur für Wasser, mit Fiberdichtung für Dampf (und Wasser). Das Verhalten ist

Zu 1. gut.	Zu 5. ungenügend.
Zu 2. ausgezeichnet.	Zu 6. befriedigend.
Zu 3. gut.	Zu 7. gut.
Zu 4. gut.	Zu 8. ausgezeichnet.

VI. Jenkins-Ventile (Abb. 60), eigenartig durch die elastische Dichtungsmasse, welche aus stark gepreßter präparierter Graphitmasse

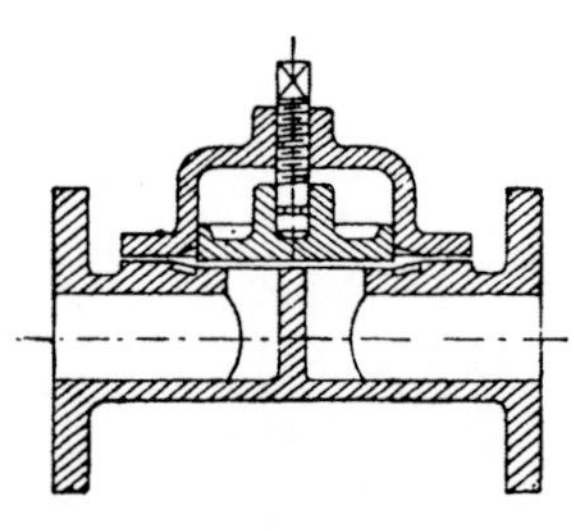

Abb. 59.

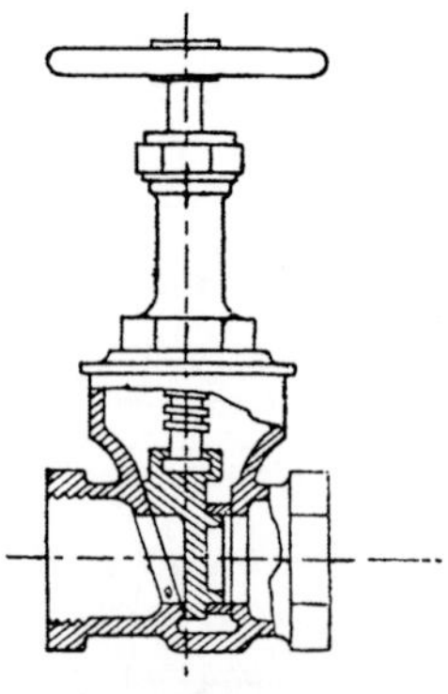

Abb. 60.

besteht und gegen Wasser, Dampf, Gas, dünne Laugen und Säuren widerstandsfähig ist.

Zu 1. gut.	Zu 5. gut.
Zu 2. ausgezeichnet.	Zu 6. gut.
Zu 3. gut.	Zu 7. gut.
Zu 4. gut.	Zu 8. Die Dichtung ist sehr dauerhaft.

Als Material der Abschließungen wird meist für das Gehäuse Eisenguß, für den Dichtungskörper Gelbmetall verwendet; bei kleiner Lichtweite ist auch das Gehäuse von Gelbmetall. Notwendig ist Gelbmetall überall da, wo Säure- oder Chlorlösungen in die Leitung zurückschlagen; das Metall muß dann frei von Zinkbeimischung sein, und noch besser sind für diesen Zweck Hartbleikonstruktionen. Wo Laugen zurückschlagen, wird ausschließlich Eisen verwendet.

Plan der Leitungsanlage.

Die maschinellen Einrichtungen, welche Dampf benötigen, sind so nahe als möglich um den Erzeuger aufzustellen, lange Dampfleitungen soviel als möglich zu vermeiden.

Unmittelbar bei der Entnahme aus dem Kessel ist eine Abschließung besten Systems anzubringen. An diese schließt ein weites Verteilungsrohr an, von dem letzteren werden alle Nebenleitungen abgezweigt, ausgenommen etwa eine zur Dampfmaschine führende, die immer unmittelbar dem Kessel entnommen wird. Jede Nebenleitung beginnt mit einer Abschließung.

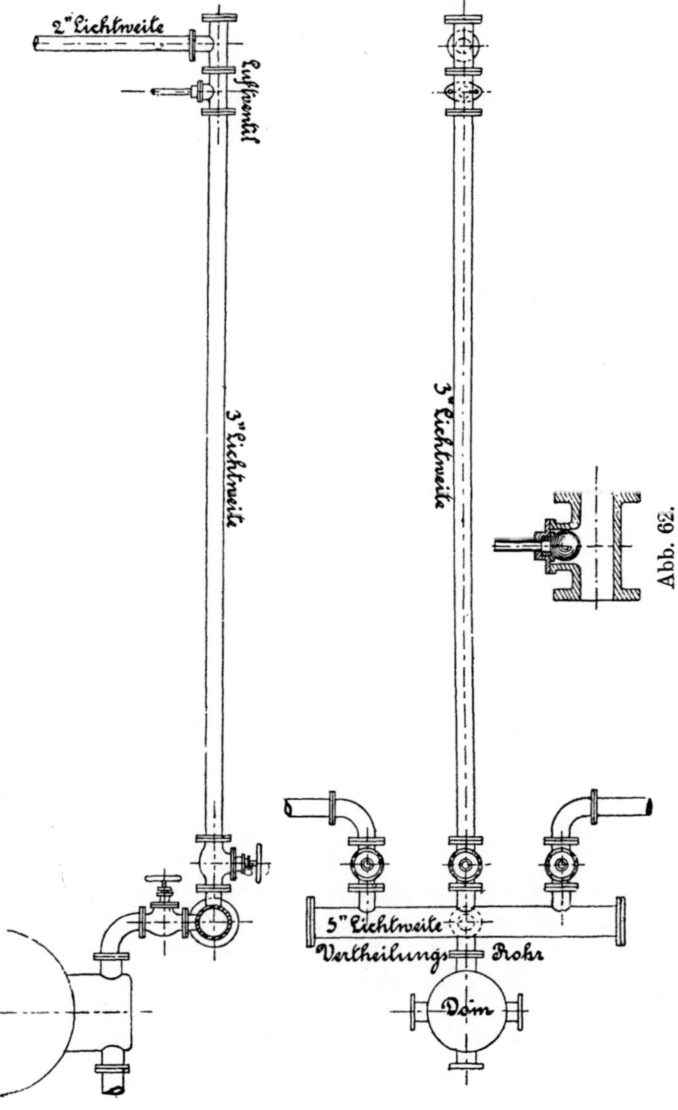

Abb. 61.

Stränge, welche von den Nebenleitungen abzweigen und für mehrfache Zwecke Dampf abgeben, beginnen ebenfalls mit einer Abschließung, bei Nebensträngen mit einfacher Verwendung genügt diejenige unmittelbar vor dem Austritt. (Abb. 61).

Die Leitungen sollen reichlich groß und nicht durch zu viele Entnahmen überlastet sein. Sie erhalten von dem Verteilungsrohr ein schwaches Gefälle und in allen ihren Elementen diejenige Konstruktion, welche einen vollständigen Leerlauf gestattet; exzentrische Flanschen und Muffen, T-Stücke nach abwärts gerichtet.

Die Stränge werden in eisernen Schlaufen aufgehängt oder frei auf Träger gelegt; beide müssen ihnen eine gewisse Beweglichkeit lassen, um die Dehnung beim Erhitzen unschädlich zu machen. Bei einer Temperatur von $0°$ C und dem Einströmen von Dampf von 2 Atm. dehnt sich eine

eiserne Leitung 20 m lang um 3 cm,
kupferne   ,,   20 m ,,   ,,   4 cm.

Bei der Abkühlung tritt entsprechende Zusammenziehung ein. Diese Bewegungen beanspruchen das Dichtungsmaterial namentlich der Flanschen stark. Bei langen Leitungen ist es daher ratsam, nach abwärts führende Doppelbogen etwa alle 20 m in die Leitung einzusetzen, durch deren Elastizität die Längsbewegungen unschädlich gemacht werden, ebenso die Veränderungen der Längendimension, welche durch verschieden dicke Verdichtungen, Einpassen von Ersatzteilen usw. entstehen.

Dampfleitungen werden den Mauern oder Dachunterzügen entlang in der Höhe geführt, um den Leerlauf zu ermöglichen und Beschädigungen, denen sie am Boden naturgemäß ausgesetzt wären, zu vermeiden. Die Stränge sollen in genügender Entfernung von den Mauern gehalten werden, um das Anziehen der Schrauben zu ermöglichen.

Bei langen Leitungen (und hauptsächlich bei Heizrohren) ist an dem der Entnahme aus dem Verteilungsrohr entgegengesetzten Ende ein Luftventil (Abb. 62) nötig. Es schließt durch eigenes Gewicht, entsprechend etwa ½ Atm. Druck (Federdruck ist zu vermeiden) und durch den Dampfdruck; es öffnet sich bei der durch die Kondensation des Dampfes entstehende Luftleere und gleicht die andernfalls entstehenden Beschädigungen der Dichtungsstellen aus.

Hauptbedingung der Anlage ist möglichst vollkommene Einheitlichkeit aller Leitungselemente nach dem System und nach der Größe in dem Sinne, daß nicht zu viele Abstufungen gemacht werden. Wenn irgend tunlich, sollen Wasser- und Dampfleitungen nach dem gleichen System angelegt werden. Billigere Reparaturen, leichter Ersatz und Ausnützung etwa überzählig gewordener Teile sind die Vorteile davon. Es sei z. B.

das Entnahmerohr auf dem Kessel . . . 3″ engl.
so ist das Verteilungsrohr . . . . 5″   ,,
die Leitungsstränge . . . . 3″   ,,
größere Abgaben . . . . 2″   ,,
kleinere Abgaben . . . . 1″   ,,

Gute **Isolierung** der Rohrstränge zur Vermeidung von Wärmeverlusten ist unerläßlich. Eine Rohrleitung, 50 m lang, 2″ engl. weit voll Dampf bloßliegend, verliert

stündlich bei Gewinderohren etwa   8676 Kal. = 13,5 kg Dampf
  ,,   ,, Gußrohren   ,,   11411   ,,   = 17,5 kg   ,,
stündliche 13,5 kg Dampf sind etwa jährliche   44 550 kg Dampf
  ,,   17,5 kg   ,,   ,,   ,,   ,,   55 750 kg   ,,

Die Wärmeschutzmittel vermindern je nach ihrer Isolierfähigkeit und der Dicke der Umhüllungsschicht diesen Verlust bis auf $^1/_5$; sie sollen folgende Ansprüche erfüllen:

1. Große Isolierfähigkeit.   3. Billige, einfache Montage.
2. Leichtes Gewicht.   4. Dauerhaftigkeit.
5. Widerstand gegen die Einflüsse der Färberei und Bleicherei.
6. Sie dürfen die Rohre nicht angreifen.

Da nun aber die Haltbarkeit der Wärmeschutzmittel bis zu einem gewissen Grade im umgekehrten Verhältnis zu ihrer Isolierfähigkeit steht, so sind nach jeder Richtung vollkommene Wärmeschutzmittel nicht bekannt. Die schlechtesten Wärmeleiter, also die besten Wärmeschutzmittel, sind im allgemeinen die tierischen Faserstoffe: Federn, Seide, Haare, fettfreie Wolle. Nach diesen kommen die pflanzlichen Faserstoffe: Baumwolle, Stroh, Zellulose, Torf, Kork und die künstlichen Erzeugnisse aus Kork. In dritter Reihe stehen die pulverförmigen Stoffe pflanzlichen und mineralischen Ursprungs: Holzasche, Kieselgur, Sägemehl, Kokspulver, Schlackenwolle. Endlich kommen die plastischen Kompositionen aus den vorstehend erwähnten mit tierischen, pflanzlichen und selbst erdigen Bindemitteln, sowie diese letzteren: Lehm, Kalk, Gips allein oder mit wenig Haaren vermengt. Die wichtigsten Isoliermaterialien verhalten sich wie folgt:

Seidenabfälle: in Bänder oder Zöpfe geflochten, verhalten sich:
Zu 1. gut.   Zu 2. gut.
Zu 3. gut; einfaches Umwickeln.
Zu 4. Nach und nach tritt ein Mürbewerden und Zerfall ein.
Zu 5. Feuchtigkeit, welche begierig aufgenommen wird, vermindert die Isolierfähigkeit erheblich; ist durch geteerten Packleinwandüberzug zu sichern.

Verschiedenartige Mischungen, die als Hauptbestandteile Lehm (Ton) mit Asche, Sägespäne, Korkabfälle und Haare enthalten, und die man sich billig selbst herstellen kann:
Zu 1. gut; dicke Lage ist nötig.
Zu 2. ziemlich schwer bis schwer.
Zu 3. befriedigend; Aufstreichen in einer Anzahl übereinanderliegender dünner Lagen.
Zu 4. wenn die klebende Masse genügend vertreten ist, gut.
Zu 5. gegen Feuchtigkeit und Abbröckeln mit Teer anstreichen, oder besser, mit geteerter Packleinwand umwickeln.
Zu 6. ziemlich gut.

Asbestabfälle und Kieselgur mit Klebmitteln (Ton, Mehlbrei u. a.), zum zäheren Zusammenhalt mit Haaren, zum Erzielen geringeren Gewichtes mit Sägespänen vermischt:
Zu 1. gut.   Zu 3. Aufstreichen in Lagen.
Zu 2. ziemlich schwer bis schwer.   Zu 4. gut.

Zu 5. Umhüllen oder wenigstens Anstrich nötig.

Zu 6. ziemlich gut.

Kieselgurschnur. Kieselgur in billigen Baumwollschlauch eingefüllt:

Zu 1. gut.   Zu 5. umhüllen nötig.

Zu 2. sehr gut.   Zu 6. sehr gut.

Zu 3. gut.

Zu 4. ziemlich gut; der Schlauch verkohlt mit der Zeit.

Korkformstücke. In jeder Hinsicht ausgezeichnet und bewährt, Umhüllen ist nicht nötig.

Es ist vorteilhaft, alle Leitungsrohre mit einem kräftigen Anstrich von Mennige mit Leinöl verdünnt zu versehen; ein solcher erhöht die Isolation und schützt das Rohr. Es kann auch graue Ölfarbe oder schwarzer Asphaltlack verwendet werden.

Kondenswasser-Ableiter und -Abscheider.

Diese Apparate dienen dazu, das sich in den Dampfleitungen bildende Kondenswasser und das aus dem Kessel mitgerissene Wasser fortzuschaffen, ohne jedoch dem Dampf selbst Austritt aus der Leitung zu gewähren.

Die Kondenswasserableiter oder Kondenstöpfe befinden sich am Ende einer Leitung, während die Kondenswasserabscheider in der Mitte einer Dampfleitung eingeschaltet sind, um das Dampfwasser abzuführen.

Bei sehr verschiedenartigen Konstruktionen der Kondenstöpfe liegen drei wesentlich verschiedene Systeme zugrunde, nach denen das den Wasseraustritt regulierende Ventil betätigt wird. Erstens durch das Gewicht des Kondenswassers, zweitens durch die Auftriebkraft dieses Wassers und drittens durch die Ausdehnung von Metallen durch die Wärme des Dampfes.

1. In dem Kondenstopf (Abb. 63) schwimmt, so lange der Wasseraustritt unterbrochen ist, ein leerer Topf. Bis nahe dem Boden des offenen Topfes führt von oben her ein zentralstehendes Rohr, das dem Wasser

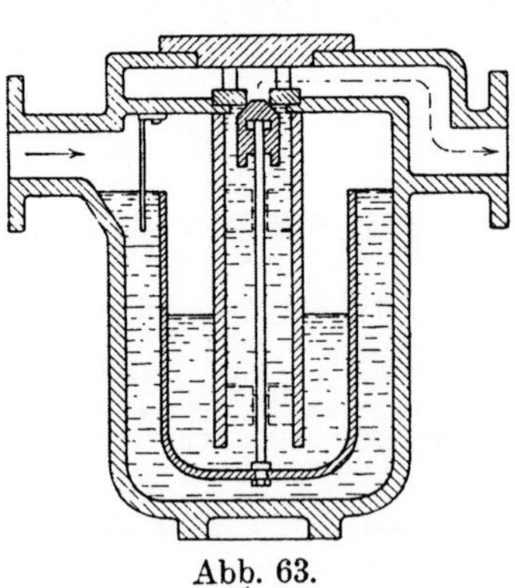

Abb. 63.

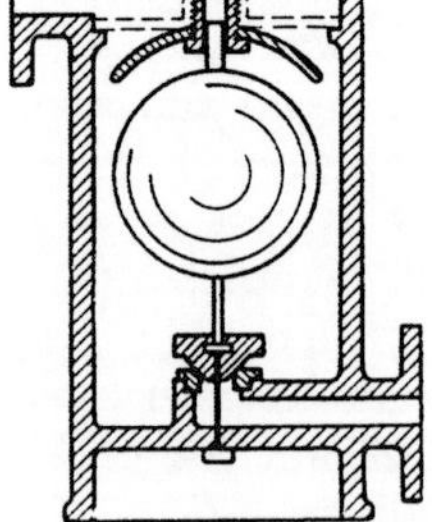

Abb. 64.

Austritt ins Freie gewährt unter Passierung eines in dem Deckel des Apparates befindlichen Ventils. Der Ventilkörper folgt den Bewegungen eines durch das zentrale Rohr hindurchgehenden Stabes. Bei zunehmendem Wasserstande in dem Ableiter wird sich schließlich das Wasser in den Topf ergießen, ihn füllen, zum Sinken bringen und dadurch mittels des sich senkenden Stabes das Ventil öffnen, durch welches nun das unter dem Dampfdrucke stehende Wasser ins Freie befördert wird, bis der Topf soweit entleert ist, daß er, dem Auftrieb folgend, sich hebt und durch den Stab das Ventil schließt.

2. Die durch Auftrieb den Wasseraustritt ermöglichenden Ableiter sind konstruktiv das umgekehrte Prinzip der ersten Art (Abb. 64). Hier ist ein am Boden des Topfes befindliches Ventil mit einer Hohlkugel, dem geschlossenen Schwimmer, verbunden, das bei wenig Wasser auch geschlossen ist; bei zunehmendem und steigendem Wasserstande erleidet der Schwimmer einen Auftrieb, dessen Kraft das Ventil öffnet, das Wasser austreten läßt und sich wieder schließt, wenn die Wassermenge bis zu einem bestimmten Grade abgenommen, d. h. der Schwimmer bis zu diesem Punkte gefallen ist. Um größeren Druck zu überwinden, kann die Schwimmerbewegung der Hohlkugel mittels Hebelkonstruktion auf das Ventil übertragen werden.

3. Die dritte Art der Ventilbewegung geschieht durch ein in einem Kondenstopfe befindliches System von Metallstäben, die in gebogener Form so miteinander verbunden sind, daß sich die durch die Wärme des Dampfes geltend machende Ausdehnung der einzelnen Stäbe addiert und daher groß genug wird, um ein mit dem untersten Stabe in Verbindung stehendes Ventil geschlossen zu halten (Abb. 65). Bei Füllung des Topfes mit Kondenswasser, das ja kälter als der Dampf ist, ziehen sich die Stäbe zusammen und öffnen das Ventil.

Kondenswasserabscheider (Abb. 66) sind Gefäße sehr verschiedenartiger Ausführung, welche den Dampf zwingen, bei einem nicht verringerten Gesamtquerschnitt gegen Flächen zu strömen, an die das kondensierte Wasser anprallt, worauf es, dem Gesetze der Schwere folgend, nach dem tiefsten Teile des Gefäßes fällt, um von dort aus zu dem Dampfwasserableiter geführt zu werden, während der entwässerte Dampf den Dampfwasserabscheider an seiner höchsten Stelle verläßt.

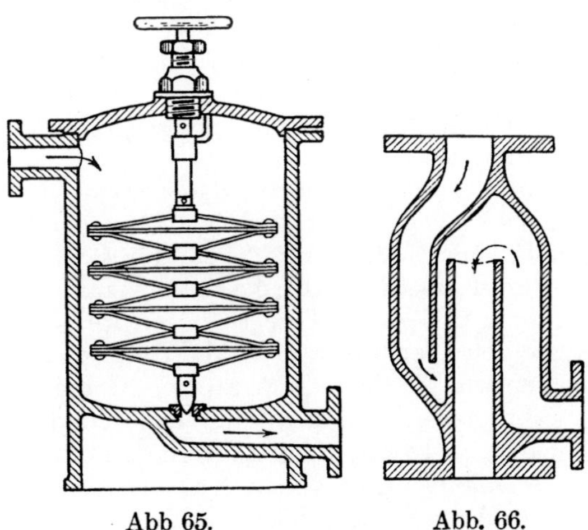

Abb 65.   Abb. 66.

So einfach diese Hilfsapparate dem Grundsatze nach arbeiten, so bilden sie in Betrieben oft den Gegenstand von Ärger und Verdruß. Die Rolle, die diese Apparate spielen, sind in ihrer Bedeutung auch nicht zu unterschätzen. Das Versagen bedeutet zum Teil Arbeitsstörung deshalb, weil das im Topfe zurückbleibende Kondenswasser die Dampfleitung allmählich anfüllt und abkühlt. Und da ein anhaltendes Austreten von Dampf bei einem sich nicht selbsttätig schließenden Ventil Dampfverlust bedeutet, so müssen die Dampfwasserableiter einer ständigen Kontrolle unterliegen. Als sicherste und bequemste Kontrolle kann diejenige gelten, wenn man das Kondenswasser aus den Ableitern frei austreten läßt und es durch einen Trichter der Kondenswasserzuleitung zuführt. Von Zeit zu Zeit — und zwar häufiger, als es in der Regel geschieht — müßten die Apparate nachgesehen und gereinigt werden, denn die in den Kondenstöpfen sich beständig ansammelnden Unreinigkeiten der verschiedensten Art werden jeden Mechanismus schließlich verschmieren. Aus diesem Grunde werden sich diejenigen Wasserableiter am besten bewähren, deren Konstruktion am einfachsten ist, und deren Ventile nicht beständig im Kondenswasser liegen. Am sparsamsten arbeiten die kontinuierlich wirkenden, die das wenig kondensierte Wasser sofort abgeben. Bei den periodisch wirkenden wird naturgemäß immer ein beträchtlicher Teil Dampf nach dem Wasser ausströmen, bis sich der die Schließung des Ventils bewirkende Zustand wieder eingestellt hat.

Die Kondenswasserableiter haben ihren Platz am Ende der Dampfleitungen, und deshalb gibt man, aber auch damit kein zurückfließendes Wasser Schläge in den Leitungen verursacht, den Dampfleitungen immer ein schwaches Gefälle in der Richtung des Dampfstromes.

Die Kondenstöpfe scheiden Wasser von 100° C, also mit sehr beträchtlichem Wärmeinhalt ab, das gleichzeitig absolut weich und meist rein ist; in sparsam arbeitenden Betrieben läßt man dies Wasser deshalb nicht in die Kanäle laufen, sondern benützt es für Färberei- oder für Kesselspeisezwecke.

Zur Verwendung für Färbereizwecke sammelt man das Wasser zweckmäßig in einem Hochreservoir, das wenige Meter hoch aufgestellt ist, und benützt meist den Dampfdruck, um das Kondenswasser hoch zu drücken.

Für Kesselspeisezwecke kann man das Wasser in einer Zisterne sammeln und durch eine tief gestellte Kesselspeisepumpe direkt in den Kessel pumpen, oder man kann automatische Kondenswasserrückleiter verwenden. Solche Apparate z. B. von Schiff & Stern, Körting u. a. m. arbeiten derart, daß das Kondenswasser einem tiefstehenden Apparat zuströmt, in diesem einen Schwimmer hebt und dadurch den Wasserinhalt unter vollen Kesseldruck setzt, der ihn in einem gleichartigen Apparat hebt, der über dem Dampfkessel steht. Auch in diesem wird das Kondenswasser automatisch unter vollen Kesseldruck gesetzt und fließt dann durch seine eigene Schwere in den Kessel. Die Apparate arbeiten sehr gut. Automatische Rückspeiseanlagen lassen sich auch durch elektrisch betriebene Zentrifugalpumpen herstellen. Man sammelt das Kondenswasser in einem Reservoir, und ein Schwimmer schaltet den Motor automatisch ein und aus.

Wasserleitung.

Die außerhalb der Gebäude liegende Leitung beginnt in den meisten Fällen beim Brunnen, Quellensammler, Weiher, Schacht oder einem eingedeckten Behälter. Alle gedeckten Sammler haben den Vorzug, die Entwicklung von Organismen, welche unter Umständen eine starke und schädliche Verunreinigung des Wassers verursachen, hintanzuhalten durch Abschluß des Lichtes und Verminderung des Luftaustausches. Leerlaufvorrichtung zum zeitweisen Reinigen ist notwendig. Die Außenleitung muß zum Schutz gegen Gefrieren und gegen andere mögliche Beschädigungen etwa 50—100 cm tief in den Boden gelegt werden. Zutage tretende oder ungenügend versenkte Röhren müssen isoliert werden. Umwickeln mit geteerten Strohzöpfen ist zweckmäßig.

Schmiedeeiserne Rohre werden seltener verwendet.

Gußeiserne Rohre mit Flanschen oder Muffen. Gebräuchlich ist, als Verdichtung der Muffen ein geteertes Stück Hanfseil nächst dem Wulst ringsum gleichmäßig einzulegen, den noch freien Rundraum mit Blei zu umgießen und das letztere mit stumpfen Meißeln in den Zwischenraum einzustemmen (Abb. 67). Im übrigen entsprechen die Teile den

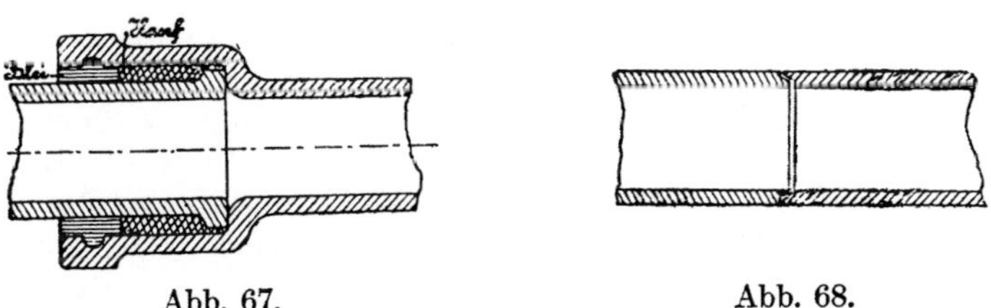

Abb. 67.   Abb. 68.

bei der Dampfleitung beschriebenen Elementen der Flanschengußrohre. Gegen Oxydation durchs Erdreich werden die eisernen Rohre durch Teeranstrich geschützt, der sich hierbei vorzüglich bewährt hat, während er bei Einfluß von Wärme und Licht ungeeignet ist und die Oxydation begünstigt.

Zementrohre eignen sich vorzüglich und sind für Außenleitung — wo nicht besonders hoher innerer Druck die Anwendung verbietet — am allergeeignetsten. Beim Verdichten wird die Fuge einfach mit zähem Zementbrei verstrichen (Abb. 68).

Rohe Tonrohre sollten lieber nicht verwendet werden; die glasierten Tonrohre werden besser durch Steingutrohre ersetzt. Muffenverdichtung erfolgt durch Ausfüllen des Muffenraumes mit Zementbrei.

Die Leitungen im Gebäudeinneren entsprechen ganz den Dampfleitungen. Zu Flanschendichtungen wird am besten nur geöltes Papier verwendet. Isolation ist erwünscht, da in mit Dampf erfülltem Raum die Rohrwandungen starke Kondensatoren bilden und dann immer tropfen.

Die Wärmeschutzmittel der Dampfrohre sind auch hier gut; es genügen schon Strohzöpfe mit geteerter Packleinwand umhüllt. Anstrich mit Leinölfirnis ist geboten.

Andere Rohrleitungen.

Das bei Dampf- und Wasserleitung Gesagte trifft in den meisten Fällen auch auf andere Rohrleitungen zu. Allgemeine Gesichtspunkte sind u. a. folgende. Die Leitungen sollen frei und bequem zugänglich angelegt sein, etwas von der Wand entfernt. Die Rohre sind in gewissen Abständen mit blind verschraubten Reservestutzen zu versehen, welche zu jeder Zeit und ohne Umständlichkeiten eine Rohrverlängerung oder -abzweigung gestatten. Alle Leitungen sollen ein wirklich genügendes Gefälle nach der passenden Richtung hin haben. (Bei Gasleitungen ist dies unnötig und oft unmöglich.) Das Gefälle ist besonders bei im Freien liegenden Leitungen notwendig, um Einfrieren im Winter zu verhüten. Da das Leitungssystem einer neuzeitlichen Großfärberei und -bleicherei sehr vielseitig ist, empfiehlt es sich, die einzelnen Leitungen für Brunnen-, Regen-, Kondens-, gereinigtes Wasser, Dampf, Vakuum, Preßluft, Soda-lösung, Seifenlauge usw. in verschiedenen Farben anzustreichen, um sie auf diese Weise nötigenfalls schnell und sicher zu unterscheiden. Die Abflußleitungen für Kondens-, Kühlwasser usw. liegen naturgemäß so tief wie möglich, damit spätere Anschlüsse immer angebracht werden können. Im allgemeinen ist zu empfehlen, alle Abwässer sichtbar, etwa durch Anbringung von Trichtern, in die Hauptleitung eintreten zu lassen, was für die Überwachung der Arbeitsvorgänge von großem Vorteil ist. Da Druckluft stets Feuchtigkeit mit sich führt, sind die Leitungen vor Frost zu schützen. Die Luftfeuchtigkeit verursacht auch Rosten der Leitungen im Inneren. Hiergegen sind dieselben Maßregeln zu ergreifen wie bei Dampf- und Wasserleitungen. Ferner sind Druckluftleitungen mit Manometern zu versehen; Vakuumleitungen sind besonders sorgfältig abzudichten. Während sich bei Druckleitungen Undichtigkeiten durch heraustretendes Wasser, Dampf und durch Geräusch verraten, werden bei Saugleitungen Undichtigkeiten nur an dem Fallen des Manometers erkannt, und das Auffinden der undichten Stellen verlangt große Aufmerksamkeit. Es ist deshalb zweckmäßig, daß die Saugleitungen in gewissen Abständen Hähne führen, so daß durch deren abwechselndes Schließen der Leitungsteil erkannt wird, in dem sich die undichte Stelle befindet. Bisweilen läßt sich dann die undichte Stelle durch aufmerksames Hinhören entdecken, indem hierbei ein schwaches Geräusch bemerkt wird. Wenn dies nicht zum Ziele führt, befeuchtet man das ganze Rohr strichweise mit Wasser: das Geräusch wird dann verstärkt und ein Einsaugen des Wassers beobachtet. Wenn das alles nicht zum Auffinden der lecken Stelle führt, müssen sämtliche Verbindungen frisch verdichtet werden, bis das Vakuum wieder anhält.

Außer den bei Dampfleitungen erwähnten gußeisernen, schmiedeeisernen und Kupferröhren sowie den bei Wasserleitungen erwähnten Zement- und Tonrohren kommen gelegentlich auch noch Bleirohre vor. Sie dienen besonders zu den Zwecken, in welchen chemische Indifferenz des Bleies — z. B. gegen stark saure Lösungen, Schwefelsäure, Chlor u. ä. in Betracht kommt. Sie kommen u. a. besonders im modernen Seidenfärbereibetriebe zur Leitung von Chlorzinn vor, welches Blei in nur sehr geringem Grade angreift, und wo Bleirohre vor Tonrohren u. a. den Vorzug der Biegsamkeit und Unzerbrechlichkeit gegenüber Stoß haben. Gepreßte Bleirohre sind den gezogenen vorzuziehen, da sie dichter und frei von Höhlungen sind. Die handelsüblichen Abmessungen der Bleirohre sind 10—80 mm lichte Weite, mit dem Durchmesser entsprechenden, verschiedenen Wandstärken von 2,5—7,5 mm. Der Preis der Bleirohre richtet sich nach dem jeweiligen, stark schwankenden Bleipreise. Innen oder außen verzinkte Rohre sowie innen und außen verzinnte kosten entsprechend mehr. Hartbleirohre sind gleichfalls teurer. Blei- und Kupferrohre stellten sich früher ziemlich gleich im Preise wegen der verschiedenen spezifischen Gewichte beider Metalle, und weil die Wandungen der Bleirohre viel stärker als die der Kupferrohre sind.

Für manche Zwecke verwendet man auch Eisenrohre, die homogen verbleit sind und die die Festigkeit des Eisens mit der chemischen Widerstandsfähigkeit des Bleies vereinigen. Für Warmluftleitungen (Luftheizungen) verwendet man gern ausgesparte Betonkanäle oder auch gemauerte Kanäle, Betonplatten u. a. m.; für kleinere Querschnitte und zum Aufhängen im Raum auch Blechrohre, die durch öfters erneuerte Rostschutzfarbanstriche vor dem Verrosten geschützt werden müssen.

Schläuche.

Schläuche sind biegsame Rohre von Hanf, Gummi, Leder oder Metall und finden teils als solche Verwendung, teils als Rohrverbindungen für vorübergehende Zwecke. Infolge der bequemen Handhabung leisten sie sehr gute Dienste und werden nicht selten auch da verwendet, wo sie durch starre Rohrleitungen ersetzt werden könnten, in Vergleich zu welchen sie als wesentlich kostspieliger bezeichnet werden müssen. In Anbetracht ihrer Verletzbarkeit sind alle Schläuche immer sorgsam zu behandeln und vor dem Brechen in acht zu nehmen. Knicke in den Schläuchen müssen stets vermieden werden. Nach dem Gebrauch sind sie, wenn sie nicht immer demselben Zwecke dienen, gut zu reinigen oder auszuspülen und zusammengerollt in kühlem, feuchtem und dunklem Raum aufzubewahren.

Metallumflochtene Schläuche dienen zur Leitung von Dampf, Wasser, Säuren und Gasen. Lederschläuche sind aus besten ausgewaschenen und besonders hergerchteten Häuten hergestellt und durch Kupfernieten zusammengefügt. Metallschläuche bestehen aus einem schraubenartig aufgerollten Metallband, dessen Ränder beweglich, aber dicht ineinandergreifen und zur sicheren Abdichtung zwischen den Rändern mit schmalem Asbest- oder Gummiband ausgekleidet sind. Sie besitzen eine große Widerstandsfähigkeit und können für Drucke bis 300 Atm. hergestellt werden. Hanfschläuche werden für Betriebszwecke nur selten verwendet, da sie nässen, wenn sie trocken gewesen sind und keine große Widerstandsfähigkeit gegenüber chemischen Einflüssen besitzen.

Transmissionen.

Wellen. Als Material dient gewöhnlich Schmiedeeisen; für auf Verdrehung beanspruchte Wellen eignet sich besonders Walzeisen oder Stahl und für solche auf Biegung beanspruchte (Scheiben, Riemen- und Seiltriebe) geschmiedeter Gußstahl. Die Festigkeit der Welle kommt in der Dicke zum Ausdruck und richtet sich nach den Pferdestärken, die von ihr in der Minute übertragen werden sollen. Schneller laufende Wellen können bei gleicher Beanspruchung leichter gebaut sein als langsamer laufende; letztere werden also billiger sein, müssen dafür aber sorgfältiger montiert und ihre Scheiben ausbalanciert werden, denn alle Ungleichheiten erhöhen mit der Steigerung der Geschwindigkeit die Erschütterungen. Eine sehr häufig angetroffene Umdrehungszahl ist 150 in der Minute.

Die Lagerlängen sollen nicht eingestochen, sondern möglichst durch heiß aufgemachte schmiedeeiserne Ringe eingeteilt, oder bei weniger heftigen Stößen in der Längsrichtung Stellringe angewendet werden. Keile sind, wo anwendbar, den konischen Keilbüchsen, Stellschrauben den Keilen vorzuziehen. Die Wellen müssen der Oxydation wegen unter Anstrich gehalten werden; allerdings gehen dann namentlich die Keilbüchsen schwer los. Die Keile dürfen keine Köpfe haben.

Fehler in der Wellenleitung sind mit der Wasserwage und dem Lote zu erkennen; sie machen sich bemerkbar an dem Warmlaufen (trotz genügender Schmierung), in dem Rücken der Kuppelungen und in dem Abspringen der Riemen, auch sieht man bei nicht zentralem Laufe der Welle dieselbe schon mit bloßem Auge „atmen". Sie können verursacht sein durch eine sorglose Aufstellung, durch Verbiegung, durch schlechte Befestigung der Lager, durch Sinken der Fundamente und durch Verschleiß der Zapfenlager und Lagerschalen, die ihrerseits durch das Gewicht der Welle, die Art der Schmierung u. a. abgenutzt werden können.

Folgende Tabelle gibt einen Anhalt zur Ermittlung des Wellendurchmessers in mm für gegebene Pferdestärken und Umdrehungszahlen.

Pferde-Stärken	Minutliche Umdrehungen													
	50	60	70	80	90	100	120	140	160	200	250	300	350	400
1	50	45	45	45	40	40	40	35	35	35	35	30	30	30
2	55	55	50	50	50	50	45	45	40	40	40	35	35	35
3	60	60	55	55	55	50	50	50	45	45	40	40	40	40
4	65	65	60	60	55	55	55	50	50	50	45	45	40	40
5	70	65	65	60	60	60	55	55	55	50	50	45	45	45
6	75	70	65	65	65	60	60	55	55	50	50	50	45	45
7	75	75	70	70	65	65	60	60	55	55	50	50	50	45
8	80	75	70	70	70	65	65	60	60	55	55	50	50	50
9	80	75	75	70	70	70	65	65	60	60	55	50	50	50
10	85	80	75	75	70	70	65	65	60	60	55	55	50	50
16	95	90	85	85	80	80	75	70	70	65	65	60	60	55
20	100	95	90	85	85	85	80	75	75	70	65	65	60	60
25	105	100	95	90	90	85	85	80	80	75	70	65	65	60
30	110	105	100	95	95	90	85	85	80	75	75	70	65	65
40	120	110	105	105	100	100	95	90	85	85	80	75	70	70
50	120	115	110	110	105	105	100	95	90	85	85	80	75	75
100	145	140	135	130	125	120	115	115	110	105	100	95	90	85

Kuppelungen. Schalenkuppelungen mit Schrauben sind nicht zu empfehlen; wenn sich die letzteren lösen, so reiben sie die Keilnut aus, und die ganze Verbindung wird lotterig; aufgetriebene Ringe sind zuverlässiger. Der Nachteil bei beiden besteht darin, daß die Schalen ein gleich weites Loch an der Drehbank erhalten, während es fast nicht möglich ist, die beiden zu verbindenden Wellenenden genau gleich dick zu erhalten.

Scheibenkuppelungen (Abb. 69) sind am besten zu empfehlen; ungleich dicke Wellen können damit verbunden werden; die Keile werden vom Wellenende nach der Außenseite der Kuppelung getrieben und können sich deshalb nie lösen. Die zur Verbindung nötigen Schrauben müssen versenkt oder überdeckt angeordnet werden.

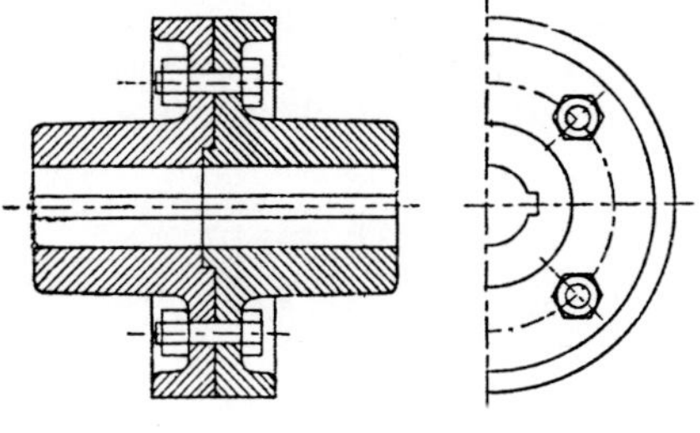
Abb. 69.

Von den Ausrückkuppelungen ist das Zahnsystem (Klauenkuppelung) nicht zu empfehlen, weil ihre Funktionen stoßweise beginnen oder aufhören, und die dadurch entstehenden Schläge die Transmissionsanlage schädigen. Sie sind nur für unbedeutende Kraftübertragung verwendbar.

Die Friktionskuppelungen (Abb. 70) vermeiden den gerügten Übelstand, sobald eine einfache und dauerhafte Konstruktion geboten

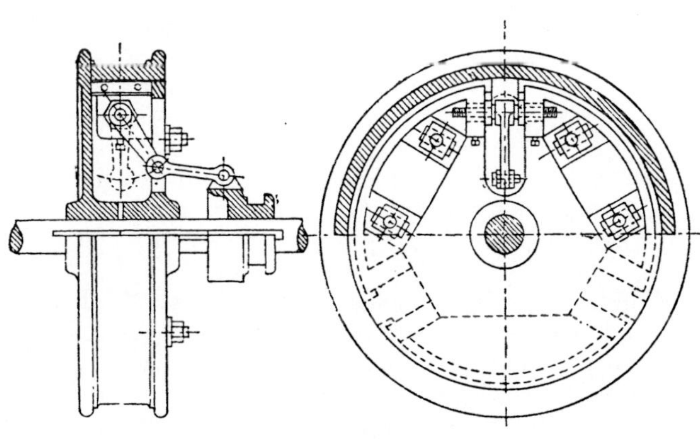
Abb. 70.

wird. Zum Ausrücken einzelner Transmissionsstränge oder Maschinen (mit Vermeidung der Riemen-, Voll- und Leerscheiben) bieten sie erhebliche Vorteile.

Die **Lager**. Als Material der Schalen eignet sich für billige Anlagen Weißmetall vorzüglich, ausgenommen da, wo Stöße wirken; Gelbmetall ist überall anwendbar. Sellerslager (Abb. 71 a—b) (schmiedeeiserne Welle in Gußschalen laufend; dazu ist eine lange und bewegliche, kugelförmige Schale unerläßlich) bewähren sich ebenfalls; dabei ist mehr Schmiermaterial nötig. Die Schalendeckel sind abgeschrägt oder nach innen abgepaßt aufzusetzen, so daß kein Schmiermaterial bei der Schalenfuge austreten kann. Die Verbindung des Supports mit dem Rumpfe bei Steh-, Wand-, Säulen- und Hängelagern muß eine begrenzte Bewegung in der Längsrichtung des Stranges und senkrecht zu dieser gestatten, so daß bei der Montage ein leichtes Einstellen in die Richtungsachse möglich ist. Die Tropfeinrichtung zum Auffangen des ablaufenden Schmiermaterials ist für die Zwecke der Textilindustrie möglichst groß und so zu wählen, daß mit Sicherheit alles Schmiermaterial aufgefangen wird; es bilden sich in mit Dampf erfüllten Betriebsräumen viel mehr Tropfen als bei trockenen Betrieben. Gußeiserne Schalen widerstehen am besten den erwähnten Einflüssen; die Befestigung am Support muß dauerhaft, ein Umkippen unmöglich sein.

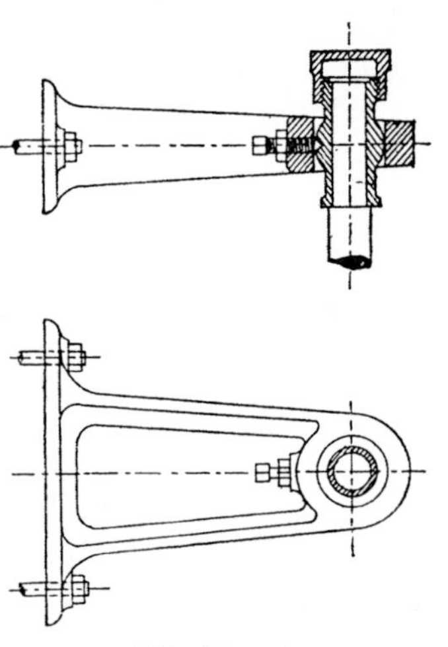

Abb. 71 a—b.

Moderne Transmissionen arbeiten mit Ringschmierlagern (Abb. 71, h, i), die wenig Bedienung verlangen, Öl sparen und sehr betriebssicher sind.

Bei Ringschmierlagern besitzt die untere Lagerhälfte eingegossene Hohlräume, in denen ein ausreichender Ölvorrat enthalten ist, die obere Lagerschale ringförmige Nuten. In diesen bewegt sich ein Metallring, der ausreichend Öl aus dem Ölbehälter mitnimmt. Es wird also immer die gleiche Menge Öl den zu schmierenden Stellen zugeführt, wodurch höchste Betriebssicherheit mit größter Sparsamkeit im Ölverbrauch verbunden ist.

Bei langsam laufenden Wellen in Räumen, in denen Flüssigkeiten auf die Lager spritzen können, wählt man Lager mit Konsistentfettschmierung, da diese Lager und Welle sehr schützen.

Riemenscheiben (Abb. 72) sollen, wenn irgend tunlich, nur zweiteilig verwendet werden. Abstreifen oder Versetzen ist bei dem meist auftretenden Rosten und dem die Welle bedeckenden unerläßlichen Anstrich bei ganzen Rollen sehr schwierig. Des geringeren Gewichtes und des billigeren Preises wegen sind die zweiteiligen schmiedeeisernen Scheiben allen anderen vorzuziehen; bis zur Übertragung von 4 Pferdekräften genügt bei ihnen einfaches Aufschrauben der genau eingepaßten Nabe ohne Keil. Gewölbte Kranzflächen verhindern das Abfallen der Riemen und sind den flachen vorzuziehen.

An die Riemen stellen wir die Anforderung

1. guter Adhäsion (glatte Oberfläche und Geschmeidigkeit),
2. genügender Zugfestigkeit (geringer Ausreckung im Betrieb),
3. Dauerhaftigkeit,
4. Widerstand gegen die Einflüsse der in Frage kommenden Betriebe.

Die Lederriemen guter Fabrikation, d. h. aus den passenden besten Hautteilen geschnitten, richtig gegerbt und gestreckt, erfreuen sich mit Recht großer Beliebtheit, sie verhalten sich:

Zu 1. gut; die Geschmeidigkeit ist durch mäßiges Einfetten wäh-

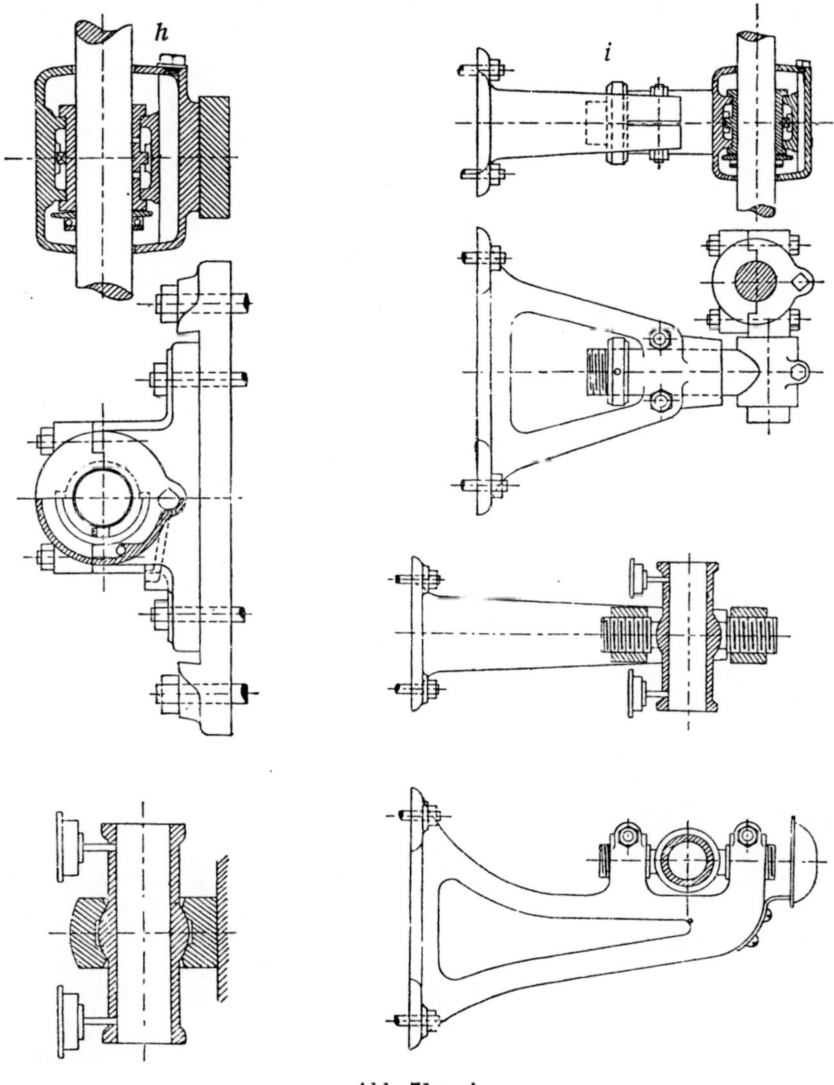

Abb. 71 c—i.

rend des Betriebes zu erhalten. Zu diesem Zweck werden vielerlei, zum Teil recht gute Massen in den Handel gebracht.

Zu 2. gut.

Zu 3. gut.

Zu 4. Gegen Laugen empfindlich, ebenso gegen hohe Temperaturen; wo solche Einflüsse bestehen, soll anderes Material verwendet werden. Gegen die Einflüsse der Nässe werden geölte Riemen hergestellt und in den Handel gebracht.

Gummiriemen.

Zu 1. sehr gut.

Zu 2. gut.

Zu 3. befriedigend; die einzelnen abwechselnd aus Gummi und Gewebelagen bestehenden Schichten blättern mit der Zeit gern auf.

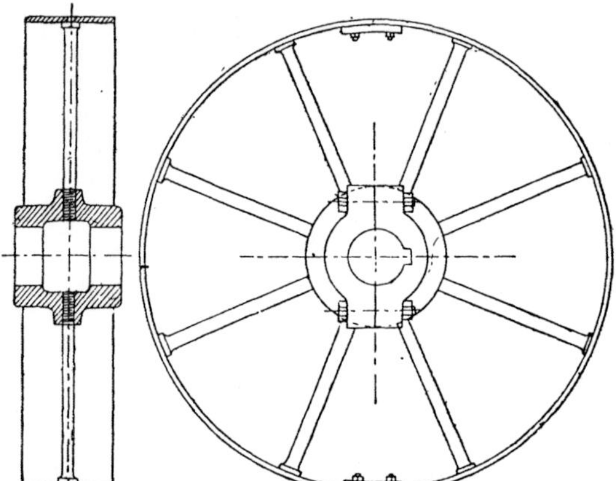

Abb. 72.

Zu 4. Gegen hohe Temperaturen empfindlich.

Haarriemen.

Zu 1. gut.   Zu 2. gut.

Zu 3. gut.

Zu 4. Gegen Laugen empfindlich.

Baumwollriemen, gurtartiges dünnes Gewebe.

Zu 1. sehr gut.

Zu 2. Kaum genügend, strecken sich bedeutend.

Zu 3. Hinter Lederriemen zurückstehend.

Zu 4. gut; die gewöhnlich angewendeten Anstriche mit Mennige-Leinölfirnis sind besser als bloßes Einfetten.

Baumwollriemen, dochtartig gewebt, verhalten sich ganz ähnlich, Zugfestigkeit ist genügend groß.

Baumwollriemen, aus mehreren übereinander genähten Stofflagen bestehend, sind brauchbar, stehen aber Gummi-, Leder- und Haarriemen nach. Die Ausreckung bei allen Arten ist anfänglich groß, so daß dieselben (mittels Riemenspannern) sehr straff aufgelegt werden müssen.

Riemenverbindungen. Leimung der Lederriemen paßt für dampferfüllte Betriebe nicht. Von Näh- und Binderiemen sollen nur lohgare und keine alaungegerbten verwendet werden.

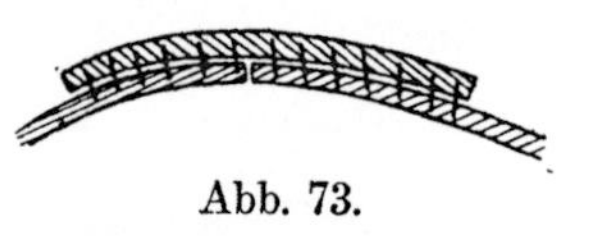

Abb. 73.

Gummi-, Haar- und Baumwollriemen werden am besten mit übergelegter Platte aus dem gleichen Riemenmaterial vernäht (Abb. 73). Metallische Verbinder sind stark der Oxydation unterworfen; Nieten, Haften, gezahnte Platten mit und ohne Gelenk passen nur für Lederriemen.

Schrauben und Klemmplatten können bei jedem Material verwendet werden.

Zahnräder sind möglichst zu beschränken; sie sind zweiteilig anzuwenden und erhalten gute Stärke, weil die Abnützung der Kämme bei den fraglichen Betrieben eine große ist (zwischen die Zähne schlägt sich Feuchtigkeit nieder und wäscht das Schmiermaterial aus). Selbstverständlich dürfen nur Eisen- und Holzzähne zusammenlaufen. Für Kämme (Holzzähne) ist

    Buchsbaumholz vorzüglich,

    Weißbuchenholz sehr gut, auch

    Apfelbaum, Platane und Akazie

geben gute Kämme; längeres Einlegen in Öl erhöht die Widerstandsfähigkeit der letzteren bedeutend.

Riemenbetrieb ist in der Anlage billiger und in der Unterhaltung kaum teurer als Räderbetrieb. Reparaturen der Kammräder sind teurer und leicht betriebsstörend. Die Transmissionen werden durch das höhere Gewicht der Räder mehr belastet, der Kraftverlust ist so groß wie bei den Riemen und die Reibung bedeutend, da die Zähne nie vollkommen ineinanderfassend herzustellen sind. Das einfache Abwerfen der Riemen gestattet die Außerbetriebsetzung einzelner Stränge, bei Zahnrädern müßten zu diesem Zweck ausrückbare Kuppelungen eingeschaltet werden.

Schmiervorrichtungen. Für schwere Transmissionen und überall, wo die betreffenden Apparate angebracht werden können, kann das Schmieren mit konsistentem Fett demjenigen mit Öl vorgezogen werden. Der Verbrauch ist ein sparsamer, das Tropfen geringer als bei Öl, Verharzen ist bei einem richtigen Fett ausgeschlossen, ebenso das Gefrieren. Öl mit niedrigem Siedepunkt verdampft bei etwa heiß laufendem Lager, und seine Rückstände vermehren dann die Reibung und Erhitzung; konsistentes Fett sollte nicht unter 100° C schmelzen und verdampft erst bei einer wesentlich höheren Temperatur als die üblichen Schmieröle. Wo der Schmierapparat direkt

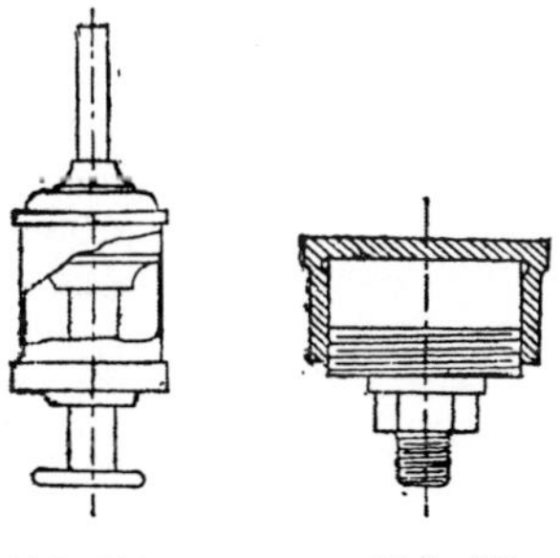

Abb. 74.   Abb. 75.

auf den Lagerdeckel aufgesetzt werden kann, sind sebsttätige Büchsen zu empfehlen (Abb. 74). An Orten, wo Zuleitung (z. B. durch Röhrchen) des Fettes nötig ist, sind Staufferbüchsen (Abb. 75) am Platz; die letzteren gehören auch überall an die Leerrollen.

Allgemeines über Transmissionen.

Eine gute Transmissionsanlage ist ebenso nötig wie ein vollendeter Motor. Sie darf nur wenig Kraft für sich selbst in Anspruch nehmen, muß dabei kräftig genug und möglichst billig in der Anschaffung sein. Aus den verschiedenen Bauarten sind demnach diejenigen auszuwählen, welche bei gleicher Dauerhaftigkeit das geringste Gewicht haben, vor allem bei den die Drehbewegung mitmachenden Teilen. Das größere Gewicht erfordert mehr Kraft und verursacht größere Reibung; es sind also zu wählen bzw. zu beachten:

    Schmiedeeiserne Wellen statt gegossener;

    Keile sparen so viel als möglich, keine Keilbüchsen;

leichte Kuppelungen (Scheibenkuppelungen);
schmiedeeiserne, zweiteilige Riemenscheiben;
Riemenbetrieb statt Zahnräder.

Bei den in Ruhe bleibenden Lagern ist geringes Gewicht in der Regel gleichbedeutend mit billigem Preis, weil die Transmissionsteile meist nach dem Gewicht gekauft werden, und nur die Maschinenfabrikanten Interesse daran haben, schwere Konstruktionen zu liefern. Der billige Preis hängt im weiteren mit der billigen Herstellung beim Erzeuger zusammen. Da ist zu verlangen, daß alle Gußteile möglichst fertig aus der Form kommen und nur Unvermeidliches gebohrt, gedreht und poliert werden muß. Die derart „rohen" Teile sind auch widerstandsfähiger gegen Oxydation. Ein Anstrich (Leinöl mit Mennige) ist für alle Transmissionsteile unerläßlich mit Ausnahme der Stellen, wo Reibung und Adhäsion tätig sind.

Die Anlage soll möglichst so durchgeführt sein, daß die Stränge mit dem größten Kraftbedarf den Motoren am nächsten liegen. Wenn erreichbar, so sind weite (lange) Kraftleitungen zu vermeiden; mit deren Ausdehnung wächst die Reibung und der Kraftverlust.

Womöglich erhält jeder Verteilungsstrang seine Bewegung unmittelbar vom Motor aus. Die Riemenübertragung ist bereits als die zweckmäßigere bezeichnet, und es kann von derselben die beliebige In- und Außerbetriebsetzung der einzelnen Stränge ohne Zuhilfenahme von ausrückbaren Kuppelungen beansprucht werden. Dazu eignet sich am besten die Aufstellung des Motors in der Mitte der verschiedenen Trans-

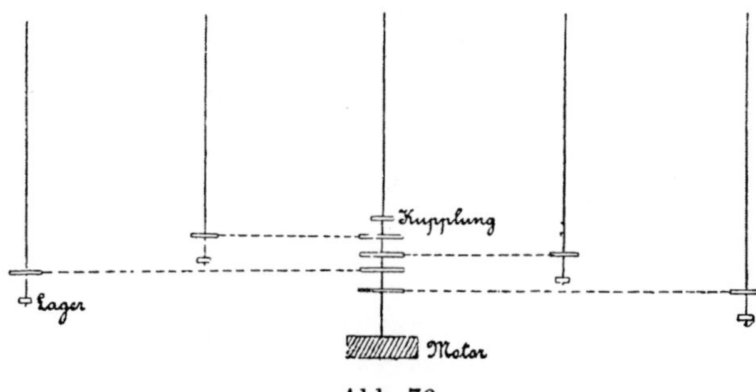

Abb. 76.

missionsstränge (Abb. 76). Von ihm aus geht ein Stück Hauptwelle, welches bestimmt ist, die Abgaberiemenrollen hintereinander zu tragen.

Damit keine Kreuzung der Riemen mit zwischenliegenden Transmissionssträngen stattfinden kann, sind dieselben gegen den Motor zu ungleich lang, so daß die zunächst der Hauptwelle liegenden die kürzesten und die folgenden länger sind. Die Riemenscheiben sitzen in Abstufungen, sie laufen niemals „fliegend", sondern der Strang beginnt immer, vom Motor aus gerechnet, mit einem Lager. Ist eine Fortsetzung der Hauptwelle als Transmissionsstrang notwendig, so wird dieser mit einer ausrückbaren Kuppelung (Friktionskuppelung) angeschlossen. Ebenso werden neue Gruppen von Transmissionssträngen gebildet, wenn der

Riemen zu lang ausfallen würde, indem von der Hauptwelle auf eine Nebenhauptwelle (mit Kuppelungsanschluß) übertragen und von da aus weitere Stränge versehen werden. Eine andere Anordnung ist für Winkeltriebe sehr praktisch; sie wird da gut passen, wo der Motor an einem Ende der Anlage und senkrecht zu den Transmissionssträngen steht. Die Hauptwelle geht dabei senkrecht zu allen Strängen durch das Gebäude, soweit Kraft abgezweigt wird. Die Übertragung findet durch Kegelräder statt; das Abgaberad wird mit einer Friktionskuppelung versehen, um unabhängige In- und Außerbetriebsetzung des einzelnen Stranges zu ermöglichen.

Die Stränge folgen am besten der Richtung der Shedunterzüge, an denen sie aufgehängt, oder besser, an deren Tragsäulen sie befestigt werden, wo solche vorhanden sind; Hängesupports bieten nie den gleich festen Halt; sie federn stets mehr oder weniger.

Die Stränge müssen genau parallel untereinander und ebenso genau wagerecht liegen. Abweichungen beeinträchtigen die Räder- und Riemenübertragung, die Räder „stoßen" und zeigen bedeutende einseitige Abnützung der Zähne, die Riemen haben auf der einen Kante mehr, auf der anderen weniger zu „ziehen", arbeiten daher unregelmäßig und gleiten gern über die Rolle herunter, die Lagerschalen werden einseitig abgenutzt, die Supports in ihrer Befestigung gelockert und Schmiermaterial vergeudet. Unrunde, exzentrische Aufkeilung von Riemenscheiben und Rädern bringt die gleichen Nachteile.

Einheitliche Anlage gestattet übersichtlichen Betrieb, vorteilhaftere Reparaturen und bessere Wiederverwendung überflüssig werdender Teile. Dazu gehört auch gleiche Tourenzahl der Stränge oder Gruppen. Die Geschwindigkeit der Hauptwelle ist vom Motor bedingt, diejenige der Stränge wird passend gleich 100—120 Touren in der Minute gewählt. Die Einheitlichkeit ermöglicht, alle Abgaberollen oder -räder der Hauptwelle gleich zu nehmen, ebenso alle Aufnahmerollen oder -räder unter sich. Sie wird gleiche Wellen, Keile, Kuppelungen, Lager, Riemenbreiten, Kämme und das Halten von Ersatzstücken für jedes Element gestatten.

Wasserleitungen, die tropfen, sollen nicht über Getriebe und Riemen geführt werden, Dampfleitungen nicht die Riemen entlang; die Wärme trocknet jedes Material aus und vermindert seine Geschmeidigkeit. Unter die Riemen in dampferfülltem Betriebe wird vorteilhaft ein Schutzbrett befestigt, welches die aufsteigenden Dämpfe abhält und den Riemen vor Feuchtigkeit schützt.

Schwieriger gestalten sich die Verhältnisse, wo diese einheitliche Anordnung der Transmission nicht möglich ist, sondern sich z. B. einzelne Transmissionsstränge im rechten Winkel schneiden; man ist dann genötigt, Winkelzahnräder zu verwenden oder Tangentialriemenleiter. Entfernungen, welche über den zulässigen Antrieb für Riemen hinausgehen, werden durch Seiltriebe überwunden. Alle diese Hilfsmittel fressen Kraft, beanspruchen viel Raum und geben doch keine volle Freiheit in der Aufstellung der Arbeitsmaschinen; die Schwierigkeiten wachsen mit der Größe des Betriebes, schon die langen Transmissionsstränge sind schwerer herzustellen und führen häufig zum Warmlaufen einzelner Lager.

Elektrischer Antrieb. Im Hinblick auf die zuletzt genannten Schwierigkeiten hat sich der elektrische Antrieb immer mehr durchgesetzt. Motore werden in jeder Stärke und mit jeder Tourenzahl von etwa 500 bis 2000 Touren und darüber geliefert. Man kann dabei zwei Hauptverwendungsarten unterscheiden: 1. den Einzelantrieb, bei dem jeder Motor nur eine Maschine antreibt, 2. den Gruppenantrieb, bei dem jeder Motor einen oder mehrere Transmissionsstränge antreibt, von denen aus dann die eigentlichen Maschinen angetrieben werden.

Der Einzelantrieb gibt vollkommene Freiheit, die Maschinen so aufzustellen, wie es der Betrieb verlangt, ohne an den Antrieb selber denken zu müssen. Der Kraftverbrauch ist sehr sparsam, da jeder Motor nur so lange läuft, als die betreffende Maschine benutzt wird, jeder Kraftverlust durch Transmissionen fällt fort. Dank der Regulierbarkeit der Tourenzahl der Elektromotore kann man die Geschwindigkeit jeder Maschine nach Belieben einstellen, was für Druckmaschinen, Trockenmaschinen u. a. m. von großem Wert ist. Ein Nachteil sind die hohen Anschaffungskosten, da für jede Maschine ein Motor nötig ist, ebenso die ungünstige Belastung der Motoren. Jeder Motor muß so stark sein, daß er auch bei höchstem Kraftbedarf (z. B. beim Anlauf von Zentrifugen) durchzieht; er wird dann im laufenden Betrieb vielleicht nur halb belastet laufen, wodurch kein günstiger Nutzeffekt aus dem Motor herausgeholt wird. Der Einzelantrieb kommt daher nur für einzelne Maschinen, wie Zentrifugen, Färbeapparate in der Garnfärberei, Druckmaschinen, Spannrahmen u. a. m. in Betracht. Dagegen wäre es falsch, in einer Stückfärberei jeden Jigger mit Einzelantrieb zu versehen.

Der elektrische Gruppenantrieb treibt eine Gruppe gleichartiger Maschinen und ermöglicht so eine einfache, übersichtliche Anlage aller Transmissionen bei gleichzeitiger bester Kraftausnützung (da man den Motor so groß wählt, wie er der Durchschnittskraftaufnahme aller Maschinen entspricht). Zeitweise eintretender höherer Kraftbedarf einzelner Maschinen gibt dann im Verhältnis zur Größe des Motors nur so kleine Stromstöße, daß dieselben vom Motor leicht aufgenommen werden. Die Transmissionsstränge werden kurz, die Antriebe einfach, und einer Verteilung in viele Einzelgebäude steht bei einer großen Anlage nichts im Wege.

In manchen Fällen wird man ein gemischtes System verwenden, also bestimmte Maschinen mit Einzelantrieb versehen, andere wieder mit Gruppenantrieb, und letzteren nach Bedarf unterteilen. Auf solche Weise kann man z. B. in einer Bleicherei die Sengmaschine mit Einzelantrieb versehen, alle Kocher zusammen mit einem Motor antreiben, ferner alle Bleichmaschinen, alle Appreturmaschinen usw. in je eine Gruppe zusammenfassen.

Bei der Anlage hat man sich zu entscheiden über Stromspannung und Stromart. Meist verwendet wird Gleichstrom von 110, 220, 440 Volt und Drehstrom von 110, 220, 500 Volt. Wird der Strom von auswärts bezogen, so steht aus Hochspannungsleitungen meist

hochgespannter Drehstrom zur Verfügung, der für den Betrieb in eine
der oben genannten Spannungen transformiert wird. Abgesehen hiervon ist für Kraftübertragung der Drehstrom an sich vorzuziehen, da
die hierfür bestimmten Motoren und Generatoren am einfachsten gebaut sind und keinen Kommutator haben, der ständige Wartung verlangt. Drehstrom ist ein Wechselstrom, der in drei Leitungen erzeugt
wird und bei dem jede Phase (gleich Welle, die das Ansteigen und Fallen
des Wechselstromes graphisch darstellt) gegen die andere um $\frac{1}{3}$ einer
Periode (gleich Wellenlänge) verschoben ist. Der ruhende Anker besteht
aus drei Gruppen von Spulen, die im Stern oder im Dreieck geschaltet
sein können. Die Spannung zwischen zwei Leitern heißt hierbei Hauptspannung; bei der Sternschaltung heißt die Spannung zwischen dem
zentralen Nullpunkt und einem Leiter Phasenspannung. Die Hauptspannung ist gleich der Phasenspannung mal 1,73. Die elektrische
Leistung wird in Watt gerechnet. Bei Gleichstrom ist 1 Watt gleich
1 Volt mal 1 Ampère. Bei Drehstrom ist die Anzahl Watt gleich Voltzahl mal Ampèrezahl (einer Leitung) mal 1,73 mal $\cos \varphi$. Wobei $\cos \varphi$
der Leistungsfaktor, im Durchschnitt 0,8 ist. 1 Kilowatt = 1000 Watt
= 1,36 PS = 75 mkg/sk, 1 PS ist demnach gleich 0,736 Kilowatt. Die
ganzen Anlagen wie Generatoren, Transformatoren, Schalteinrichtungen,
Leitungen usw., die sämtlich den Verbandsvorschriften entsprechend ausgefuhrt werden müssen, können hier nicht einzeln besprochen werden.
Dagegen sei einiges über die verschiedenen Motorentypen gesagt.

Bei Drehstrommotoren induziert der feststehende Teil (Stator)
Ströme im laufenden Teil (Rotor); daher kann das Anlassen durch einfaches Einschalten der Statorwicklung erfolgen. Da der Motor sofort
mit voller Tourenzahl anspringt, entstehen starke Stromstöße, die im
Netz störend wirken. Aus diesem Grunde ist dieses Verfahren nur für
kleine Motoren zulässig. Diese einfachsten, sogenannten Kurzschlußmotoren kommen für Einzelantrieb von Meßmaschinen, Nähmaschinen,
Zughaspeln u. a. m. in Betracht (Größe bis etwa 2 Kilowatt).

Etwas größere Kurzschlußmotoren können verwendet werden, wenn
man den Stator durch Anwendung von Sterndreieckschaltern derart
schaltet, daß er in der Anlaßperiode im Stern, während des Betriebes
in Dreieckschaltung arbeitet. Hierdurch wird der Stoß beim Anlaufen
vermindert, so daß solche Motoren für Größen von 2—5 Kilowatt gebaut werden können.

Noch größere Motoren werden mit Schleifringanker gebaut, wodurch
es möglich wird, den Rotorstrom durch einen Widerstand zu führen
und durch langsames Verringern des Widerstandes ein langsames Anlaufen zu erzielen. Dadurch bleiben Stromstöße auch bei ganz großen
Motoren in zulässigen Grenzen.

Man unterscheidet 1. Anlaßschleifringanker (bei dem die Bürsten
die auf den Schleifringen aufruhen, abgehoben werden können und gleichzeitig der Rotor kurzgeschlossen wird) und 2. Regulierschleifringanker
(bei denen die Bürsten dauernd auf den Schleifringen ruhen). Bei Regulierschleifringankern kann der Widerstand dauernd geschaltet bleiben
und dadurch eine Regulierung der Tourenzahl vorgenommen werden.

Der Motor kann hoch gestellt werden (da man ihn zum Anlassen nicht zu erreichen braucht), und man kann die Drehrichtung durch entsprechende Schaltung ändern und für Pumpen Ventilatoren usw. Fernanlasser einbauen. Für gewöhnliche Zwecke, wenn der Motor bequem erreichbar ist, verwendet man jedoch Anlaßschleifringanker, da bei ihnen keinerlei Bürstenersatz in Betracht kommt und eingeschaltete Widerstände (im Rotor) den Nutzeffekt verschlechtern. Die Spannung betreffend ist zu bemerken, daß 220 Volt noch als Niederspannung, während 500 Volt bereits als Hochspannung gilt, daher entsprechend besser isolierte Leitungen, Schalter usw. verlangt. Man wird daher zu 500 Volt nur dort übergehen, wo die Länge der erforderlichen Leitungen sehr groß ist. Der Leitungsquerschnitt berechnet sich nach der Stromstärke (Ampèrezahl), die die Leitung durchläuft. Die Kraftübertragung ist dem Produkt aus Volt und Ampère proportional, so daß sich bei gleichem Leitungsquerschnitt bei 500 Volt mehr als die doppelte Energie übertragen läßt, als bei 220 Volt. Ebenso ist die Wahl zwischen 110 und 220 Volt durch die Länge der Leitungen zu bestimmen.

Wo elektrische Energie zur Verfügung steht, wird man auch elektrische Beleuchtung verwenden. Hierfür zieht man niedrige Spannungen vor. Drehstrom von 110 oder 220 Volt ist hierfür geeignet; die Lampen müssen zwischen je zwei Leitern brennen, und es ist wichtig, die Lampen so zu verteilen, daß alle drei Leiter gleichmäßig belastet sind.

Drehstrommotoren sind einfach in der Wartung, sehr betriebssicher und billiger als Gleichstrommotoren, so daß man überall da, wo man die Wahl hat und wo nicht die nachfolgend erörterten Gesichtspunkte für Gleichstrom entscheidend sind, Drehstrom für Kraftübertragung vorziehen wird.

Als Gleichstrommotor für den Antrieb von Ausrüstungsmaschinen kommt zunächst der normale Nebenschlußmotor in Frage; er stellt gewissermaßen das Gegenbild der Gleichstromdynamomaschine dar. Diese besteht aus einem ruhenden Elektromagnet, dem Felde und einem in diesem rotierenden Anker, der aus lauter Drahtschleifen besteht. Letztere sind auf der einen Seite des Ankers herausgeführt und mit Kupfersegmenten verbunden, die ihrerseits durch Glimmer voneinander isoliert sind.

Die Kupfersegmente bilden den Kommutator oder Kollektor, auf dem Kohlebürsten schleifen, die den Strom abnehmen. Die Bürsten werden von Bürstenhaltern getragen und federnd an den Kollektor angepreßt. Von den Bürstenhaltern wird der Strom zu den Klemmen der Maschine geführt. Bei den Nebenschlußdynamos liegt die Feldwickelung, die den Elektromagnet erregt, im Nebenschluß zu dem von den Klemmen abgehenden Hauptstrom. Die erste Erregung bei Dynamos erfolgt durch den remanenten Magnetismus des weichen Eisenkerns. Bei einem Gleichstrommotor wird dem rotierenden Anker durch die Kohlenbürsten Strom zugeführt und so die gleiche Kraft abgegeben, die die Maschine als Dynamo zur Stromerzeugung verbrauchen würde. Zum Anlassen benutzt man Widerstände, die vor den Hauptstrom geschaltet werden, der den Anker durchläuft und die daher bald kurz

geschlossen werden und nur kurze Zeit unter Strom sind. Gleichstrommotore würden beim Einschalten ohne Anlasser zu hohe Stromstöße
auf das Netz geben. Ein wesentlicher Vorteil des Gleichstrommotors
ist seine leichte, nahezu verlustlose Regulierbarkeit der Tourenzahl durch
Feldschwächung. Man baut in den Nebenschluß, der zum Feldmagneten
führt, einen Widerstand ein und erzielt so eine Erhöhung der Tourenzahl bei geringem Stromverlust, da die Stromstärke im Felde überhaupt
gering ist.

Sonst sind Gleichstrommotore teurer als Drehstrommotore, kostspieliger in der Wartung (da die Kohlenbürsten zu ersetzen sind) und
der Kollektor öfters abgedreht werden muß, da sonst starke Funken-
bildung am Kollektor einen raschen Verschleiß herbeiführt. Der Gleichstrommotor ist wegen des Kollektors auch für Überlastungen empfind-
licher (Drehstrommotoren können je nach Dauer um 25—50% überlastet werden). Für reinen Kraftbetrieb ist Gleichstrom nur zu empfehlen, wenn eine genaue und billige Regulierung der Tourenzahl erforderlich ist, da derartige Drehstrommotoren (Drehstrom-Kollektor-
motoren) teurer als Gleichstrommotoren sind.

Die Wahl zwischen Drehstrom und Gleichstrom kann auch noch
durch folgende Gesichtspunkte bedingt sein: für elektrische Beleuchtung
ist Gleichstrom das Gegebene; man braucht sich nicht um die Belastung
der einzelnen Phasen zu kümmern, das Licht ist sehr schön. Für chemische Zwecke (Elektrolyser für Bleichereien) ist lediglich Gleichstrom
verwendbar. Endlich läßt sich Gleichstrom auch in Akkumulatorenbatterien aufspeichern (s. S. 129). Man kann daher bei einer eigenen kleinen
Wasserkraft aus Gleichstrom den größten Nutzen ziehen, indem man den
Nachtstrom zur Erzeugung von Bleichlauge verwendet oder in Akkumulatorenbatterien aufspeichert und so bei stärkster Belastung während
des Betriebes (z. B. während der Stunden mit künstlicher Beleuchtung)
eine Reservekraft gewinnt.

Was die Wahl der Spannung betrifft, so gilt für Gleichstrom das bei
Drehstrom Gesagte. Bei kurzen Leitungen und geringem Strombedarf
wählt man 110 Volt, bei größeren Anlagen höhere Spannungen. Für
Lichtanlagen ist die niedrigere Spannung vorzuziehen, da Lampen für
niedrigere Spannung billiger sind und längere Lebensdauer besitzen.

Heizung.

In den meisten Betrieben baut man keine besondere Heizung ein,
sondern begnügt sich mit der Wärmeabgabe, die durch den Betrieb und
dessen Einrichtungen selbst stattfindet. Solche Wärmequellen sind:

a) die Dampfleitungen und alle Gefäße und Maschinen mit Dampfheizung (Bäuch-, Extraktkessel, Brühbäder, Farbbäder, Kalander, Zylinder usw.);

b) das beschäftigte Personal;

c) die Beleuchtung, vom elektrischen Licht abgesehen.

Zur Erreichung einer vollkommenen Ventilation ist aber künstliche
Heizung unerläßlich.

Eine beliebte, praktische, dabei kostenlose Heizung wurde früher durch Hineinragenlassen des hinteren Teiles der Dampfkesseleinmauerung in kleineren Betrieben erzielt. Dies ist heute gesetzlich nicht mehr zulässig.

Ähnlich und bei kleineren Anlagen bewährt ist der Anbau des Kesselhauses an die Arbeitsräume, so daß beide nur durch eine vorschriftsmäßige Mauer getrennt sind; in der Mauer sind Öffnungen gelassen, welche im Winter mit einem angestrichenen Eisenblech dicht abgeschlossen sind, im Sommer isoliert werden (Abb. 78).

Ist Wärmezufuhr nötig, so hat man zwischen

    direkter Feuerung,

    Dampfheizung und

    Luftheizung

zu wählen. Die gewöhnlichen Öfen kommen außer Betracht. Eine Feuerung außerhalb der Betriebsräume mit durch die letzteren führendem und Wärme abgebendem Kanal für die Heizgase und den Rauch, wie sie für Trockenräume konstruiert wird, ist ebenfalls nicht anwendbar. Der Kanal wird zu heiß, muß groß sein und dem Boden nachgeführt werden, wo er zu viel Platz einnimmt und rasch zerstört wird.

Dampfheizung ist dort am Platze, wo die Heizkörper vor Bespritzen geschützt montiert werden können. Es können verwendet werden die üblichen gußeisernen Radiatoren, gußeiserne Rippenrohre oder glatte schmiedeeiserne Rohre. Im Verhältnis die größte Oberfläche bieten die Rippenrohre. Für Niederdruckheizungen kann man auch Blechrohre verwenden. Alle Rohre müssen mit rostschützenden Überzügen versehen werden.

Am besten, da gleichzeitig ventilierend und entnebelnd, ist die Warm luftheizung. Die Luft wird in einem geschlossenen Kasten mittels Dampf (in Rippenrohren) erhitzt, von einem Ventilator aus dem Kasten abgesaugt und in ein Netz weiter □-Holzrohre oder Blechrohre gepreßt, welche die Dachunterzüge (bzw. die Decke) des zu heizenden Raumes entlang führen und an passenden Stellen auf den Boden führende Abzweigungsrohre erhalten (Abb. 77). Nächst dem Boden ist zum Regulieren eine Klappe bzw. ein Deckel angebracht.

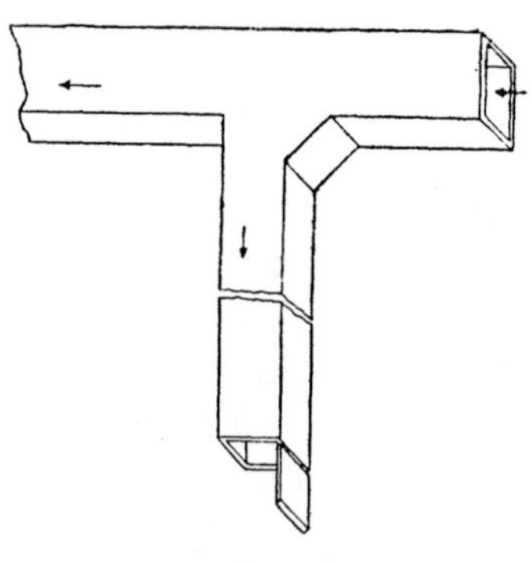

Abb. 77.

Vorteilhaft verwendet man die in den Kamin abgehenden Heizgase der Dampfkessel zur Erwärmung. Zwischen dem letzten Zug und Dampfkamin wird dann ein Kasten eingemauert, durch welchen eine Anzahl gußeiserner Rohre gelegt wird; die letzteren werden an ihrer Außenfläche durch die Heizgase erhitzt, so daß die vom Ventilator durchgesaugte Luft erwärmt wird. Der Ventilator kann bei mit dem Kesselhaus zusammenhängendem Gebäude einfach auf den Kessel montiert werden (Abb. 78 und 79). Das System kann durch Vermehrung der Lufterwärmung entweder mit direkter oder Dampfheizung verstärkt werden.

Zur Lufterhitzung können auch Röhrenkessel dienen, wobei die Luft durch Röhren geblasen wird, die von Dampf umgeben sind.

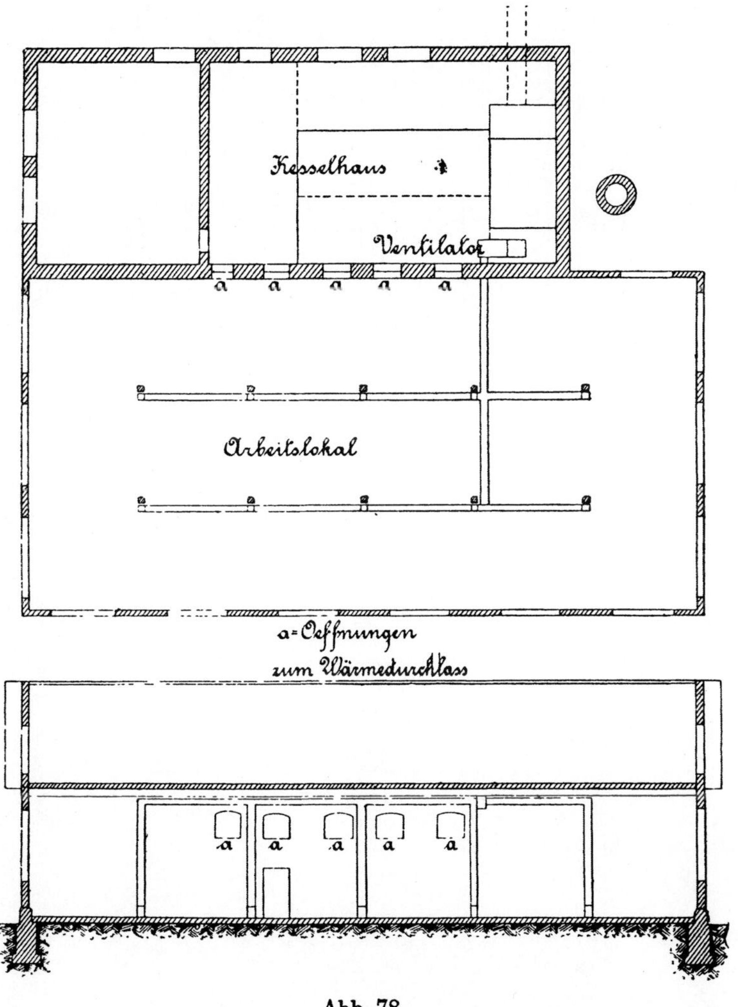

Abb. 78.

Die Wärmehaltung hängt von physikalischen Einflüssen und von den Eigenschaften der Einschließungsflächen des betreffenden Raumes ab. Jeder Körper läßt durch seine Masse Wärme hindurchtreten, aber in sehr ungleichem Maße; nachfolgend eine vergleichende Zusammenstellung:

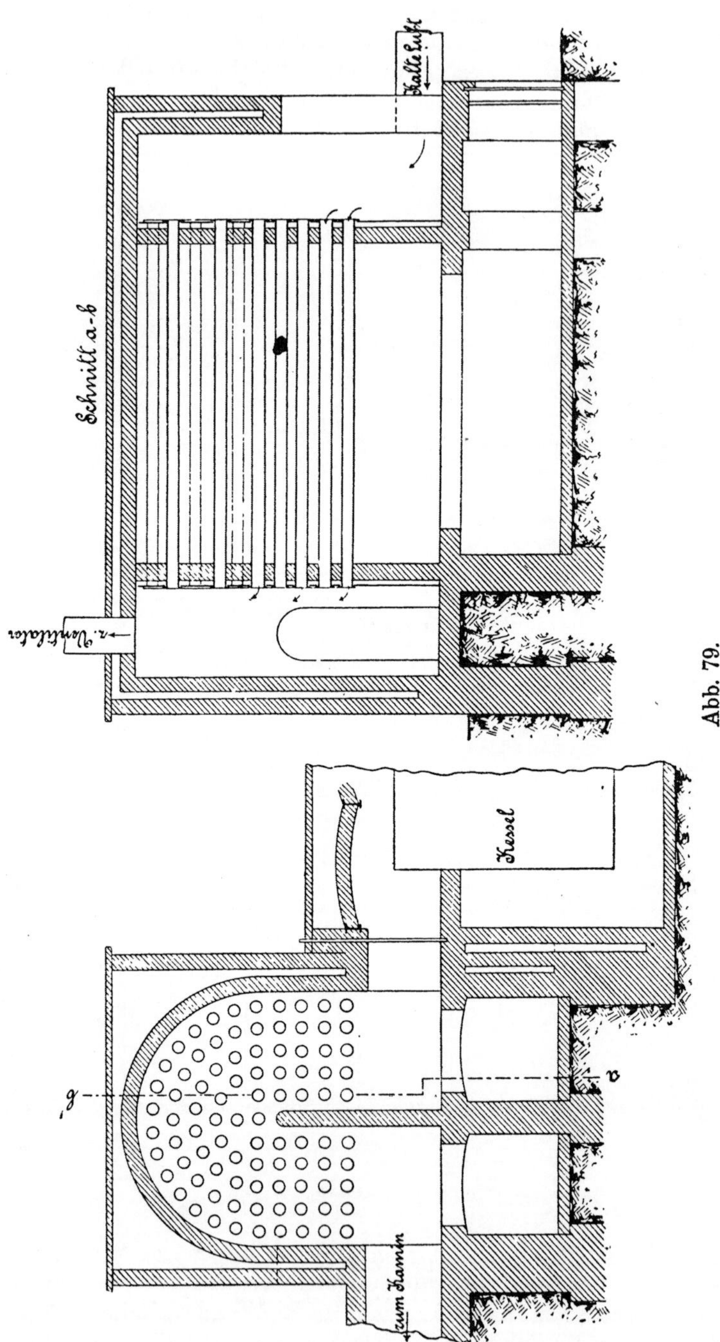

Abb. 79.

Wärmeverlust verschiedener Flächen auf 1 Quadratmeter und Stunde.

Art der Flächen	Kalorien bei einem Temperaturunterschiede von				
	1°	10°	20°	30°	40°
Luftschicht ruhig zwischen Wänden 6 cm dick	6	60	120	180	240
„ „ „ „ 14 „ „	2,57	25,7	51,4	77,1	102,8
„ „ „ „ 15 „ „	2,4	24	48	72	96
Holzwand, Holzverschalung, 15 cm Luftschicht, Holzverschalung	0,70	7	14	21	28
Holzfachwände mit Ziegelsteinausmauerung, 3 cm Luftschicht (Abb. 5)	2,10	21	42	63	84
Bruchsteinmauer 45 cm dick	1,35	13,5	27	40,5	54
„ 60 „ „	1	10	20	30	40
Backsteinmauer 30 cm dick, 6 cm Luftschicht	1,6	16	32	48	64
„ 50 „ „ 14 „ „	0,7	7	14	21	28
Türen doppelt	2	20	40	60	80
Fenster	2	20	40	60	80
Sheddächer { Holzbekleidung, 10 cm Luftschicht, Holzbekleidung, 3 cm Luftschicht, Bretterunterzug, 3 cm Luftschicht, doppeltes Ziegeldach	0,60	6	12	18	24
4 cm hohle Backsteinwand, 10 cm Luftschicht, Bretterunterzug, doppeltes Ziegeldach	1,30	13	26	39	52
dasselbe mit einer weiteren Luftschicht von 3 cm, eingeschobene Holzbekleidung	0,70	7	14	21	28

Zur Bestimmung der Größe einer Heizanlage ist zu berechnen:

1. Der stündliche Wärmeverlust durch Mauern und Dach bzw. Decke;

2. der Kubikmeterinhalt der zu heizenden Räumlichkeit, wobei die Erwärmung von 1 cbm Luft um 1° C den Bedarf von 0,307 Kalorien eingestellt erhält;

3. die Lufterneuerung durch etwaige Ventilation, Eingänge usw.

Die Summe der erhaltenen Kalorienzahlen gibt den Wärmebedarf an. Die Frage nach der Größe der Heizfläche, welche zu dessen Befriedigung nötig ist, löst sich durch Einstellung folgender Erfahrungszahlen:

1 qm Heizfläche für Luftheizung   liefert Kalorien 1500
1 qm   „   „ Dampfheizung „   „   1200
im Maximum in einer Stunde.

Ventilation.

Betritt man manche Arbeitsräume, so findet man in dem einen Raume die Luft mit Staub, in dem anderen mit schädlichen Dämpfen, Gasen usw. geschwängert, welche die Arbeiter notgedrungen einatmen müssen, wodurch ihr Gesundheitszustand und ihre Leistungsfähigkeit nachteilig beeinflußt werden. Besonders ungünstig liegen bekanntlich die Verhältnisse in chemischen Fabriken, Webereien, Appreturen und ähnlichen

Betrieben. Vor etwa 30 Jahren machte Finkelnburg in einem Vortrag (Zentralblatt für allgem. Gesundheitspflege 1890, Heft 1) die erschreckende Mitteilung, daß in Krefeld beispielswiese an Tuberkulose von den Webern 59%, von den Fabrikarbeitern in den Webereien 68%, von den Färbern 64% und von den Appreteuren 92% gestorben sind. Diese Zahlen ließen am deutlichsten erkennen, von welch zwingender Notwendigkeit es war, Räume, in welchen viele Menschen zusammenarbeiten, und in denen zudem die Luft noch durch die Fabrikationsvorgänge verpestet wird, gründlich zu ventilieren. Glücklicherweise liegen die Verhältnisse heute nach 30 Jahren ganz bedeutend besser, vor allem sind die Arbeiter durch die gewaltigen Lohnaufbesserungen in den Stand gesetzt, sich auch kräftiger und sachgemäßer zu ernähren, gesunder zu wohnen und dadurch ihren Körper widerstandsfähiger gegen alle Einflüsse schlechter Arbeitsräume zu machen. In Färbereien und Bleichereien liegen die Verhältnisse heute überhaupt in dieser Beziehung meist durchaus befriedigend; heute ist es hauptsächlich die Entfernung der Wasserdämpfe, des Nebels, welche sowohl den Fabrikbesitzern als auch den Gewerbeinspektionsbehörden fortgesetzt Schwierigkeiten macht. Man muß aber zugeben, daß letztere in dieser Beziehung mit ihren Anforderungen oft zu weit gehen.

In den letzten Jahren hat man gefunden, daß die Arbeiter in Wollfärbereien die gesündesten Leute sind und hat als Ursache die schwach saure Atmosphäre, in der diese Leute arbeiten, angenommen.

Die Ventilation kann nach zwei Grundsätzen geschehen:

1. durch „Pulsion", d. i. Einblasen von frischer Luft, und
2. durch „Aspiration", d. i. Absaugen verdorbener Luft.

Nach landläufigen Begriffen sollte da die beste Ventilation stattfinden, wo infolge undichter Wände usw. die Luft allseitig Zutritt hat, und dies mag in bezug auf bloße Lufterneuerung, aber auf Kosten der Heizung, seine Richtigkeit haben. Anders wird aber das Verhältnis, wenn die Heizung, und wieder anders, wenn noch die Dämpfeabfuhr berücksichtigt werden soll.

Wird ein Raum geheizt, so setzt das voraus, daß die Außenluft kälter ist als diejenige im Innenraum; die Zuführung der Außenluft muß regulierbar sein und in keinem höheren Maße stattfinden können, als der jeweilige Bedarf erfordert. Dazu sind vor allem dichte Außenwände und Bedachung nötig, und es dürfen auch hierfür diejenigen Konstruktionen als die besten empfohlen werden, welche den geringsten Wärmeverlust aufweisen. Für die Lufterneuerung ist es in gewisser Hinsicht gleichgültig, an welcher Stelle die verbrauchte Luft den Ausweg findet; ja, mit Berücksichtigung der schweren, beim Atmen ausgeschiedenen Kohlensäure wird häufig eine Abfuhr nahe dem Boden durch Hervorbringung eines kräftigen Abzuges mittels eines Kamines oder Ventilators gesucht. Für die Abfuhr der Dämpfe gibt es nur einen rationellen Weg, das ist eine genügend große Öffnung am höchsten Punkte des Raumes. Berücksichtigt man, daß

    1 cbm atmosphärische Luft . . . . 1,293 kg wiegt,
    1 cbm Dampf 0,6   kg   „

so ist klar, daß der letztere durch erstere rasch und senkrecht in die Höhe steigt und, wenn eine entsprechende Öffnung da ist, mit der gleichen Geschwindigkeit zum Raum hinauszieht. Jeder Dampfabzug muß deshalb möglichst senkrecht über der Dampfentwickelungsstelle stehen.

Das Kondensieren (Bildung von Nebel und Niederschlag) erklärt sich wie folgt:

1. Wird heißer Wasserdampf unter 100° C abgekühlt, so wird er wieder flüssig.

2. Es gibt aber auch Dämpfe, die weniger als 100° C heiß sind (nicht gespannt sind) und dennoch gasförmig bleiben; das ist der Wassergehalt der Luft. Die atmosphärische Luft ist befähigt, gewisse Mengen Flüssigkeit aufzunehmen, die je nach der Temperatur verschieden sind (s. w. u.)

Ein Raum begünstigt also um so weniger die Dampfbildung, je besser er geheizt ist, weil die erwärmte Luft imstande ist, mehr Dampf zu absorbieren als kalte Luft. Unter Heizen verstehen wir sowohl die Wärmeerzeugung als die -erhaltung. Es muß alles vermieden werden, was eine Abkühlung der Raumtemperatur herbeiführen könnte, so lange sich Dämpfe in dem Raum befinden.

Vor allem schädlich ist die Zufuhr kalter Luft, sei es durch Einblasen mittels Windflügel, sei es durch Öffnen von Zuglöchern an den Mauern (nahe dem Boden), angeblich, um den „Zug“ zu vermehren. Die Nebelbildung und die Kondensation auf kühlen Flächen nimmt in solchen Fällen erheblich zu; dagegen nimmt sie ab und ist die Wirkung eine verbessernde, wenn die eingeblasene oder einströmende Luft von höherer Temperatur ist, als die im Raum befindliche.

Die Dampfabfuhr muß demnach an den höchsten Punkten des Raumes stattfinden; sie ist am wirksamsten, wenn sie senkrecht über dem Dampfbildner steht und so der Dampf ungehindert abziehen kann. Dazu gehören in erster Linie genügend große Öffnungen. Zur Bestimmung von deren Größe müssen wir uns klar machen, daß 1 kg Dampf 1,7 cbm Raum erfüllt. Zur Beseitigung von z. B. 2000 kg Dampf (Inhalt eines Bäuchkessels oder dergl.) müssen also 3400 cbm weggeschafft werden, wozu etwa 4 qm Öffnung während 15 Minuten oder 12 qm Öffnung während 5 Minuten nötig sind.

Vielerorts werden gute Erfahrungen mit den Dachreitern gemeldet; immerhin begünstigen dieselben einen starken Wärmeabgang, auch dann, wenn sie — wie das stets sein sollte — mit von unten regulierbaren Klappläden verschließbar sind.

Ohne Warmluftzufuhr in den Raum sind Abzugskamine ungenügend, und wo Zufuhr von warmer Luft nicht beliebt ist, sind Dachreiter immer noch besser. Beim Etagenbau sind nur Kamine verwendbar. Der Dampfabzug der Kamine wird wesentlich verbessert, wenn dieselben nach oben in einem Winkel von etwa 3° divergieren. Kamine werden mit Doppelklappe (Abb. 80) verschlossen gehalten. Es wird häufig eine künstliche Ventilation durch Luftabsaugeapparate befürwortet; solche haben aber unverkennbare Nachteile. Die Leistung kann nicht nach Belieben vergrößert oder verkleinert werden, wie bei den einfach und zahlreich angebrachten Klappen. Sie benötigen Unterhalt, Kraft, Dampf- oder

Wasserdruck; sind also entweder von einem Motor oder einer Druckleitung abhängig. Geht der Dampf auf natürlichem Wege ab, so nimmt er wenig Luft mit fort, weil er durch die im Raum befindliche Schicht einfach hindurchzieht und sie ihrer Temperatur entsprechend sättigt. Künstliche Absaugung reißt bedeutende Mengen Luft mit fort, wodurch die Heizung verteuert wird und schädliche Abkühlung der Innentemperatur stattfindet. Das Einblasen von wärmerer Luft als diejenige im Raum ist sehr vorteilhaft, weil es die Temperatur erhöht und die Geschwindigkeit der abziehenden Dämpfe vermehrt. In wirksamer Weise wird dieses System mit der beschriebenen Luftheizung vereinigt, so daß bei örtlicher größerer Dampfentwicklung oder Nebelbildung im Raume die sämtliche Warmluft der Heizung an der betreffenden Stelle konzentriert und zur raschen Bewältigung des Übelstandes verwendet wird. Durch die in den hölzernen Ablaufkanälen befindlichen Klappen ist das leicht zu erreichen.

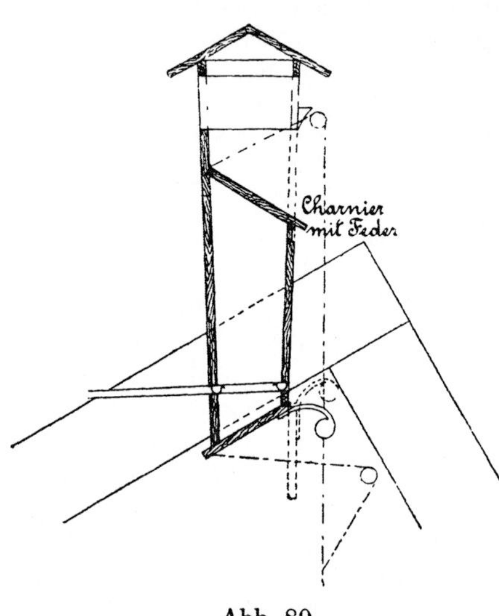

Abb. 80.

Eine richtige Anlage sucht schon von vornherein durch sachgemäße Aufstellung der mit Dampf arbeitenden Apparate oder Maschinen einer unnötigen Dämpfeentwicklung vorzubeugen. So ist es einzig richtig, die Abflüsse der Farb-, Bäuchkessel usw. nicht in das Gebäude selbst sich entleeren zu lassen, sondern dieselben durch geschlossene Rohre zum Raum hinauszuleiten und draußen der Kanalisation oder einem Behälter zu überlassen.

Eine Folge der Dampfausströmungen, ja selbst der mit Feuchtigkeit ganz gesättigten Luft ist der tropfenweise Niederschlag an kalten Gegenständen, z. B. Mauern, Wänden, Bedachung, eisernen Maschinenteilen und vor allem an den Wasserleitungsrohren. Durch die niedrigere Temperatur derselben wird die Luft ihrer Umgebung abgekühlt und gibt infolgedessen den Überschuß an Feuchtigkeit in tropfbar flüssiger Form ab.

Je besser Heizung und Dämpfeabfuhr eingerichtet sind, desto weniger tritt der Übelstand auf; ganz zu vermeiden ist er aber nicht. Seine Schädlichkeit ist an verschiedenen Stellen betont und wirkt

1. durch Zerstörung der Materialien (Lockern des Mörtels bei Mauern, Fäulnis des Holzes, Oxydation der Metalle);

2. durch Fleckenbildung; die Fäulnisprodukte des Holzes und die Oxydationsprodukte der Metalle werden von den Wassertropfen aufgenommen und bilden auf Farb- und Bleichgut Flecke (s. weiter unten Entnebelung).

Entnebelung.

Handelt es sich bei der Ventilation lediglich oder insbesondere um die Fortschaffung von als Nebel vorhandenem Wasserdampf oder anderen Dämpfen, so nennt man diese Anlagen Entnebelungs- oder Entdunstungsanlagen. Diese Entnebelung oder Entdunstung geschieht bei trockener, warmer Witterung durch direkte Zuführung der Außenluft mittels Ventilators in den oberen Teil des zu ventilierenden Raumes, wobei die Dünste und die Nebel durch die trockene Luft bis zu einem bestimmten Sättigungsgrade aufgenommen werden und mit derselben durch besonders angebrachte Öffnungen abziehen. Bei feuchter Witterung, insbesondere zugleich kalter Außentemperatur liegt die Frage viel verwickelter, doch ist eine befriedigende Lösung möglich.

Bei der Wichtigkeit der Frage lohnt es, in Kürze den gegenwärtigen Stand der Entnebelungsfrage darzulegen.

Wenn die Frage der Zweckmäßigkeit oder Notwendigkeit von Entnebelungsanlagen bejaht wird, hat man sich zunächst zu fragen, aus welchen Gründen dies geschieht, und welche Nachteile die Schwaden und Nebel in den Färbereibetrieben mit sich bringen, bzw. wie groß diese Nachteile für den Betrieb und die Arbeiter sind.

Vor allen Dingen ist zu betonen, daß die Schwaden und Nebel, welche die Arbeitsräume erfüllen, den Betrieb dadurch behindern, daß die Gesamtübersichtlichkeit über den Betrieb sehr leidet. Betriebsleiter, Meister, Vorarbeiter und Arbeiter haben ein verhältnismäßig geringes Übersichtsfeld; die Verteilung der Arbeit, die Überwachung der regelrechten Erledigung der Arbeiten u. ä. wird auf ein sehr Geringes vermindert, und die Wirtschaftlichkeit des Betriebes leidet hierdurch sicherlich. In zweiter Linie läuft die Ware Gefahr, durch die Dämpfe und Tropfenbildung beschädigt zu werden.

Ein weiterer Nachteil, welcher durch besonders starke Schwaden- oder Wrasenbildung entsteht, ist die Unsicherheit, mit welcher sich die Arbeiter in einem dampferfüllten Raume bewegen. Der Schwaden in den Färbereien nimmt mitunter eine Dichtigkeit und Undurchsichtigkeit an, daß selbst die Bogenlampen kaum zu erkennen sind. Infolgedessen können Unfälle durch Ausgleiten oder Verbrühen vorkommen. Unfälle aus solchem Anlaß, namentlich Knöchel- und Beinbrüche spielen in der Statistik der Textilberufsgenossenschaften eine nicht unerhebliche Rolle. Inwieweit sich aber die Unfälle auf den Schwaden zurückführen lassen, kann nicht mit Bestimmtheit gesagt werden, da bei der Art der Betriebstätigkeit, der Schlüpfrigkeit des Bodens namentlich in Wäschereien und Walkereien und der üblichen Fußbekleidung — den Holzschuhen —, wo es dem Fuße des Arbeiters an dem nötigen Halt fehlt, auch ohnehin Unfälle leicht vorkommen.

Man muß erwägen, daß sich jeder Mensch, insbesondere auch der Arbeiter, in bezug auf seine Arbeitsstätte sehr rasch an seine Umgebung gewöhnt, ihre Eigentümlichkeit schnell kennen lernt, Ungleichheiten des Fußbodens, der Ecken, Kanten usw. Mit Rücksicht darauf kann wohl gesagt werden, daß der größte Teil der Unfälle durch Straucheln nicht auf den Nebel zurückgeführt werden kann, besonders nicht bei erfahrenen, in ihrem Berufe geübten Arbeitern.

Ein weiterer Nachteil wird seitens der Gewerbeinspektionsbehörden in der Gesundheitsschädlichkeit der Nebel erblickt. Über diese Frage kann gleichfalls nichts Bestimmtes ausgesagt werden. Die Frage, welcher Gehalt der Luft an Feuchtigkeit für den Menschen zuträglich oder schädlich ist, ist durchaus nicht geklärt und wird wohl auch nie endgültig entschieden werden, weil dieser eine Umstand nicht allein maßgebend ist. Deshalb ist es auch erklärlich, daß einige Hygieniker der feuchten Luft den Vorzug geben, während andere die trockene Luft für besser halten. Die praktische Hygiene muß sich zurzeit damit begnügen, daß bei einem relativen Feuchtigkeitsgrad von 50—70% die meisten Menschen erfahrungsgemäß keine unangenehmen Einwirkungen wahrnehmen[1]). Wesentlich dabei ist die in den Arbeitsräumen herrschende Temperatur.

Die Praktiker verneinen teilweise die Schädlichkeit der mit Wasserdampf übersättigten Luft. So schreibt H. Lange in einer Denkschrift: „Nach meinen Erfahrungen, die sich auf eine mehr als 30jährige Praxis in Färbereien, Druckereien und chemischen Fabriken gründen, ist der in den Färbereien herrschende Nebel der Gesundheit der Arbeiter durchaus nicht schädlich. Ich selbst habe niemals irgendwelche durch denselben hervorgerufene gesundheitliche Belästigungen empfunden und habe auch von Arbeitern oder sonstigen in der Färberei tätigen Personen keinerlei Klagen in dieser Hinsicht gehört.“

Immerhin kann nicht bestritten werden, daß die Nebelbildung unter Umständen ungünstig wirken kann. Das haben alle Berufe gemein, daß die besondere Eigenart für besonders empfängliche Naturen Nachteile herbeiführen kann. Ein Gutachten der Rheinisch-Westfälischen Textilberufsgenossenschaft spricht in der Denkschrift den gleichen Gedanken aus: „So viel steht aber doch wohl fest, daß ebenso wie ein brustschwacher Mensch es vermeiden muß, bei einem Steinhauer oder in einer Mühle oder in einem Kohlenbergwerke zu arbeiten, eine mit Rheumatismus oder Gicht behaftete Person nicht in einer Färberei oder als Bau- oder Erdarbeiter arbeiten darf.“

Erscheint nach alledem die Forderung einer Entnebelung der Betriebsräume gewerberechtlich und gewerbehygienisch nicht begründet, so liegt sie vielmehr aus wirtschaftlichen Gründen im Interesse der Betriebsunternehmer selbst.

Theorie der Nebelbildung.

In der Atmosphäre ist immer Wasserdampf enthalten, und zwar in unsichtbarem, gasförmigem Zustande; bei Übersättigung ist der Wasserdampf in Gestalt feiner Tröpfchen sichtbar vorhanden; man nennt diese

---

[1]) Im Durchschnitt wird 40—60% rel. Feuchtigkeit als die für Wohn- und Arbeitsräume normale bezeichnet; doch auch 70% und mehr wird als zulässige obere Grenze bezeichnet. An der Riviera, also in einer bezüglich der gesundheitlichen Verhältnisse bevorzugten Gegend, liegt der Feuchtigkeitsgehalt zwischen 70 und 80% (Jahrbuch der Naturwissenschaften 1899-1900, S. 258). Die mittlere Luftfeuchtigkeit von Berlin beträgt etwa 70%.

Erscheinung dann Nebel, Dunst, Brodem oder Wrasen. Der Gehalt der Luft an Feuchtigkeit kann bezeichnet werden durch das Gewicht in Grammen des Dampfes, welcher in 1 cbm Luft enthalten ist; es ist dies der absolute Feuchtigkeitsgehalt. Das Verhaltnis der in dem Raume vorhandenen Dampfmenge zu der darin bei derselben Temperatur möglichen größten Menge nennt man die relative Feuchtigkeit.

Bei gewöhnlichem Atmosphärendruck beträgt das Gewicht des Dampfes in einem mit Wasserdampf gesättigten Raume von 1 cbm:

bei -30° C $= 0{,}46$ g	bei $+ 15^\circ$ C $= 12{,}76$ g
-20° C $= 1{,}06$ g	$+ 20^\circ$ C $= 17{,}18$ g
-15° C $= 1{,}57$ g	$+ 25^\circ$ C $= 22{,}87$ g
-10° C $= 2{,}30$ g	$+ 30^\circ$ C $= 30{,}13$ g
$- 5^\circ$ C $= 3{,}36$ g	$+ 35^\circ$ C $= 39{,}30$ g
0° C $= 4{,}88$ g	$+ 40^\circ$ C $= 50{,}77$ g
$+ 5^\circ$ C $= 6{,}80$ g	$+100^\circ$ C $= 589{,}59$ g
$+ 10^\circ$ C $= 9{,}37$ g	

Wird also beispielsweise Luft, welche mit Dampf gesättigt ist, von 40° auf 20° abgekühlt, so werden aus jedem Kubikmeter $50{,}77 - 17{,}18 = 33{,}59$ g Nebel oder tropfbar flüssiges Wasser ausgeschieden; wird mit Dampf gesättigte Luft von $- 10^\circ$ auf 25° erwärmt, so hat sie die Fähigkeit, $22{,}87 - 2{,}30 = 20{,}57$ g Wasser als Dampf aufzunehmen. Ebenso vermag z. B. ungesättigte Luft von 15° C mit einem Feuchtigkeitsgehalt von $6{,}38$ g $= 50\%$ rel. Feuchtigkeit bei gleichbleibender Temperatur noch weitere $6{,}38$ g Wasser als Dampf aufzunehmen.

Das spezifische Gewicht des Wasserdampfes ist $0{,}625$. Diese Zahl gilt sowohl für gesättigten als auch für ungesättigten Dampf. Unter gewöhnlichem Atmosphärendruck mischen sich Luft und Dampf gleichmäßig. Die Spannung des Dampfluftgemisches ist gleich der Summe der Spannungen des Dampfes und der Luft.

Durch die Forschungen über den Londoner Nebel ist es allgemein bekannt geworden, daß der Staub bei der Nebelbildung eine große Rolle spielt. Es wird dadurch erklärlich, daß, noch ehe die Sättigungsgrenze erreicht ist, Nebel auftreten können. Man wird solche zumeist als trockene Nebel empfinden. Wird nun bei steigendem Feuchtigkeitsgehalt das Staubkörperchen durch den auf ihm kondensierten Wasserdampf schwerer, umgibt es sich mit einer Wasserhülle, so wird der Nebel als nässender empfunden. Es gibt so von einer kaum sichtbaren Wasserausscheidung, einem leichten Dunst, bis zu dem als Regen niederfallenden Nebel eine ganze Reihe Abstufungen. — Außer den Staubteilchen haben auch elektrische Vorgänge Einfluß auf die Nebelbildung.

Verfahren zur Entnebelung, die auf Entziehung des überschüssigen Wasserdampfes beruhen. Zur Entziehung von Wasserdampf aus der Atmosphäre könnten hydroskopische Stoffe wie Schwefelsäure, Chlorkalzium, Natronkalk u. a. m. verwendet werden. Sobald aber in die Arbeitsräume immer wieder von neuem frischer Wasserdampf hineingelangt, ist ein solches Verfahren fruchtlos und das Verfahren deshalb für Färbereien praktisch nicht anwendbar.

Den weitesten Spielraum für die Entnebelung bietet geeigneter Luftwechsel, und zwar naturgemäß Ersatz der feuchten und nebeligen Luft durch trockene oder trockenere als die zu ersetzende. Betrachten wir die Frage der Lüftung eingehender.

Eine natürliche Lüftung kommt für die Entnebelung nur in Betracht, wenn die neu zuströmende Luft wärmer und trockener ist als die im Raum vorhandene, also bei mitteleuropäischem Klima nur im Sommer; es bietet keine Schwierigkeit, in dieser Jahreszeit auch ungünstig angelegte Betriebe nebelfrei zu halten. Nur in Zeiten besonders großer Dampfentwicklung, wie beim Öffnen unter Druck stehender Kocher, ist für kurze Zeit das Auftreten von Nebel nicht zu vermeiden. Jedenfalls wird auch beim Vorhandensein einer Entnebelungsanlage eine solche im Sommer außer Betrieb sein.

Günstig ist es für die Entnebelung durch natürliche Lüftung, wenn ausreichend groß dimensionierte Abzüge für die leichte, feuchte und warme Luft an der Decke des Raumes zur Verfügung stehen; diese bringt man am besten als Dunsthauben über den Dampf erzeugenden Stellen an. Eine Verstärkung des natürlichen Zuges durch Einbau von Ventilatoren oder Heizkörpern, um kaminartige Wirkungen zu erzielen usw., ist ohne Einrichtung einer richtigen Entnebelung nicht zu empfehlen, da dies in der kalten Jahreszeit durch Ansaugen kalter Luft direkt schädlich wirkt. So sind die oft in älteren Färbereien angebrachten Ventilatoren, die den Dunst hinausziehen sollen, meist nutzlos.

Künstliche Entnebelung. Wie vorstehend ausgeführt, genügt die natürliche Lüftung (und auch deren Verstärkung) nur bei warmer Außenluft; bei kalter Außenluft muß künstlich entnebelt werden; denn sogar nebelfreie warme Innenluft, die durch Färbebottiche usw. mit Wasserdampf gesättigt ist, wird mit kalter Außenluft Nebel bilden. Bei kalter Außenluft gibt es daher nur ein Mittel, die Innenluft bei ausreichender Temperatur so oft zu wechseln, daß sie das ganze Wasser in Dampfform mit sich wegführt. Beispielsweise möge bei einer Außentemperatur von -10° C in einem Raume von 10 000 cbm die ganze Luftmenge in der Stunde einmal erneuert werden und die gesamten Färbebottiche mögen in der Stunde 150 kg Wasser als Dampf abgeben; alsdann muß der Raum nebelfrei sein, da die abgehende Luft sich zuerst mit Wasserdampf vollkommen sättigen muß, bevor Nebel entstehen kann. 10 000 cbm Luft von -10° C (die angenommenerweise mit Wasserdampf gesättigt sind) enthalten nun 23 kg, die gleiche Luftmenge bei $+20^{\circ}$ C enthält im Zustande der Sättigung 171,8 kg Wasser; daher kann letztere 171,8 kg $-$ 23 kg $=$ rund 150 kg Wasser bis zur Nebelbildung aufnehmen und entweicht dann, mit Dampf vollkommen gesättigt, ins Freie, wobei sie in Berührung mit kalter Luft sofort Nebel bilden wird. Praktisch wird man nie so weit gehen, da sonst schon an der Decke durch Abkühlung Nebel und Tropfenbildung entsteht. Man begnügt sich vielmehr mit einem Feuchtigkeitsgehalt der Abluft von etwa 75% und braucht eine entsprechend größere Menge warmer Luft. Eine Entnebelungsanlage soll so reichlich bemessen sein, daß sie auch unter den ungünstigsten Verhältnissen noch einwandfrei arbeitet. Man wird daher für die Berech-

nung die tiefste Außentemperatur (z. B. — 20° C) und die größte Dampferzeugung im Raume einsetzen, ferner die Sättigung der Abluft nicht
höher als auf 75% einsetzen. Dabei ist aber die Wasserdampfmenge,
die von Färbebottichen, Kesseln, Maschinen usw. abgegeben wird, gar
nicht genau zu berechnen, da die Verhältnisse dauernd wechseln. Es
ist klar, daß fortwährend kochende Bäder ganz andere Dampfmengen
erzeugen als solche von 70° C, daß bewegte, nasse, heiße Ware viel Dampf
abgeben muß, da die Verdampfung von der Größe der Oberfläche abhängt; ebenso hat die relative Raumfeuchtigkeit, Luftbewegung usw.
großen Einfluß. Annähernde Werte erhält man bei der Annahme, daß
1 qm freie Oberfläche kochenden Wassers 12 kg Wasserdampf pro Stunde
an den Raum abgibt.

Die Entnebelung muß also bei einer für Arbeitszwecke günstigen
Temperatur (meist 20—25° C) einen ausreichenden Luftwechsel herbeiführen, wobei nach obigem Schema die nötigen Luftmengen berechnet
werden können. Die praktische Durchführung erfordert daher eine entsprechende Raumheizung und Lüftung. Theoretisch sind drei Möglichkeiten vorhanden, diese Aufgabe zu lösen.

1. Die Heizung wird durch an der Wand oder an der Decke eingebaute
Heizkörper, die Ventilation ganz unabhängig durch natürliche Lüftung
mit Abzugschloten, eventuell unter Verstärkung der Lüftung, am besten
durch saugend wirkende Ventilatoren vorgenommen.

2. Einblasen ausreichend großer Mengen warmer Luft, um gleichzeitig zu heizen und zu lüften. Man darf dann weder die Luftmenge so
groß werden lassen, daß sie als Zug wirkt, noch die Temperatur der eingeblasenen Luft so hoch steigern, daß ein Luftstrom unangenehm wirkt.

3. Eine Kombination beider Verfahren, d. h. Heizen des Raumes
mit Heizkörpern und gleichzeitiges Einblasen heißer Luft.

Für jeden Fall sind die Abzugschlote sehr reichlich zu dimensionieren.
was bei Shedbauten nicht schwierig ist; bei Etagenbauten wird eine
künstliche Absaugung der Abluft nicht zu umgehen sein.

Die Entnebelungsart 1. wird immer am ungünstigsten sein, da das
Ansaugen kalter Luft und damit teilweise Nebelbildung nicht zu vermeiden ist.

2. Da eine ziemlich schnelle Abkühlung eintritt, kann man Luft von
40° C und darüber einblasen. Die Luftzuführung erfolgt am besten
durch Blechrohre, die in der Höhe des Raumes laufen und zahlreiche nach
unten gerichtete Abzweigungen besitzen, welche über die Dampf erzeugenden Maschinen blasen. Ein Blasen direkt auf die Arbeiter soll vermieden werden. Die Erzeugung der Warmluft geschieht meist durch
schmiedeeiserne dampfgeheizte Windkessel (Röhrenkessel oder taschenförmige Kesselelemente), das Einblasen durch Niederdruckventilatoren.
Dieses Verfahren ist das üblichste, da durch die starke Luftbewegung
ein schnelles Lösen des Nebels erzielt wird. Wo erforderlich, wird diese
Entnebelung durch Raumheizung mit Heizkörpern unterstützt; doch
legt man diese nicht gern an die Decke, da hierdurch die Abluft nachgetrocknet und so der Prozentgehalt der Abluft an Wasser verringert.

wird. Je geringer der Sättigungsgrad der Abluft ist, um so mehr Kohle wird zur Entnebelung gebraucht, um so unwirtschaftlicher wird also gearbeitet.

Im Zusammenhang hiermit seien einfache Entnebelungsarten genannt, die dir Abwärme ausnützen. Die Abluft von Trockenmaschinen und Trockenhängen ist meist noch nicht voll ausgenützt, da sie oft nur 50% Feuchtigkeit enthält. Einblasen solcher Abluft wirkt sehr günstig. Billige warme Luft kann ferner erzeugt werden durch Verwendung der Wärme der Rauchgase hinter dem Rauchschieber des Dampfkessels in Winderhitzern oder der Wärme des Abdampfes einer Dampfmaschine vor der Kondensation.

Entnebelungsverfahren in der Praxis.

Nachfolgend seien einige Anlagen und Verfahren beschrieben, wie sie durch das dem Verein der deutschen Textilveredelungsindustrie zur Verfügung stehende Material u. a. Quellen von Adam in einer Denkschrift gesammelt sind.

1. Entnebelungsanlage einer Färberei. Es sollte die Wärme der von der Kesselanlage abziehenden Rauchgase ausgenutzt werden. Am Fuße des Schornsteins ist ein Exhaustor aufgestellt, welcher die heißen Rauchgase mechanisch absaugt und durch einen unterirdischen Kanal in einen eigenartig gebauten „Calorifère" leitet, welcher im Arbeitsraume in der Höhe von 2 m über dem Boden angeordnet ist. Hier geben die Gase den größten Teil ihrer Wärme an die durchströmende atmosphärische Luft ab, die von außen eingeblasen wird. Die so erwärmte Luft verbreitet sich in geräumigen, um den ganzen Saal gelegten und mit zahlreichen Austrittsöffnungen versehenen Holzschläuchen, um sich in Übermannshöhe mit den aufsteigenden Wasserdämpfen zu vermengen und alsdann durch die in großer Zahl in der Decke angebrachten Dunstschlote bequem zu entweichen.

2. Auf der Ausnützung der Rauchgaswärme beruht auch das von einer Barmer Firma angewandte Verfahren. Unterhalb des Fußbodens zieht sich ein Kanal an den Wänden des zu entnebelnden Raumes entlang. In diesem Kanal liegt ein Heizungsrohr, welches an einem Ende mit einem Exhaustor verbunden ist, der die Feuerungsgase aus dem Schornstein ansaugt und nach ihrem Durchgange durch das Heizrohr ins Freie befördert. An den beiden Enden steht der Kanal mit Luftschächten in Verbindung, durch welche vermittels Ventilatoren Luft in den Kanal eingeblasen wird. Der Kanal ist durch eine wagerechte, in der Höhe der Mitte des Heizrohres angebrachte Abdeckung in eine untere und eine obere Hälfte geteilt, welche durch schmale, an beiden Seiten des Heizrohres befindliche Schlitze miteinander in Verbindung stehen. Die durch die Ventilatoren in den Kanal eingeblasene Luft bestreicht zuerst die untere Hälfte des Heizrohres, tritt durch die schmalen Schlitze neben dem Heizrohr in den oberen Teil des Kanals, erwärmt sich auf diesem Wege und steigt dann durch die durchbrochenen Abdeckplatten des Kanals in den Raum auf.

3. Eine Zellstoffabrik arbeitet wie folgt, um dem Wasserdunst aus dem Papiermaschinenraum zu entfernen. Die Trockenpartien der drei Maschinen sind mit dichten Schutzrahmen umkleidet, deren unterer Teil etwa 2 m über dem Fußboden liegt, und welche oben dicht an die Decke anschließen. Nicht nur innerhalb dieses Schutzrahmens, sondern auch im ganzen Entwässerungsmaschinenraum sind dicht unter der Decke Rippenheizkörper angebracht, und zwar unter jedem Gewölbeträger, welche mit Abdampf bzw. auch mit Frischdampf geheizt werden. In der Hauptsache treten die Wasserdünste oberhalb der Trockenzylinder auf, da die feuchte Zellulose hier getrocknet wird. Durch die Heizkörper wird nun die Luft unterhalb der Decke stark erwärmt, nimmt infolgedessen die Wasserdünste auf, und ein in der Wand angebrachter Exhaustor befördert die mit Wasserdampf gesättigte Luft ins Freie. Die Luft kann von allen Seiten unter dem Schutzrahmen durch wieder zuströmen.

Die Entstäubungs- und Entnebelungs-Bauanstalt von Paul Pollrich & Co. in Düsseldorf beschreibt ihr System wie folgt: „Ein Ventilator bläst die von außen oder besser von einem warmen Raume angesaugte Luft über eine Heizbatterie, von wo aus dieselbe — nach Bedarf erhitzt — durch geeignete Verteilungsrohrleitungen über die einzelnen Entstehungsstellen des Nebels hingeleitet wird und durch bewährte regulier- und verschließbare Austrittsmundstücke trocken direkt in den Schwaden hineintritt und den Nebel absorbiert. Da bei kalter Temperatur auch der stärkste Nebel herrscht, so wird an solchen Tagen die Luft am stärksten vorgewärmt, während bei geringerer Nebelbildung die Luft auch nur weniger vorgewärmt zu werden braucht. An warmen Tagen genügt es schon meistens, die von außen angesaugte Luft einzublasen, die für Wasserdampf genügend aufnahmefähig ist. Man sieht sofort ein, daß hier die Erwärmung genau reguliert werden muß und ebenso in gleichem Maße die Lufterneuerung. Auf eine ausgiebige Regulierung von Luft und Wärme ist bei diesen Anlagen von vornherein Rücksicht genommen, so daß irgendwelche Belästigungen durch Zug oder Hitze nicht stattfinden. Zur Erhitzung der Luft können Rippenheizkörper, Economiser oder sonstige Wärme abgebende Teile verwendet werden, wie z. B. die heißen Gase von Sengmaschinen u. a. m. Da durch das Einblasen der Luft in dem betreffenden Raume ein kleiner Überdruck entsteht, so müssen regulierbare Öffnungen zum Herauslassen der Luft angebracht werden, und zwar möglichst in einer Höhe von etwa 2 m über dem Fußboden. Zur Ausarbeitung eines Projektes ist eine Situationsskizze erwünscht, aus welcher die Aufstellung der Apparate ersichtlich ist, an denen sich Nebel bildet, unter Angabe von Anzahl und Art der Apparate. Vorhandene Transmissionen sowie deren Umlaufszahl und Richtung, ferner eventuell geeigneter Platz für Ventilator und Heizbatterie sind aufzugeben. Ferner ist Angabe erwünscht, welche Wärmequelle zur Verfügung steht, und ob die Luft zur Belüftung nur von außen oder auch abwechselnd aus einem warmen, nicht zu weit entfernten Raume angesaugt werden soll. Falls zum Antrieb des Ventilators weder Transmission noch elektrischer Strom zur Verfügung steht, kann auch ein

direkt gekuppelter Dampfturbinenventilator verwendet werden, dessen
Abdampf zur Erwärmung der Heizbatterie beitragen kann" (s. auch
Abb. 81).

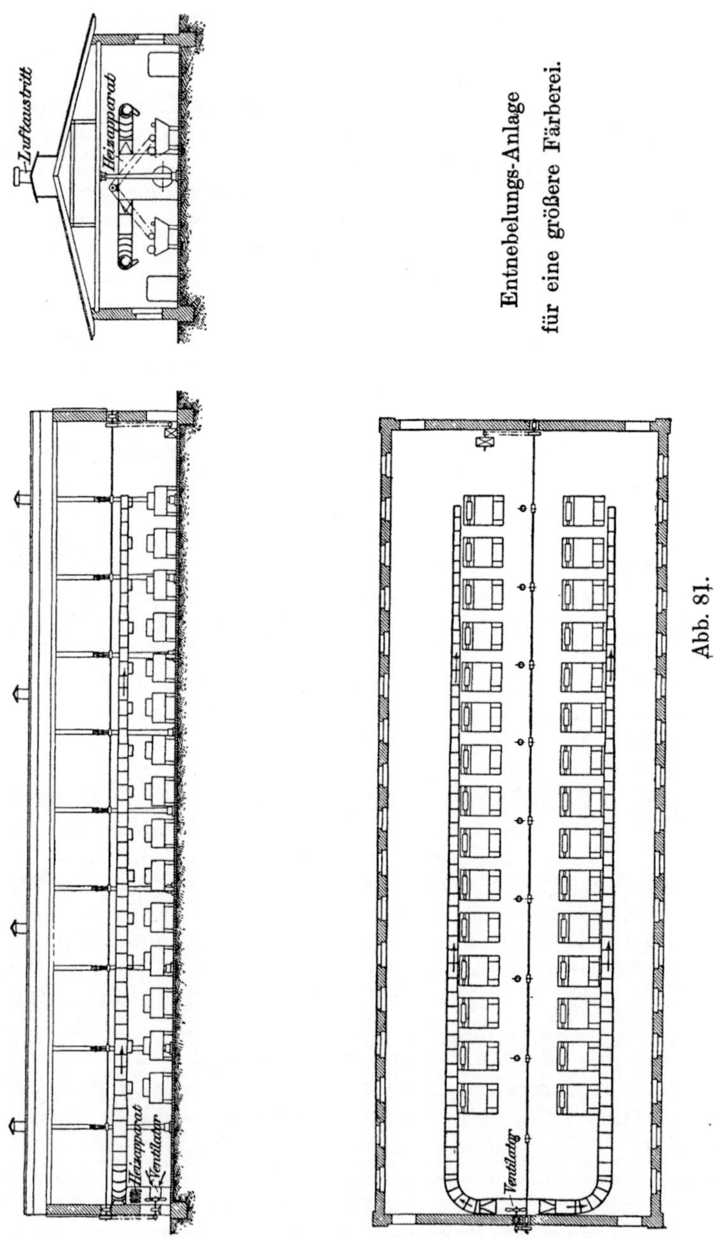

Abb. 81.

Beleuchtung.

Die Beleuchtung ist in eine natürliche und künstliche zu trennen. Die natürliche Beleuchtung erfolgt durch das Tageslicht, welches seinen Eingang durch die Fenster und Türen findet. Die Frage einer richtigen Beleuchtung ist für Bleichereien, Färbereien und Appreturen eine wichtige, und die Hauptschwierigkeit liegt in der Ungleichheit des Tageslichtes, die von der größeren oder geringeren Stärke der Sonnenstrahlen, von der Widerspiegelung der den Fenstern gegenüberliegenden Flächen und der Farbe des Himmels verursacht wird. Um möglichst gleichmäßiges Tageslicht zu erhalten, hat man den praktischen Ausweg ergriffen, gar keine direkten Strahlen in die Räumlichkeiten eindringen zu lassen. Die Fenster sind zu diesem Zweck alle gegen Norden gerichtet und können nur an der Nordseite der Umfassungsmauer angebracht sein, wenn man das bei Wohnhäusern übliche System nicht verläßt und die Fenster in den Dachstuhl vorlegt. Darin liegt nun ein sehr großer Vorteil des Shedbaues, weil er mit seinen zahlreichen Dachstühlen ermöglicht, das Licht über den ganzen Innenraum gleichmäßig zu verteilen. Fenster in der Umfassungsmauer vermitteln eine Helligkeit, die an der Eintrittsstelle am größten ist, nach innen abnimmt und bei Räumen von großer Entfernung bis zum Dämmerlicht sinkt. Zwischenstehende große Körper (Maschinen und dgl.) versetzen ganze Partien in Dunkelheit. Direkte Sonnenstrahlen, auf gesäuerte, chlorierte oder in heiklen Farben naßliegende Ware gelangend, können Schäden hervorbringen; sie verursachen außerdem starke Blendung, welche nur durch Anstrich der Glasscheiben vermieden werden könnte; dadurch wird aber das einfallende Licht gedämpft und durch die Farbe verändert. Alles Fensterglas soll ferner möglichst farblos sein.

Die richtigste Art der Beleuchtung ist nördliches Oberlicht, wie es die Shedbauten bieten, wenn ihr First von Osten nach Westen verläuft und die Dachfläche mit der Fensterreihe gegen Norden liegt. Dieses Licht wird nur durch die Farbenverschiedenheit des Himmels beeinflußt, ein Umstand, den man nicht ändern kann und der bei allen anderen Bauarten ebenfalls mitspielt. Wie erwähnt, müssen die Fensterscheiben nahezu senkrecht stehen, damit im Winter kein Schnee darauf liegen bleiben kann. Das Einkitten derselben kann von Vorteil sein, weil es das Eindringen von Ruß und Staub verhindert.

Beim Etagenbau soll die Fensterfläche womöglich 60% der Bodenfläche ausmachen, bei Shedbau wird nicht über 40% zu erreichen sein, aber damit doch die richtigere Beleuchtung erzielt werden.

Künstliche Beleuchtungsarten erfüllen ihre Zweck um so vollkommener, je billiger die durch sie erzeugte Helligkeit ist, und je weniger sie durch Wärmeausstrahlung, Verunreinigung der Luft u. a. belästigen. Außerdem kommen Einfachheit, Betriebssicherheit und Ungefährlichkeit sowie, in Färbereien besonders, die Erkennbarkeit der wahren Farben von beleuchteten Gegenständen in Betracht. Über das gegenseitige

Verhältnis des Verbrauches und der Kosten der verschiedenen Beleuchtungsarten geben folgende Zahlen Aufschluß[1]).

Die Leuchtkraft einer Lichtquelle wird nach festgelegten Einheiten gemessen. Als solche gilt in Deutschland seit 1891 die sogenannte Hefnerkerze (HK), die auch im Auslande Annahme gefunden hat. Die frühere Lichteinheit, die Normalkerze (NK), die noch heute bisweilen benutzt wird, ist größer:

$$1\ \text{HK} = 0,833\ \text{NK} \quad \text{oder} \quad 1\ \text{NK} = 1,20\ \text{HK}.$$

Geeichte Hefnerlampen für Lichtmessungen sind im Handel zu beziehen.

Die Helligkeit (Beleuchtungsstärke) hat die Meterkerze (MK), auch Lux genannt, zur Einheit. 1 MK = 1 Lux ist diejenige Helligkeit, die von einer Lichteinheit (1 HK) auf einer weißen Fläche aus 1 m Entfernung bei senkrecht auffallenden Lichtstrahlen erzeugt wird.

Geben zwei Lichtquellen gleichen Flächen die gleiche Helligkeit, so verhalten sich ihre Lichtstärken wie die Quadrate ihrer Entfernungen von den beleuchteten Flächen.

Als mittlere Helligkeit wird für Straßenbeleuchtung 1—1,5 MK angenommen, für Arbeitsplätze wenigstens 10 MK, wobei anhaltendes Lesen eben möglich ist. Bei klarem Tageslicht beträgt die Helligkeit einer weißen Fläche etwa 50 MK. Die Leuchtkraft der Sonne ist mit 53 000 NK angenommen worden. Für Betriebsräume in Färbereien und Bleichereien kann keine Norm aufgestellt werden, da zu verschiedene Arbeiten verrichtet werden und hierzu verschiedene Anforderungen gestellt werden müssen.

Vom gesundheitlichen Standpunkte aus ist diejenige Beleuchtungsart die beste, die in ihren Verbrennungsstoffen am wenigsten Stickstoff, Kohlensäure, Wasserdampf und Wärme an die Umgebung abgibt und möglichst wenig Sauerstoff verbraucht.

Nach Versuchen von Strache kommen stündlich auf 1000 Kerzen Lichtstärke folgende Verbrennungsgase in Kubikzentimetern.

	N	CO_2	H_2O	O	Wärmeeinheiten (WE)
Stearinkerzenlicht	78,8	13,2	13,0	19,7	89 800
Steinkohlengas, offen.	44,4	4,82	11,6	11,1	45 500
Petroleumlicht	32,0	6,12	7,2	9,7	44 184
Ölgas, offen	24,0	3,60	5,8	6,5	29 117
Wassergas, karburiert.	25,3	0,86	5,8	6,7	31 838
Steinkohlen-Auerlicht	10,4	1,00	2,7	2,6	10 500
Azetylenlicht	7,2	2,00	0,7	1,8	8 400
Ölgas-Auerlicht	5,04	0,75	1,2	1,35	6 121
Wassergas-Auerlicht	3,1	0,66	0,85	0,80	4 250

Hiernach ist das Wassergas-Auerlicht diejenige Beleuchtungsart, welche nach dem elektrischen Licht die umgebende Luft am wenigsten verunreinigt und erwärmt.

---

[1]) Nach Dr. Schilling und Güldner: Betriebsleitung und praktischer Maschinenbau.

Die Wirkungsgrade, d. s. die Nutzeffekte der gebräuchlichen Beleuchtungsarten sind sehr verschieden, im allgemeinen aber noch sehr ungünstig. Im besten Falle beträgt die Lichtausbeute bei dem Bogenlicht 19%, danach kommt das elektrische Glühlicht mit 5%. Der Auerbrenner nutzt noch nicht 2%, die Petroleumlampe nur ½% und der Leuchtgasschnittbrenner kaum 0,4% der aufgewendeten Energie aus.

Die neueren Leuchtgaslampen haben den Gasverbrauch für die HK beträchtlich vermindert, doch werden die Lichtkosten mehr oder weniger durch den Glühkörperersatz vergrößert. Bei sehr schonender Beanspruchung hat ein Glühstrumpf eine Lebensdauer bis zu 600 Brennstunden. Nach 200 Brennstunden nimmt die Leuchtkraft des Strumpfes allmählich ab, der Gasverbrauch für die NK also zu. Von etwa der 500. Brennstunde an beträgt dieser Mehrverbrauch 30—35% gegenüber dem günstigsten Anfangsverbrauch. Durchschnittlich rechnet man bei Gasglühlicht auf jede HK etwa 1,5—1,75 l Leuchtgasverbrauch.

Die künstliche Beleuchtung wird durch mehrere Systeme vertreten, neben welchen andere nur sehr untergeordnete Bedeutung erlangen konnten. Wir beschränken uns deshalb auf die Beschreibung der Petroleum-, Gas- (Azetylen-) und elektrischen Beleuchtung.

Petroleumbeleuchtung.

Die gewöhnlichen Petroleumbrenner sind für Betriebsbeleuchtung wohl endgültig verlassen; dagegen kommt dort, wo man große Helligkeit des ganzen Raumes wünscht, Petroleumglühlicht in Betracht, das aus Auerstrümpfen besteht, die durch eine nicht leuchtende Petroleumflamme, ähnlich der des Bunsenbrenners, zum Leuchten gebracht werden. Die Brenner sind leicht zu montieren, brauchen bloß, ähnlich Bogenlampen, zum Herunterlassen eingerichtet zu werden. Unangenehm ist die Reinigung, Füllung und das Anzünden der Lampen, wenigstens bei einer größeren Zahl derselben. Die Lampen werden für hohe Lichtstärken gebaut, auch in Typen für Hängelicht, das für Raumbeleuchtung am günstigsten ist.

Azetylenbeleuchtung.

Die Azetylenbeleuchtung kommt eigentlich nur da in Betracht, wo weder elektrischer Strom noch Leuchtgas (Steinkohlengas und andere Leuchtgase) zu haben sind. Die Leuchtkraft des Azetylens ist etwa 15 mal größer als beim Steinkohlengas und 3—4 mal größer als beim Auerlicht. Der Preis für die Lichteinheit ist jedoch infolge der höheren Erzeugungskosten des Azetylens höher als beim Auerlicht. Die Wärmeausstrahlung und die Verbrennungsgase einer Azetylenflamme betragen nur $1/5$—$1/6$ derjenigen einer gleichhellen Steinkohlengasflamme; das Azetylenlicht ist so weiß und rein, daß es viele Farben richtig erkennen läßt. Azetylen erfordert ganz besondere Brenner mit feinen Öffnungen, da dasselbe unter verhältnismäßig hohem Druck (80—120 mm Wassersäule) austreten muß. Die Verteilungsrohrleitungen können etwas enger als bei Steinkohlengas sein.

Vergleichstabelle für verschiedene Lichtquellen (nach Dr. Schilling).

	Art der Beleuchtung	Für eine Lichteinheit HK		Für 1 Brennstunde		
		Stündlicher Materialverbrauch	Kosten [2] Pf.	Leuchtkraft HK	Verbrauch	Kosten Pf.
1	Stearinkerze.	9,2 g, pro 1 g 0,15 Pf.	1,380	1,2	11,0 g	1,65
2	Petroleum 20‴	4,7 ccm, pro 1 l 20 „	0,094	30,0	0,141 l	2,82
3	Petroleumglühlicht (Keroslicht) . .	1,0 „ „ 1 l 20 „	0,020	500,0	0,5 l	10,00
4	Spiritusglühlicht 14‴	1,2 „ „ 1 l 40 „	0,048	60	0,072 l	2,88
5	Luftgasglühlicht, Einzelanlage . . .	0,5 g Solin, 1 kg 40 „	0,020	60	30 g	1,20
6	(250 g Solin) Zentrale	2,0 l, pro 1 cbm 20 „	0,040	60	120 l	2,40
7	Wassergasglühlicht, Einzelanlage . .	2,0 l „ 1 „ 3 „	0,006	50	100 l	0,30
8	„ Zentrale	2,0 l „ 1 „ 20 „	0,040	50	100 l	2,00
9	Azetylen, Einzelanlage	2,2 g Karbid, 1 kg 20 Pf.	0,044	40	88 g	1,76
10	„ Zentrale	0,6 l, pro 1 cbm 160 Pf.	0,096	40	24 l	3,84
11	Azetylenglühlicht.	0,25 l, „ 1 „ 160 „	0,040	60	15 l	2,40
12	Leuchtgas, Schnittbrenner	10,0 l, „ 1 „ 20 „	0,200	14	140 l	2,80
13	„ Argandbrenner	8,5 l, „ 1 „ 20 „	0,170	20	170 l	3,40
14	„ Gasglühlicht	1,5 l, „ 1 „ 20 „	0,030	80	120 l	2,40
15	„ Preßgaslicht	0,8 l, „ 1 „ 20 „	0,016	450	360 l	7,20
16	Elektrizität, Glühlampe, Kohlenfaden	3,5[1] Watt, pro HW 6 Pf.	0,210	16	56 Watt	3,36
17	„ Nernstlampe	1,65 „ „ „ 6 „	0,099	133	220 „	13,20
18	„ Osmiumlampe.	1,5 „ „ „ 6 „	0,090	32	48 „	2,88
19	„ Bogenlicht mit Glocke (sphär.)	1,1 „ „ „ 6 „	0,084	400	440 „	26,40
20	„ Flammbogenlicht (sphärisch)	0,234 „ „ „ 6 „	0,014	1880	440 „	26,40

[1] Der sogenannte „spezifische Verbrauch" ist gleich dem Energieverbrauch pro Kerzenstärke; demnach entspricht das Produkt aus spezifischem Verbrauch und Kerzenstärke dem Energieverbrauch. Der spezifische Verbrauch der alten Kohlenglühlampen = etwa 3,5 Watt, derjenige neuer Metallfadenlampen (Osmium-, Osram-, Tantal-, Siriuslampen usw.) im Durchschnit etwa $1^{1}/_{4}$ Watt (1—1,5). Bogenlicht hat einen spezifischen Verbrauch bis 0,5 Watt, Quecksilberdampflampe einen solchen bis zu 0,3 Watt. Die neuere Halbwattlampe, die sich besonders eingeführt hat, verbraucht etwas mehr Strom als das Bogenlicht (etwa 0,6—0,7 Watt). (Zusatz der Verfasser.)

[2] Die Kosten gelten naturgemäß nicht für die heutigen Verhältnisse, haben heute nur noch einen gewissen Verhältniswert.

Das Azetylengas wird aus Kalziumkarbid erzeugt, indem man dasselbe in einfachen Apparaten mit Wasser befeuchtet. Hierbei zersetzt sich das Karbid unter heftiger Reaktion zu Azetylen und Kalkhydrat. Das Karbid ist eine harte, schwarzgraue Masse, welche gegen Feuer unempfindlich ist. Aus 1 kg Karbid entstehen bei guter Ausnützung etwa 300 l Azetylen, ein farbloses Kohlenwasserstoffgas vom spezifischen Gewicht 0,91. Der Heizwert von 1 cbm Azetylen beträgt rund 13 200 WE, ist also fast $2^3/_4$ mal so hoch als beim Steinkohlengas. Der hohe Preis des Karbids und die Explosionsgefahr desselben (höhere Feuerversicherungsprämien!) stehen einer Verbreitung der Azetylenbeleuchtung hindernd im Wege.

Die Befürchtung, daß sich die feinen Ausflußöffnungen leicht verstopfen können, ist bei richtiger Anlage durch die Erfahrung widerlegt worden.

Gasbeleuchtung.

Leuchtgase werden auf verschiedene Arten hergestellt: Steinkohlen, Öl, Holz, Fett und Seifenabfälle werden einer trockenen Destillation in rot- bis weißglühenden Retorten unterworfen. Die entstehenden Gase werden durch weite Röhren einer Vorlage zugeführt, welche, zum Teil mit Wasser gefüllt, ein Zurücktreten der Gase in die Retorte verhindert, eine Abkühlung herbeiführt und leicht ausscheidbare Unreinigkeiten zurückbehält. Die Gase gelangen von da in den Wascher, einen Wasserbehälter mit aufgesetzten langen Röhren, in welchen dieselben weiter gekühlt und vom Teer befreit werden. Um die Abkühlungsflächen zu vergrößern, sind Wascher und Röhren teilweise mit faustgroßen Steinen angefüllt. Vom Wascher gelangen die Gase in den Reiniger, dem die Aufgabe zugewiesen ist, sie von den mitgeführten schädlichen Schwefelverbindungen und der Kohlensäure zu befreien. Sie durchstreichen zu diesem Zwecke mehrere Hürden mit locker aufgeschüttetem Ätzkalk oder Eisenoxyd, welche die genannten Unreinigkeiten zurückhalten. Je gründlicher die Reinigung erfolgt, desto höher ist die Leuchtkraft. Bei dem Hindurchtreten durch die Gasuhr werden die Gase nach ihrem Kubikinhalt gemessen und gelangen dann in den Gasbehälter, den Gasometer; von diesem aus werden die Brenner mit dem Leuchtmaterial versehen. Es geschieht dies durch Rohrleitungen — gegossene Muffen- und schmiedeeiserne Gewinderöhren — in ähnlicher Anlage wie bei den Wasserleitungen. Gummi darf zu ihrer Abdichtung nie verwendet werden, weil dasselbe von Leuchtgas zerstört wird. Umgekehrt wie bei den Wasserleitungen erhält der Rohrstrang Gefäll nach dem Ausgangspunkt hin. Das Gas hat leichtes spezifisches Gewicht und strebt in die Höhe, nicht in die Tiefe, etwa mitgerissenes Wasser hat aber Gelegenheit, in den Wasserabschluß des Gasometers zurückzulaufen.

Die öffentlichen Gasanstalten liefern fast ausschließlich Steinkohlengas. Auch viele Fabrikgasereien sind auf dieses System eingerichtet, sie sind aber meist nicht in der Lage, billigeres Gas herzustellen, als es von den großen Anstalten abgegeben wird. Es ist zu seiner zweckdienlichen Erzeugung ein großer, für die Verteilung der allgemeinen Unkosten stets vorteilhafterer Betrieb nötig, der von Privaten schwer durchführbar ist, da kein Bedarf für ununterbrochene (Tag und Nacht andauernde) Destillation vorhanden ist. Dadurch müssen die Retorten eine tägliche Abkühlung und Wiedererhitzung durchmachen, was zu rascher Zerstörung der Retorte führt und eine ungeheure Verschwendung von Brennmaterial bedeutet. Die Steinkohlen geben einen wertvollen Destillationsrückstand, den Koks, in einer Ausbeute von 50—75%. Davon genügen bei ununterbrochenem Betrieb etwa 30% zur Gasofenheizung, der Rest kann als geschätztes Brennmaterial verkauft werden. Bei Tagesbetrieb allein wird der sämtliche Koks zur Feuerung benötigt und reicht unter Umständen nicht einmal aus.

Das Leuchtgas (Steinkohlengas) tritt mit einem Druck von durchschnittlich 50—80 mm Wassersäule in die Hauptleitung; der Druck sinkt in den Nebenleitungen bis auf 25—50 mm und beträgt vor den Brennern gewöhnlich 10—30 mm. Ein niedriger Gasdruck ist bei genügender Brenneröffnung am vorteilhaftesten; für Schnittbrenner und dergleichen ist der günstigste Druck 12—15 mm. Die entwickelte Lichtstärke hängt von der Brennerform ab, und zwar ist die mit gleicher Gasmenge in verschiedenen Brennerarten erzeugte Lichtstärke nach Turner (vgl. auch Güldner, Betriebsleitung und praktischer Maschinenbau):

Einfacher Stahlbrenner	Fledermausbrenner		Fischschwanz-brenner	Argandbrenner	
	klein	groß		24 Löcher	42 Löcher
100	135	164	138	183,5	182,3

Als Normalgasflamme gilt eine 15kerzige Argandflamme von 0,15 cbm stündlichem Gasverbrauch; man erhält die erforderliche Anzahl Flammen, wenn man auf je 25 cbm Raum eine Normalgasflamme rechnet.

Fledermaus- oder Schnittbrenner und Fischschwanz- oder Zweilochbrenner haben etwa 12—15 HK und verbrauchen stündlich 125—200 l Gas; Argandbrenner 13—25 HK bei 125—250 l Gasverbrauch in der Stunde; Siemens-Regenerativbrenner werden für Innenbeleuchtung von 250—750 HK, für Außenbeleuchtung bis zu 4000 HK ausgeführt; der Gasverbrauch der kleineren Siemensbrenner beträgt etwa $^2/_3$—$^1/_2$ des Gasverbrauches von gleich lichtstarken Schnittbrennern.

Bei dem Hängegaslicht (Invertlicht) ist der Glühstrumpf in entsprechenden Haltern so aufgehängt, daß in ihm eine nach unten gerichtete Bunsenstichflamme brennen kann. Man erreicht dadurch eine bessere Ausbreitung und Ausnützung des Lichtes auf den Flächen unterhalb der Lampe, also eine wirtschaftlichere Lichtverteilung.

Das Preßgaslicht wendet Leuchtgas- oder Gasluftgemische unter höheren Spannungen (200—1500 mm Wassersäule) an, um größere Lichtstärken (bis 1800 HK) zu erzielen; meistens ist hierbei auch der Gasverbrauch für die HK kleiner als bei gewöhnlichem Glühlicht. Der Lampenzylinder fällt bei Preßgaslicht fort.

Die Wirtschaftlichkeit der Lichterzeugung ist durch das Preßgaslicht erheblich gestiegen; in den großen Preßgasintensivlampen werden etwa nur 0,45 l Gas, in den kleinen Hängegasglühlampen 0,8—1,1 l Gas pro Kerzenstunde verbraucht, gegenüber dem alten Auerbrenner mit 1,5 l Gasverbrauch. Die Kosten für gleiche Lichtmengen sind also in dem letzten Jahrzehnt bei gleichem Gaspreis durch die neueren Lampen etwa auf die Hälfte gegen früher gesunken, und die Gasbeleuchtung wird in bezug auf Billigkeit und Lichtfülle von keinem anderen Beleuchtungsmittel übertroffen. In bezug auf die Bequemlichkeit der Zündung läßt dieselbe jedoch manches zu wünschen übrig, und es wird an der Vervollkommnung in dieser Richtung eifrig gearbeitet.

Störungen bei Leuchtgasanlagen können verschiedener Natur sein: Verstopfungen durch Wasseransammlung, durch Einfrieren der Leitung, durch Naphthalinbildung, durch nachlässiges Verlegen oder gewaltsame Veränderungen der Leitung, durch Versagen oder unrichtige Behandlung der Gasmesser und Druckregler. Kleinbrennen der Flammen kann veranlaßt sein durch teilweise Verstopfungen und Verengungen der Leitung oder der Brenner, durch zu eng angelegte Rohrleitung, durch zu klein gewählte Gasmesser, durch Unregelmäßigkeiten im Funktionieren des Druckreglers. Blaubrennen der Flammen kann vorkommen bei schlechtem Leuchtgas, bei Luftanwesenheit in der Leitung, bei Bunsenbrennern infolge ungünstiger Gemischeinstellung. Sausen der Flammen liegt an zu hohem Druck. Zucken der Flammen wird hervorgerufen durch Wasseransammlung in der Leitung, durch überfüllte oder verschmutzte Gasmesser, durch unregelmäßige Entnahme großer Gasmengen aus der Leitung, z. B. durch Gasmaschinen, Feuerungsanlagen u. a., durch starke Vibration des Gasdruckreglers oder der Beleuchtungskörper.

Die nassen Gasmesser sind frostfrei, am besten im Keller aufzustellen, im Winter mit Glyzerin zu füllen oder durch Umhüllung sehr sorgfältig gegen Einfrieren zu schützen.

Ölgas stellt sich bei höherer Leuchtkraft billiger als Steinkohlengas. Die Retorten dafür haben verschiedene Formen und durch eingeschobene Ablagerungsgefäße die Verbesserung erhalten, die pechartigen, nicht vergasbaren Rückstände von den Retortenwandungen fern zu halten, wodurch die Abnützung vermindert und die Reinigung erleichtert wird. Die Rückstände sind zur Feuerung wertlos, es muß deshalb ein besonderes Brennmaterial (Steinkohlen) zur Retortenerhitzung verwendet werden. Für Sengereizwecke ist Ölgas gut verwendbar.

Für Holzgas eignen sich dürre Föhren- und Buchenscheite am besten; sie stellen sich aber zu teuer. Der Retortenrückstand — die Holzkohlen — bilden ein gutes Feuerungsmaterial.

Gaserzeugung aus Fett- und Seifenrückständen kann für Walkereien, Wäschereien usw. von Interesse sein. Die Abfallwässer werden mit Ätzkalk versetzt und Kalkseife abgeschieden, die letztere vergast. Der Kalkzusatz ist für die Reinigung der Wässer nur vorteilhaft. In der Praxis wird diese Art Gas aber noch kaum hergestellt.

Wassergas wird durch Zersetzung gespannter Wasserdämpfe beim Durchstreichen durch glühende Anthrazitkohlen erhalten; es besteht in der Hauptsache aus einem Gemisch von Wasserstoff und Kohlenoxydgas. Ein an sich angenehmer Mißstand ist die völlige Geruchlosigkeit dieses Gases, wodurch Vergiftung leicht möglich ist; es müssen ihm deshalb stark riechende Körper beigemischt werden. Der Mangel an schweren Kohlenwasserstoffen bedingt, daß seine Flamme nicht leuchtet. Solche müssen deshalb künstlich im sogenannten Karburierungsapparat hineingebracht werden, was durch Beimischung von Öl und Naphthadämpfen geschieht. Das Wassergas ist billig und soll für die gleiche Wirkung etwa die Hälfte kosten wie einfaches Steinkohlengas. Für Beleuchtungszwecke ist es dann erst zu empfehlen, wenn das Karburieren umgangen werden kann.

Die Gasleitung in den Räumen ist für alle Gasarten dieselbe — eiserne Röhren —, wie bei der Außenleitung beschrieben, und von einem der Entnahme entsprechenden lichten Durchmesser. Als Brenner soll kein Metall verwendet werden wegen der durch feuchte Räume begünstigten Oxydation. Am besten sind offene Flammen mit sogenannten Zweilochbrennern aus Speckstein, die sich selten verstopfen und leicht gereinigt werden können. Die Bunsenbrenner für nicht leuchtende Flammen sind vorläufig für Beleuchtungszwecke nicht verwendbar, weil sie zu empfindlich gegen Feuchtigkeit und Unreinigkeiten sind. Besonderer Wert ist auf eingeschaltete Druckregulatoren zu legen, da bei hohem Druck zu viel Gas unter Verminderung der Leuchtkraft verbraucht wird. In allen Räumen, wo trockene Ware bearbeitet wird, sind die Flammen mit großen, weitmaschigen Drahtkörben (enges Gewebe wirft Schatten) zu umgeben, um ein Hineingelangen der Tücher zu verhindern.

·Fragt man sich, in welchen Fällen Gasbeleuchtung empfehlenswert ist, so ist zu antworten:

1. Wenn bei billig herzustellender Anlage eine öffentliche Gasanstalt in der Nähe ist und Elektrizität zu teuer, bzw. überhaupt nicht zu haben ist.

2. Wenn mit der Bleicherei, Färberei oder Appretur usw. eine Sengerei verbunden ist, die ohnehin Gas benötigt. Der durch die Beleuchtung vergrößerte Verbrauch wird die Einheitskosten der Anlage verbessern helfen.

Elektrische Beleuchtung.

Die Leuchtkraft des elektrischen Lichtes ist bedeutender als diejenige der meisten anderen Lichtquellen; dabei ist die Flamme farblos und dem Sonnenlicht ähnlicher (namentlich Bogenlicht), aber nicht gleich. Man muß der Ansicht entgegentreten, daß die Farbenunterscheidung bei elektrischem Licht gleich gut sein soll wie beim Tageslicht; viel besser als bei anderer künstlicher Beleuchtung ist sie sicher. Die Erzeugung der Elektrizität zur Beleuchtung geschieht für industrielle Zwecke ausschließlich mittels der Dynamomaschinen, welche die von einem Motoren erhaltene Bewegung in Elektrizität umsetzen. Diese Maschinen sind Induktionsapparate. Induktion entsteht, wenn zwischen den beiden Polen eines (oder mehrerer) Hufeisenmagneten ein mit isolierten Kupferdrähten umwickelter Eisenkern sich dreht; — sie wird um so höher, je rascher die Drehung erfolgt. Wir haben drei Teile am Induktionsapparat: 1. den Elektromagneten, 2. den Rotationsteil, 3. die Vorrichtung, welche die Drehbewegung des Motors empfängt und sie dem Rotationskern überträgt. Die Induktion erzeugt bei jeder Drehung zweimal Ströme von entgegengesetzter Richtung, — Wechselströme. Durch den Stromwender (Kommutator) ist es möglich, den Strom in einer Richtung zu erhalten. Wo ein Kommutator nötig ist, ist er gleichzeitig auch ein Stromsammler.

Ein Kommutator wird bei vielen Einrichtungen durch die eigenartige Führung der Drahtwickelungen des Rotationsteiles umgangen; ein Stromsammler (Kollektor) ist immer nötig. Zur Stromabnahme dienen Schleiffedern oder Bürsten, welche auf dem Stromsammler gleiten. Von ihnen wird der Elektromagnetismus einerseits zu dem Eisenkern der Magnete, anderseits als Gebrauchsstrom zu seiner Verwendung und dann wieder zurück zum Sammler geführt. Alle diese Maschinen heißen Gleichstrommaschinen. Es werden aber auch Dynamos ohne Kommutator mit Wechselstrom gebaut und für Lichterzeugung verwendet.

Praktische Maßeinheiten. Aus dem CGS-System (Zentimeter-Gramm-Sekunden-System) sind folgende Maßeinheiten in den technischen Gebrauch übergegangen.

1. Einheit der Strommenge, das Coulomb, ist diejenige Strommenge, welche 1,118 mg Silber aus einer Silbernitratlösung abscheidet.

2. Einheit der Stromstärke, das Ampère, ist diejenige Stromstärke, bei welcher in 1 Sekunde 1 Coulomb den Stromkreis durchfließt. (1 Ampèrestunde = Strommenge, welche für 1 Stunde 1 Ampère oder auch für n Stunden 1/n Ampère liefert = 3600 Coulomb.)

3. Einheit des Widerstandes, das Ohm, gegeben durch den Widerstand eines Quecksilberfadens von 0° und 106,3 cm Länge, dessen Masse 14,4521 g, dessen Querschnitt 1 qmm beträgt. (1 Siemens = 0,944 Ohm und die British Association Unit., B. A. U., = 0,989 Ohm.)

4. Einheit der Spannung, das Volt, ist die Spannung, die in einem Leiter von 1 Ohm Widerstand die Stromstärke von 1 Ampère ergibt.

5. Einheit der Arbeit, das Watt oder Volt-Ampère, ist die während 1 Sekunde von der Stromstärke 1 Ampère unter dem Einflusse der elektromotorischen Kraft von 1 Volt erzielte elektrische Leistung. 100 Watt sind ein Hektowatt (HW), 1000 Watt = 1 Kilowatt (KW). Ein Watt = $\dfrac{1 \text{ Meterkilogramm}}{9,81}$ pro Sekunde = 0,102 mkg; daher 1 Pferdekraft = 735,5 Watt.

Für ein ruhiges, angenehmes Licht ist eine hohe Gleichmäßigkeit des Ganges der den Strom liefernden Dynamomaschine erforderlich; Akkumulatoren können den Spannungsausgleich vollziehen. Glühlicht ist am empfindlichsten, da bei diesem jedes Prozent Spannungsschwankung 6 bis 8% Leuchtkraftwechsel hervorruft; hier dürfen die Schwankungen in der Umdrehungszahl nicht über 2% betragen, während das Bogenlicht bis zu 5% Geschwindigkeitswechsel gestattet.

Lampen: Das elektrische Licht wird durch Glühlampen und Bogenlampen erzeugt. Bogenlampen werden vor allem für hohe Kerzenstärken gebaut, doch ist ihnen in den gasgefüllten Glühlampen ein gefährlicher Konkurrent erwachsen, da diese Lampen keinerlei Wartung brauchen, wodurch Mehrkosten durch Stromverbrauch und Lebensdauer ausgeglichen werden. Man wird bei Anlage zu entscheiden haben, ob man Licht verschwenden und den ganzen Raum mit einer derartigen Helle erfüllen will, daß an jeder Stelle ausreichende Beleuchtung vorhanden ist. Es kommt dies vor allem für hohe, große Räume in Betracht, und es finden Bogenlampen oder gasgefüllte Glühlampen von mehreren hundert bis tausend Kerzen Lichtstärke Verwendung. Anderseits begnügt man sich damit, die Arbeitsplätze gerade ausreichend zu beleuchten, wobei man pro Arbeitsplatz Glühlampen von 16—100 Kerzen verwendet, je nach dem Helligkeitsbedarf, der Größe und Hängehöhe der Lampe über dem Arbeitsplatze. Auch in diesem Falle wird man die Beleuchtung so reichlich wählen, daß mindestens 2—4 Kerzen auf den Quadratmeter Bodenfläche kommen.

Kohlenfadenglühlampen. Es ist die älteste, heute des hohen Stromverbrauches (etwa 3 Watt pro Kerze) wegen kaum noch verwendete Form.

Sparlampen. Zu diesen sind in erster Linie Metallfadenglühlampen und Nernstlampen zu rechnen. Erstere enthalten an Stelle von Kohlenfäden metallisierte oder neuerdings Metallfäden, wodurch der Stromverbrauch bis um 70% herabgesetzt wird. Die Glühfäden befinden sich in luftleeren Birnen. Das für die Metallfadenlampen wertvollste Metall ist bis heute das Wolfram. Es kommen auf diesem Gebiete aber von Zeit zu Zeit Neuerungen vor. Die wichtigsten Lampen sind etwa folgende.

Osmiumlampe von Auer. Hier ist der Kohlenfaden durch Osmiummetall ersetzt. Es stellt dies die erste und älteste Metallfadenlampe dar und verträgt ziemliche Spannungsschwankungen. Diese Lampen haben einen spezifischen Verbrauch von etwa 1,4—1,5 Watt für eine HK, verbrauchen also die Hälfte des Stromes, der von der alten Kohlenfadenlampe benötigt wird. Die Lebensdauer der Lampe beträgt etwa 500 bis 600 Brennstunden. Die Preise sind schwankende.

Die Osramlampe ist eine Verbesserung der vorigen und enthält einen Metallfaden aus Osmium und Wolfram. Diese Lampe kann keine Erschütterungen vertragen und muß möglichst senkrecht aufgehängt werden. Sie erreicht eine Brenndauer bis zu 1000 Stunden, wird für Spannungen bis 250 Volt und für 25—100 HK Lichtstärke hergestellt. Der spezifische Stromverbrauch ist etwa 1—1¼ Watt.

Die Tantallampe hat einen Glühfaden aus Tantalmetall, welches gegen Erschütterungen unempfindlicher ist als die vorstehende Lampe. Die Brenndauer beträgt 500—600 Stunden, die Helligkeit nimmt schnell ab, der Stromverbrauch ist 1,6—1,7 Watt.

Die Siriuslampe und noch viele andere neuere Systeme gleichen am meisten der Osramlampe mit Wolfram als Hauptbestandteil des Glühfadens, mit großer Empfindlichkeit gegen Stoß und Erschütterung und einem spezifischen Verbrauch von etwa 1—1¼ Watt für eine HK.

Die Nernstlampe ist eine elektrische Glühlampe ohne Luftabschluß, bei welcher der Kohle- oder Metallfaden durch einen Leiter zweiter Ordnung (leitet den Strom nur in der Wärme) aus bestimmten Metalloxyden ersetzt ist. Der Leiter muß zunächst durch eine äußere Hilfszündung (Platinspirale) erhitzt werden, bevor er zum Glühen gebracht wird. Die Brenndauer beträgt etwa 300 Stunden, und die Lampe kann jederzeit ausgewechselt werden. Die Lampe ist besonders für hohe Spannungen und größere Lichtstärken geeignet, sie wird für 25, 50, 65, 135 HK bei 110 und 220 Volt Spannung hergestellt. Die kleineren Lampen haben Einschraubsockel und können in vorhandene Glühlampenfassungen eingesetzt werden; die größeren Lampen haben Gehänge nach Art der Bogenlampen. Der spezifische Stromverbrauch beträgt 1½ Watt. Die Empfindlichkeit der Leitungsstifte oder -stäbchen und das nicht augenblickliche Erglühen haben die Nernstlampe mit Vervollkommnung der Metallfadenlampen verdrängt.

Im Jahre 1911 ist es gelungen, auch gezogene Wolframdrähte herzustellen und diese für Glühlampen nutzbar zu machen. Sie haben einen Stromverbrauch von etwa 1 Watt pro Kerze (bei kleinen Lichtstärken und hohen Spannungen etwas mehr) und sind sehr unempfindlich gegen Stoß und Erschütterungen. Als Brenndauer (1000 Stunden für Wolframlampen) bezeichnet man die Zeit in Stunden, nach welcher die Lichtstärke um 20% gegen die anfängliche sinkt. An Stelle der Lichtstärken wird auch der Stromverbrauch und die Spannung, für welche die Lampen bestimmt sind, auf dieselben gestempelt.

Die gasgefüllte Glühlampe (meist mit Stickstofffüllung) gibt ein starkes, blendendes Licht und wird für Lichtstärken bis zu 2000 Kerzen gebaut; der Stromverbrauch ist noch geringer als bei Metallfadenlampen, bis 0,6 Watt pro Kerze, daher nennt man sie auch Halbwattlampen. Alle Glühlampen werden für Spannungen von 10—260 Volt gebaut, wobei höhere Spannungen die Lampen verteuern und den Stromverbrauch erhöhen, so daß es vorteilhafter ist, mit niedrigeren Spannungen zu arbeiten; nur bei sehr großen Anlagen können die für höhere Spannungen geringeren Anlagekosten für die Leitungen einen Ausgleich herbeiführen.

Bei der Anschaffung von Glühlampen ist darauf zu achten, daß der Sockel in die vorhandene Fassung paßt. Der meist verwendete Sockel ist der von Edison eingeführte (Edisonsockel).

Wichtig für die Ausnützung der Lichtstärke ist die Verwendung geeigneter Reflektoren, um das Licht auf die gewünschte Stelle zu konzentrieren.

Die Aufhängehöhe beträgt gewöhnlich 2½—3 m, bei Halbwattlampen 4—6 m.

Die Glühlampenbeleuchtung hat heute die meisten anderen Beleuchtungsarten verdrängt. Bei Verwendung wasserdichter Armaturen wird die Anlage auch bei Feuchtbetrieben genügende Lebensdauer besitzen; der Stromverbrauch der Lampen (0,6—1 Watt pro Kerze) ist niedrig, die Brenndauer von 1000 Stunden sehr günstig, auch bei Erschütterungen kaum geringer. Der Hauptvorteil ist, daß die Lampen keinerlei Wartung benötigen, das Anzünden derselben vielmehr durch bloßes Einschalten eines Hebels im Maschinenhause oder durch Einzelschaltung erfolgt.

Bogenlampen.

Diese bestehen im wesentlichen aus den beiden Kohlestiften, zwischen denen der Übertritt des Stromes stattfindet, und einem Reguliermechanismus (deshalb auch „Regulatorenlampen") genannt, welcher selbsttätig den Abstand so regelt, daß Stromstärke oder Spannung oder auch beides möglichst konstant bleibt.

Bei den Hauptstromlampen (Abb. 82) wird der Strom direkt um einen beweglichen Eisenkern geleitet, der bei stärker werdendem Strom die Kohlenstifte auseinander zu ziehen bestrebt ist, während eine konstant wirkende Feder die Kohlenstifte einander nähert. Bei ausgeschaltetem Strom werden also die Kohlen aufeinander sitzen, was nötig ist, damit der Strom durch die Lampe hindurchgehen kann.

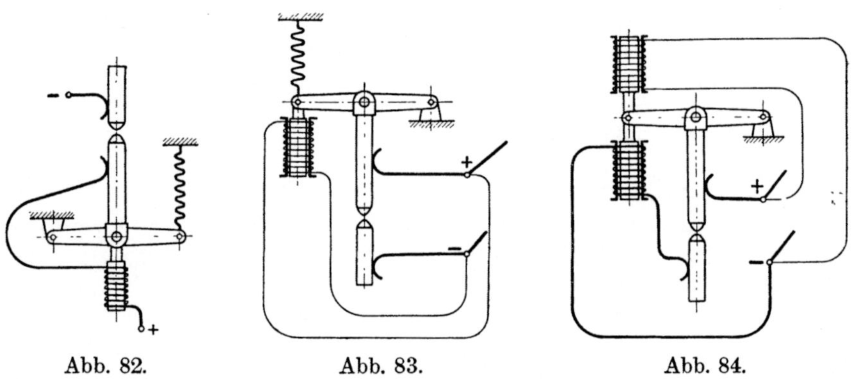

Abb. 82.　　　　　Abb. 83.　　　　　Abb. 84.

Bei Nebenschlußlampen (Abb. 83) geht von den beiden Polen der Lampe aus eine besondere Abzweigung um den beweglichen Eisenkern, diesen in einer großen Zahl Windungen dünnen Drahtes umschließend. Je nachdem die Spannung an den Polen hoch oder niedrig ist, fließt mehr oder weniger Strom durch den Nebenschluß, der in diesem Falle bestrebt ist, bei wachsender Spannung die durch eine Feder voneinander gezogenen Kohlenstifte zusammenzuführen. Die Lampe wird auf konstante Spannung reguliert. In stromlosem Zustande sind die beiden Kohlen voneinander entfernt.

Die Differentiallampe (Abb. 84) hat als Vereinigung der beiden vorhergehenden Systeme eine Hauptstrom- und eine Nebenschlußspule. Es wirkt die Differenz der magnetischen Kraft in beiden Spulen. Der Reguliermechanismus hält das Verhältnis der Klemmenspannung zur Stromstärke konstant.

Neuere Bogenlampen werden auch noch nach der Zusammensetzung ihrer Kohlenstifte bezeichnet, z. B. Reinkohlenlampe mit dem gewöhnlichen Kohlenstift und Flammenbogenlampen, deren Kohlen

mit besonderen, den Stromverbrauch, die Brenndauer oder die Lichtfarbe verbessernden oder verändernden Zusätzen versehen sind. Ferner
werden die Lampen zum Teil nach ihren Herstellern oder Erfindern be-
nannt, z. B. das Bremerlicht oder die Bremerlampe, bei der die
Kohlenstifte unter anderem einen Zusatz von Fluorkalzium erhalten.
Hierbei kann der spezifische Verbrauch bis auf 0,1 Watt heruntergehen.
Auf der anderen Seite stehen dem aber Nachteile, wie z. B. das starke
Schlacken, entgegen, so daß im allgemeinen mit einem mäßigen Zusatz
von 5% Fluorkalzium aufgehört werden muß. — Liliputlampen sind
kleine Bogenlampen mit einer Brenndauer von etwa 8—16 Stunden, während die Dauerbrandlampen eine Brenndauer von 100—200 Stunden
haben. Der spezifische Stromverbrauch bei Reinkohlenlampen ist etwa
0,5 Watt, bei Bremerlicht und anderen Präparationen der Kohlen bis zu
0,3 Watt. Weitere Zusätze bis zu einem Verbrauch von 0,1—0,2 Watt
sind infolge genannter Übelstände nicht zu empfehlen.

Die Güte des Kohlenmaterials hat auf das Brennen der Lampen einen
großen Einfluß. Man kann heute bei der entwickelten Industrie folgende
Anforderungen stellen: Ruhiges, gleichmäßiges Abbrennen, möglichst
wenig Rückstände, lange Brenndauer. Bei Gleichstromlampen ist die
positive, meist obere Kohle, stärker als die negative und ist mit einem
weichen Kern versehen (Dochtkohle), um gleichmäßiges Abbrennen zu
erzielen. Dabei brennt die obere Kohle erheblich schneller als die untere
und mit einer flachen Vertiefung aus, die als Reflektor wirkt und 70 bis
80% der gesamten Lichtstärke liefert. Die stärksten Lichtstrahlen, also
die günstigste Lichtstärke, liegen unter etwa 40° zur Horizontalen. Bei
Wechselstromlampen sind beide Kohlen gleich und meist beide Kohlen
Dochtkohlen. Die Lichtstrahlung ist nach oben und unten ziemlich
gleich groß; man wendet deshalb Reflektoren an, wenn das Licht vorwiegend in einer Richtung wirken soll.

Die Brenndauer ist sehr verschieden, je nachdem die Lampenkon-
struktion kurze oder lange Kohlen erfordert. Einige neuere, unter Luftabschluß leuchtende Bogenlampen (Dauerbrandlampen) haben bereits
eine Brenndauer bis zu 200 Stunden erreicht, allerdings mit den Übel-
ständen, daß die Lampen eine höhere Spannung verlangen und ihr Licht
wechselnd, unregelmäßig verteilen. Lampen mit kurzen Kohlestiften
haben eine Brenndauer von 8, 12, 16 und 20 Stunden.

Dauerbrand- und Sparbogenlampen erfordern höhere Klemmenspan-
nungen, nämlich etwa 80 Volt bei Gleichstrom und 70 Volt bei Wechselstrom, sie können daher in einem 110-Volt-Stromkreis einzeln geschaltet
werden.

Bei Bogenlampen wird oft statt der Leuchtkraft die Stromstärke in
Ampère angegeben. Es entsprechen etwa:

4	5	6	8	10	12	15	20 Amp.
350	475	600	850	1200	1500	2000	3000 NK.

Der Stromverbrauch für 1 HK, bezogen auf die untere hemisphä-
rische Lichtstärke, ist nach Angaben der Literatur etwa:

	Gleichstrom	Wechselstrom
Reinkohlenlampen . . . . ·	1,0—0,5 Watt	1,5—0,8 Watt
Flammbogenlampen mit nebeneinanderstehenden Kohlen.	0,2 Watt	0,2 Watt
Flammbogenlampen mit übereinanderstehenden Kohlen.	0,3 „	0,3 „
Dauerbrandlampen.	1,4—0,8 Watt	—
Sparbogenlampen	0,9 Watt	—

Vorausgesetzt ist 110 Volt Spannung. Die Verbrauchsangaben schließen den Vorschaltverlust ein, jedoch nicht den Lichtverlust durch die streuende Glocke, der etwa 30% beträgt.

Verteilung der Bogenlampen. Es kann angenommen werden:

für allgemeine Beleuchtung . . . . 4000—5000 qm auf jede 10-Amp.-Lampe,
„ bessere Beleuchtung . . . . . 1500—2000 „ „ „ 10-Amp.-Lampe,
„ Färbereien, Bleichereien, Appreturen, Magazine . . . . . . 150—200 „ „ „ 8-Amp.-Lampe,
„ feinere Arbeiten, Werkstätten, Sortierstätten . . . . 75—100 „ „ „ 8-Amp.-Lampe.

Die Entfernung zwischen den Lampen beträgt in geschlossenen Räumen 8—12 m, im Freien 75—150 m; die Aufhängehöhe soll in geschlossenen Räumen möglichst hoch sein (4—6 m), im Freien etwa gleich der Stromstärke, z. B. 8—10 m für 8-Ampèrelampen usw.

An Orten, wo eine besonders gute, dem Tageslicht nahekommende Beleuchtung erforderlich ist, wie z. B. in Musterzimmern, Packräumen, Sortierräumen, Versandräumen, wird eine indirekte Bogenlichtbeleuchtung am Platze sein. In diesem Falle wird für Gleichstrom die positive Kohle nach unten gesetzt. Das direkte Licht wird dann nach unten durch einen Reflektor oder mit Stoff überzogenen Schirm abgedeckt und nach oben gelenkt, von wo es von einer größeren weißen Fläche, z. B. der Zimmerdecke, gleichmäßig zurückgeworfen wird.

Glühlicht oder Bogenlicht. Wichtig ist die Wahl zwischen Glühlicht und Bogenlicht. Praktisch hat sich in den letzten Jahren die Glühlampe immer mehr durchgesetzt; gegenüber Gas besteht der große Vorteil, daß Glühlicht keine offene Flamme gibt, daher in trockenen Räumen keine Feuersgefahr besteht; überdies ist das Glühlicht je nach Strompreis meist auch billiger, da beim Gaslicht der nötige Ersatz der Auerstrümpfe, die Bedienung usw. in Rechnung zu stellen ist. Gegenüber Bogenlicht kommen heute vor allem die Halbwattlampen in Betracht, mit deren Hilfe man eine ebenso gute Gesamtbeleuchtung herstellen kann wie bei Bogenlicht. Der Nutzeffekt ist bei Glühlicht eher besser, da dieses nach unten strahlt, während Bogenlampen mehr seitlich strahlen. Diese Halbwattlampen kommen ebenso wie Bogenlampen nur für hohe Räume in Betracht, mindestens 5 m bis zum Unterzug; Transmissionen, Leitungen, Dunstfänge verschlechtern die Gesamtbeleuchtung. In diesen und in allen anderen Fällen, wo gespart werden soll, wird man gewöhnliche Wolframglühlampen bis 100 oder 200 Kerzen in niedriger Aufhängung vorziehen.

Für den Betrieb der elektrischen Anlagen und der Akkumulatoren sind von den Elektrizitätsgesellschaften, z. B. von der Allgemeinen Elektrizitäts-Gesellschaft (A. E. G.) genaue Vorschriften ausgearbeitet. Es wird empfohlen, sich streng an dieselben zu halten und das Personal dazu anzuhalten, da bei Einhaltung derselben nicht nur Unfällen vorgebeugt wird, sondern auch der Verschleiß der Apparate, besonders der Akkumulatoren, sehr wesentlich von der sachgemäßen Behandlung abhängt. Die wichtigsten Grundsätze sind u. a. folgende: Der Aufstellungsort der Dynamomaschine und der Akkumulatoren sei staubfrei, trocken, hell und möglichst geräumig. Zutritt zu dem Raum sollen nur die damit beschäftigten Personen haben. Es soll überall auf peinlichste Sauberkeit geachtet werden. Zum Putzen sind keine scharfen Mittel, sondern gute Putzlappen oder Putztücher zu verwenden. Lose Eisenteile sind nie in der Nähe der Maschine zu lagern; ebensowenig Hilfsgeräte wie Ölkannen usw. Vor jeder Inbetriebsetzung hat man sich von dem ordnungsmäßigen Stand der Apparate zu überzeugen; der Kommutator ist leicht einzufetten. Das Einschalten der Bogenlampen soll erst dann geschehen, wenn die Maschine die normale Geschwindigkeit erlangt hat. Das Ausschalten der Lampen soll erst dann erfolgen, wenn die Geschwindigkeit der Maschine auf $\frac{1}{3} - \frac{1}{4}$ der normalen vermindert oder entsprechend viel Widerstand eingeschaltet ist. Der Kommutator sei stets völlig rein und rund, er ist vor allem vor Rostbildung zu schützen. Akkumulatorenräume sollen gut lüftbar sein, da sich beim Laden der Batterie Wasserstoffgas und gegen Ende des Ladens Knallgas bildet. Brennende und glühende Gegenstände sollen deshalb dem Raum ferngehalten werden und die Beleuchtung desselben nur elektrisch sein. Die Prüfung und Nachfüllung der Säurebäder hat sorgfältigst zu geschehen. Starkes Überladen ist ebenso schädlich wie zu weitgehende Entladung. Bei Außerbetriebsetzung der Akkumulatoren für längere Zeit sind sie vorher zu laden und möglichst allmonatlich nachzuladen. Zum Schutze gegen die Schwefelsäure trägt man in Paraffin getränkte Schürzen und Schuhe. Flecke auf Kleidern sind sofort mit Ammoniak zu betupfen, Hände mit Soda zu reinigen.

Akkumulatoren.

Die Akkumulatoren verwandeln elektrische Arbeit in chemische und können dieselbe jederzeit wieder in elektrische umsetzen. Sie sind nur für Gleichstrom verwendbar. Die Stromabgabe erfolgt entweder bei ruhender Dynamomaschine oder auch gleichzeitig mit dieser, wenn der Verbrauch im äußeren Stromkreis zeitweilig die Leistung der Dynamo überschreitet.

Baulich bestehen die Akkumulatorenanlagen aus einer größeren Anzahl Zellen, das sind gewöhnlich ziemlich flache Glasbehälter, die verdünnte Schwefelsäure enthalten, in welche freihängende Bleiplatten (Elektroden) und dgl. bis fast auf den Gefäßboden hineintauchen. Die Platten sind gitterartig durchbrochen und die Öffnungen mit gewissen Mischungen (Masse genannt) gefüllt. Die verdünnte Schwefelsäure muß zeitweise erneuert werden; die Platten haben bei sachgemäßer Behandlung eine sehr lange Lebensdauer, etwa 10 Jahre.

Die mittlere Spannung einer Zelle ist etwa 2 Volt, die Höchstspannung (beim Laden) 2,7 Volt, die tiefste Spannung (beim Entladen) gewöhnlich 1,85 Volt; als zulässiger Spannungsabfall der Entladung gilt 7—10%. Um ungünstigstenfalls die Spannung von z. B. 110 Volt zu sichern, sind also hintereinander zu schalten 110 : 1,85 = 60 Zellen. Die Regulierung der Batteriespannung erfolgt durch Ab- und Zuschalten einzelner Zellen vermittels des Zellenschalters. Die Aufnahmefähigkeit (Kapazität) wird mit 12—15 Amp.-Stunden bei langer Entladezeit und mit 4—8 Amp.-Stunden bei kurzer Entladezeit für jedes Kilogramm Plattengewicht überschlagen; sie ist also bei langsamer Entladung beträchtlich größer als bei schneller, und zwar um etwa $\frac{1}{3}$ bei 10stündiger gegenüber 3stündiger Entladung.

Gewicht und Raumbedarf betriebsfähiger Akkumulatorenbatterien einschließlich Bedienungsgänge:

Kapazität ungefähr . . 50 100 200 400 1000 4000 7500 Amp.-Stunden
Gewicht für 1 Amp.-
    Stunde . . . . 2,35 2,75 3,35 3,45 3,55 3,80 4,0 kg
Grundfläche für 1 Zelle 0,16 0,23 0,25 0,30 0,52 1,25 1,45 qm

Beispiel: Batterie mit 60 Zellen für 120 Volt Netz, 400 Amp.-Stunden und 3stündige Entladung.

Gewicht = (400 × 3,45) × 60 = 6950 kg.

Raumbedarf = 60 × 0,30 = 18 qm.

$$\text{Arbeitsleistung rund } \frac{400 \times 60 \times 1,94}{1000} = 46,5 \text{ KW-Stunden, da}$$

1,94 Volt als mittlere Entladespannung der Zellen gilt. — Bei einstündiger Entladezeit würde sich die Aufnahmefähigkeit auf etwa 270 Amp.-Stunden und die Arbeitsleistung auf rund 30 KW-Stunden verschlechtern.

Der Wirkungsgrad, d. h. das Verhältnis der abgegebenen zu der hineingeladenen Strommenge, ist ziemlich verschieden und beträgt günstigsten Falles über 90%; von der aufgewendeten Ladearbeit werden 70—85% durch den Entladestrom wiedergewonnen.

Künstliches Tageslicht[1]).

Die oben besprochenen Lichtarten haben im allgemeinen den Zweck, den Mangel des Sonnen- oder überhaupt des Tageslichtes in quantitativer Hinsicht zu ersetzen, also größtmögliche Helligkeit mit den möglichst geringsten Kosten zu erzeugen. Wenn es sich dagegen darum handelt, das fehlende Tageslicht auch qualitativ durch künstliche Beleuchtung zu ersetzen, so wird man bald sehen, daß die eine Beleuchtungsart mehr, die andere weniger geeignet erscheint, das Aussehen der Farben, bzw. der gefärbten Gegenstände so erscheinen zu lassen, wie es bei Tageslicht erscheint. Die verschiedenen Farbstoffe verhalten sich „photoskopisch" außerdem zu den nämlichen Lichtarten ganz verschieden, so daß eine Veränderung der Farbstoffe unter dem Einfluß einer bestimmten Lichtart nicht nach bestimmten Regeln „reduziert" werden

---

[1]) Vgl. a. L. Bloch, Färber-Ztg. 1919, S. 174, Textilberichte 1921, S. 358.

kann. Hieraus geht hervor, daß zum Abmustern möglichst eine Lichtart gefordert werden muß, welche dem Tageslicht qualitativ in bezug auf das Aussehen der Färbungen gleichkommt. Die bekannten Lichtarten können nach Paterson in dieser Beziehung in verschiedene Gruppen geteilt werden. Zu der Gruppe I, welche dem Normallicht am nächsten kommt, gehört das Magnesiumlicht und das elektrische Bogenlicht (Reinkohlenlicht). Aber auch diese Lichtstrahlen zeichnen sich durch ein kleines Fehlen von blauen und violetten Strahlen aus, im Vergleich zu gutem, normalem Tageslicht. Daß beide Lichtarten etwas gelber sind als das Tageslicht, erweist sich insbesondere an Mischfarben, die mit Hilfe mehrerer Farbstoffe von verschiedenem optischen Verhalten hergestellt sind. Zur Gruppe II gehört das Auerlicht oder das Gasglühlicht. Dieses Licht enthält einen noch größeren Überschuß von gelben Strahlen, als die erwähnten Vertreter der Gruppe I, im Vergleich zu denen es aber rot gefärbt erscheint. Zur Gruppe III gehören der Reihe nach: das Azetylenlicht, das Kalklicht, das Öllampenlicht, das Gasschnittbrennerlicht, das elektrische Glühlicht und das Kerzenlicht. Diese Lichtquellen führen das Urteil des Auges je nach dem von Stufe zu Stufe zunehmenden Überschuß ihrer gelben und orangefarbigen Strahlen in verschiedener, zuweilen so starker Weise irre, daß dieselben Farben, das eine Mal unter künstlicher, das andere Mal unter natürlicher Beleuchtung betrachtet, sehr weit voneinander abstehen. Im allgemeinen wird alles Rot feuriger, lichter und gelber unter Verlust jeglichen Blaustiches. Wie bereits erwähnt, hängt das Erscheinen des Aussehens der verschiedenen Färbungen bei den nämlichen Lichtarten auch noch von der Beschaffenheit der Spektren einzelner Farben, mit ihrem Dichroismus, mit ihrer Fluoreszenz und auch mit den Eigenschaften der verschiedenen Gespinstfasern zusammen, auf denen sie beobachtet werden.

Diese Tatsachen spielen besonders für den Färber eine wichtige Rolle. Früher, als die Färber nur auf eine kleine Reihe von Farbstoffen beschränkt waren, als man z. B. als einziges Blau nur den Indigo kannte, hatten dieselben natürlich weit weniger Schwierigkeiten in der Farbenmusterung als heute. Die Verwendung fast unzähliger Farbstoffe, von denen jeder seine Eigentümlichkeiten hat, vergrößerte aber von Jahr zu Jahr ganz bedeutend die Schwierigkeiten bei der Farbenmusterung. Wenn auch zwei blaue Färbungen bei Tageslicht vollkommen übereinstimmen, so kann doch die eine bei Gaslicht grünblau und die andere rötlich aussehen.

Besondere Schwierigkeiten bei der Abmusterung bieten die Anilinvioletts und andere Violetts, welche das Spektrum einsaugen, wodurch sie sich von den früher gebrauchten Farbstoffen unterscheiden. Später gab das Orange von Poirrier Veranlassung zu großen Schwierigkeiten. Die Billigkeit und große Ergiebigkeit dieser Farbstoffe waren die Ursache, daß sie in den Färbereien sofort zur Herstellung von verschiedensten Farbtönen aufgenommen wurden.

Das Bedürfnis nach einem künstlichen Lichte von demselben Charakter wie das Tageslicht hat sich auf solche Weise schon lange bei Färbern und anderen Leuten, welche Färbungen zu beurteilen hatten, fühlbar gemacht.

Aber auch das Tageslicht ist durchaus nicht gleichmäßig und beständig, denn es hängt von dem sehr wechselnden Zustande der Atmosphäre und von dem Stande der Sonne ab. Dadurch, daß das Licht die Luft durchstreicht, verliert es einen Teil seiner violetten, blauen und grünen Strahlen, wodurch sich auch erklärt, daß die Sonne röter wird, je näher sie dem Horizonte kommt, da dann ihre Strahlen eine zunehmende dicke Luftschicht zu durchdringen haben.

Das direkte Sonnenlicht eignet sich beispielsweise auch nicht zum Prüfen der Färbungen; das geeignetste Tageslicht ist vielmehr das von der Nordseite kommende zerstreute Tageslicht. Dieses unterscheidet sich vom direkten Sonnenlicht durch einen größeren Gehalt an violetten, blauen und grünen Strahlen. Für gewöhnlich bezeichnet man das Tageslicht als weiß. Die Beobachtung ergibt aber, daß das Licht vom klaren Norden unverkennbar blau ist. Hierin liegt im wesentlichen der Unterschied zwischen dem Tageslicht und allen künstlichen Beleuchtungen, die direktes Licht geben.

Wenn man künstliches Licht demselben Zerstreuungsprozeß aussetzt, wie er beim Tageslicht stattfindet, so erleidet man einen großen Verlust der Lichtstärke. Um die gleiche Wirkung zu erreichen und den Verlust an Lichtstärke zu vermindern, hat man versucht, die überschüssigen Strahlen des Bogenlichts durch Absorption zu entfernen. Obgleich man überall weiß, daß das Bogenlicht vom Tageslicht abweicht, ist die Natur dieses Unterschiedes nicht genügend bekannt; man nimmt vielfach an, daß das Bogenlicht zu violett ist. Für die Farbabmusterungszwecke liegt jedoch der wesentliche Fehler des Bogenlichtes an der anderen Seite des Spektrums.

Das Licht einer Bogenlampe ist nicht gleichartig, sondern es besteht aus zwei bestimmten Teilen.

1. Das Purpurlicht des Bogens, das durch zwei kräftige, violette Bänder charakterisiert wird.

2. Das Licht des Kraters kommt dem direkten Sonnenlicht nahe, ist aber, verglichen mit dem Lichte vom Norden, zu reich an Rot. Das Vorhandensein von Violett ist abhängig von der Länge des Lichtbogens. Dauerlampen, bei denen der Bogen abgeschlossen ist, geben infolge der Vergrößerung des Bogens mehr violettes Licht als Lampen mit offenem Bogenlichte. Es ist von großer Bedeutung, daß das Verhältnis von Rot im Lichte genau ausgeglichen wird; kleine Abweichungen im Verhältnis des violetten Lichtes sind von geringerer Bedeutung, weil das Auge für solche Strahlen weniger empfindlich ist. Es rührt dies daher, daß die roten Strahlen die längsten und die blauen die kürzeren Wellenlängen haben.

Moore-Licht. Nur eine einzige künstliche Lichtquelle gibt es, welche ohne besondere Hilfsmittel das Tageslicht zu ersetzen vermag; es ist das früher von der Moore-Licht-A.-G. hergestellte Moore-Licht mit Kohlensäurefüllung. Es wird mittels hochgespannter Elektrizität in Glasröhren erzeugt, die luftleer ausgepumpt und mit Kohlensäuregas gefüllt sind. Diese Beleuchtungsart hat als Farbenmusterlampe vielfach Verbreituug gefunden, und es ist der beste Beweis für das dringende Bedürfnis nach einer derartigen Lampe, daß hierbei die schwerwiegenden Nachteile des Moorelichts mit in Kauf genommen wurden. Die hochgespannte Elektrizität muß für die Lampe mittels eines besonderen Transformators erzeugt werden und der Anschaffungspreis der Einrichtung ist deshalb heute ein ganz erheblicher. Außerdem ist die Lichtausbeute sehr ungünstig. Die Lampe verbraucht etwa 4 Watt für die Kerze, also ungefähr den 8-fachen Betrag der gasgefüllten Metalldrahtlampe.

Lichtfilter-Lampen. Alle übrigen künstlichen Lichtquellen müssen in ihrer Lichtfarbe verändert werden, um sie mit dem Tageslicht in Übereinstimmung zu bringen. Hierzu sind farbige Glasscheiben oder künstliche Lichtfilter geeignet, wenn es gelingt, ihre Farbe so auszuwählen, daß sie die Farbe der künstlichen Lichtquellen gerade im richtigen Maße beeinflussen. Leider war es lange nicht möglich, einfache Filter ausfindig zu machen, die diese Forderung auch nur annähernd erfüllen. Bei der Bogenlampe hat hat man sich deshalb schon seit längeren Jahren mit zusammengesetzten Lichtfiltern geholfen. Derartige Bogenlampen hat die Allgemeine Elektrizitäts-Gesellschaft früher unter der Bezeichnung »Intensiv-Bogenlampe für Farbenunterscheidung« hergestellt. Durch das Filter wird ziemlich viel Licht weggenommen und der Verbrauch

Abb. 85.

der Bogenlampe bis auf etwa 3 Watt für die Kerze erhöht. Ein weiterer Nachteil dieser Lampe ist die regelmäßig erforderlich werdende Auswechselung der Kohlen.

Dufton-Gardner-Lampe. Eine weitere Bogenlampe mit Tageslichtfarbe ist das Dufton-Gardner-Licht, früher von der Firma Louis Hirsch in Gera, jetzt von der Firma Willi Weißkopf in Gera vertrieben. Hier gelangt eine Dauerbrand-Bogenlampe mit abgeschlossenem Lichtbogen zur Verwendung; deren Licht wird durch eine äußere Überglocke von besonderer Färbung und Herstellungsart mit dem Tageslicht in Übereinstimmung gebracht. Der Verbrauch dieser Lampe ist noch etwas höher als bei den eben erwähnten; dagegen haben ihre Kohlen infolge des Luftabschlusses eine Brenndauer von etwa 130 Stunden (s. Abb. 85).

Tageslicht-Nitralampe. Auch bei den älteren luftleeren sowie bei den gasgefüllten neueren **Metalldrahtlampen** ist schon mehrfach versucht worden, durch eine Glasscheibe oder eine Überglocke von geeigneter Färbung die Tageslichtfarbe zu erhalten. Jedoch haben alle diese Versuche zu keinem brauchbaren Ergebnis geführt. Dagegen kann man durch geeignete Kombination durch zwei übereinander gelegte Glasscheiben von verschiedenartigem blauen Farbenton zu dem gewünschten

Abb. 86.

Ergebnis gelangen. Diese Versuche führten zur Ausbildung der **Tageslicht-Nitralampe** der A. E.-G. In einer Armatur sind seitlich und unten die richtig ausgewählten Glasscheiben eingesetzt. Die Lampen selbst sind von ganz normaler Ausführung bis zu einer Lichtstärke von 3000 Kerzen. Die beiden Farbgläser nehmen naturgemäß einen Teil des ausgestrahlten Lichtes weg und der Energieverbrauch erhöht sich dadurch von $1/2$ auf $1\,1/4$ Watt für die Kerze. So erhält man z. B. mit einer 1000-kerzigen Nitralampe in der Armatur 400 Kerzen reines Tageslicht. Gegenüber den vorerwähnten Einrichtungen ergibt sich bei dieser Lampe also eine bedeutende Stromersparnis. Die Lampe wird durch die **Beleuchtungskörper G. m. b. H.**, Berlin NW, Luisenstraße 35, hergestellt und vertrieben.

Tageslicht-Lampe mit Reflektor. Diese Lichtquelle beruht in ihrer Wirkung auf denselben Grundsätzen wie die vorerwähnte Nitralampe. Auch hier wird das Licht der Gasfüllungs-Glühlampe durch eine Kombination von zwei geeignet ausgewählten und übereinander gelegten Glasfiltern mit dem Tageslicht genau in Übereinstimmung gebracht. Der hierbei eintretende Lichtverlust beträgt etwa 70 % des von der nackten Lichtquelle ausgestrahlten Lichtstromes. Durch Anwendung des Reflektors (Wiskott-Reflektor, Emaille-Reflektor usw.) wird der Lichtverlust indessen mehr als ausgeglichen. Durch Konzentration des Lichtes auf den unmittelbar unterhalb der Lampe gelegenen Raum wird sogar noch eine bedeutende Verstärkung gegenüber der Lichtstärke der nackten Lampe in dieser Richtung erreicht (Lampenstärke 750 Kerzen, nach Anwendung des Reflektors unter der Lampe 3000—3400 Kerzen).

Durch diese Lampe (die von der »Tageslichtlampe G. m. b. H.«,
Berlin SW. 68, Alexandrinenstraße 135/136 hergestellt und vertrieben
wird) ist es heute auch kleineren Färbereibetrieben u. a. möglich, sich
die mit dem künstlichen Tageslicht zu erreichenden Vorteile zunutze
zu machen[1]) (s. Abb. 86).

Feuerschutz.

Die Wichtigkeit des Feuerschutzes wird bei Neuanlagen oft nicht
genügend berücksichtigt. Die Versicherung deckt bekanntlich nur den
Sachschaden, während die ganze Geschäftsentwicklung durch die Unmöglichkeit, zu liefern, schwere Verluste erleidet. Dabei ist der Feuerschutz brandtechnisch von größter Wichtigkeit. Einem wirklichen Großfeuer ist oft überhaupt nicht mehr beizukommen, während ein isolierter,
daher kleiner Brandherd, wenn alle Löschmittel bereit stehen, in kürzester Zeit gelöscht wird.

In den Textilausrüstungsbetrieben sind vor allem die Trockenanlagen
und Vorratsräume der Feuersgefahr ausgesetzt, insbesondere Trockenhängen, in denen Tausende von Metern trockener, warmer Gewebe oder
Garne, von warmer Luft umgeben, hängen. Hier kann ein Brand in
kürzester Zeit zu verheerender Größe anwachsen und die ganze übrige
Anlage gefährden.

Der Feuerschutz hat sich 1. auf die Isolierung entstehender Brände
zu erstrecken, 2. die nötigen Löschmittel zur schnellstmöglichen Verwendung bereit zu halten, 3. Warnungssignale zum Schutz des gesamten
Personals in Bereitschaft zu halten. Zur Isolierung von Bränden ist
die Ausführung der Baulichkeiten hart vorzunehmen, d. h. Holz und
anderes feuergefährliches Material sind zu vermeiden. Da für Dächer
aus Preisrücksichten Holz verwendet werden muß, teilt man die Anlage
zweckmäßig in eine Gruppe von Gebäulichkeiten oder schafft in einem
Gebäude feuertechnisch isolierte Räume. Gebäudegruppen sollen, um
ausreichenden Schutz gegen Feuerübertragung zu bieten, 20 m voneinander entfernt, die Dächer mit Ziegeln gedeckt und ohne Öffnungen
(durch die Flugfeuer eindringen könnte) sein. Dachreiter aus Holz sind
zu vermeiden; dort, wo Dachreiter in der Nähe eines feuergefährlichen
Raumes liegen, sind sie aus Weißblech und Drahtglas herzustellen.

Die feuersichere Unterteilung bei Shedbauten ist durch Brandmauern
zu erzielen, die mindestens 50 cm über Dach geführt werden. Solche
Brandmauern ohne jegliche Öffnungen sind ein guter Schutz gegen
Überschlagen des Feuers. Nun sind Öffnungen oft nicht zu vermeiden
(Türen, Schlitze zur Warenführung, Löcher für Transmissionen usw.),
doch bietet die Technik Mittel, auch solche Öffnungen feuersicher zu
gestalten. Man verwendet z. B. feuersichere Türen, die nach besonderen Systemen aus Hartholz mit Asbestbeschlag oder aus Eisen konstruiert sind. Da offene feuersichere Türen wertlos sind und z. B. bei
Nacht keine Gewähr besteht, daß Arbeiter und Nachtwächter die Türen

---

[1]) Eine andere Tageslichtlampe wird auch von der Firma Max Lange Nachf.,
Leipzig, Sophienplatz 4, vertrieben.

vorschriftsmäßig geschlossen halten, werden die Türen als Schiebetüren angelegt, die in schrägen Rinnen laufen und durch die eigene Schwere von selbst zufallen. Um das Öffnen zu erleichtern, baut man Gegengewichte an Ketten ein und in diese Ketten zu beiden Seiten der Mauer einzelne Glieder aus leicht schmelzbarem Metall. so daß im Brandfalle diese Schmelzsicherungen bei offener Tür abschmelzen und die Türen durch ihr eigenes Gewicht zufallen. Gewöhnliche Flügeltüren können mit Selbstschlußapparaten versehen werden. Schlitze erhalten Schieber ähnlicher Konstruktion. Transmissionsdurchbrüche werden auf beiden Seiten durch Blechplatten geschützt, die dicht an die Transmission anschließen. Liegt in der Wand ein Lager, so müssen diese Bleche abschraubbar sein. Das Dach soll möglichst ganz hart aus Eisenbeton hergestellt sein; wo dies nicht angängig, wird man mit Ziegel decken, Dachreiter usw. aus Drahtglas anfertigen. Bei Stockwerksbauten wird man die Zwischendecken aus Eisenbeton herstellen und die Teilwände als Brandmauern über Dach führen. Die Treppenhäuser wird man mit feuersicheren Türen abschließen und ganz hart herstellen; ähnlich sind Aufzugschächte zu behandeln.

Bei allen größeren Baulichkeiten wird man eine ausreichende Anzahl von Notausgängen und eisernen Hilfstreppen vorsehen, um die Arbeiter nicht in Lebensgefahr zu bringen. In einer derartigen Anlage wird ein Feuer leicht auf den Entstehungsraum beschränkt. Ein kleines Feuer ist dann, wenn einige Löschmittel bereit sind, schnell zu löschen.

Das beste Löschmittel sind die selbsttätig wirkenden Sprinkleranlagen. An der Decke des zu schützenden Raumes sind Rohre angebracht, die ständig unter Wasserdruck stehen; an diesen sitzen Brausen, die mit einem Stopfen aus leicht schmelzenden Legierungen versehen sind. Im Brandfalle schmelzen diese Stopfen bei etwa 100° C ab, also ganz zu Beginn des Brandes, worauf sofort die Brausen den ganzen Raum beregnen und das Feuer löschen. In frostgefährdeten Räumen wird in diese Rohre zu oberst Luft eingefüllt, damit sie nicht gefrieren können (was die Rohre sprengt). Man nennt dieses das „Trockensystem", das zuerst beschriebene das „Naßsystem". Zur Sprinkleranlage gehören zwei Druckwasserquellen. Als eine Quelle kann ein Hochreservoir dienen, in dem ein Teil des Wasserinhaltes als Nutzwasser nicht verwendet werden kann, indem der Abfluß für das Nutzwasser hochgelegt wird, so daß immer Wasser für die Brausen zur Verfügung steht. Als zweite Wasserquelle dient meist eine Dampfpumpe, die einige Atmosphären Druck gibt. Als Ersatz sind andere Pumpen, angetrieben durch Elektromotoren, Benzin-, Dieselmotoren o. ä., zulässig, ebenso städtische Wasserleitungen usw. Derartige Anlagen sind sehr sicher, genießen daher bei Versicherungen entsprechende Rabatte auf die Prämiensätze, sind jedoch teuer in der Anlage, so daß man sie auf die hauptsächlich gefährdeten Trockenräume beschränken wird.

Von den durch Hand zu bedienenden Löschmitteln seien vor allem die Handfeuerlöscher, die in den verschiedensten Typen im Handel sind, genannt, wie Minimaxapparate, Perkeo, Trockenfeuerlöscher usw. Kleine Brände sind immer leicht zu löschen; hängt daher so ein Apparat im Raum und hat ein Mann Geistesgegenwart genug, ihn sofort zu benutzen, so können diese Apparate, die verhältnismäßig billig sind, vorzügliche Dienste leisten und großen Schaden verhüten. Die Apparate arbeiten meist mit Kohlensäure, z. B. derart, daß Natriumbikarbonat mit einer Säure zusammengebracht wird und der durch die Gasentwickelung entstehende Druck die ganze Flüssigkeit hinausspritzt. Welche Type man verwendet, ist Geschmacksache. Die Trockenfeuerlöscher sind am schwersten zu dirigieren, schaden dafür auf der anderen Seite den Maschinen am wenigsten. Wenn diese Feuerlöscher nicht genügen und das Feuer größere Dimensionen annimmt, empfiehlt es sich, sofort mit Schlauchleitungen Wasser in größeren Mengen zu verwenden. Es soll daher, in allen Räumen verteilt, eine ausreichende Zahl von Feuerhähnen vorgesehen werden. Das sind Schlauchanschlußstellen, an denen, je nach Größe des Raumes, 10—40 m Schlauch mit Strahlrohr befestigt sind. Das Ganze wird in einen Wandschrank mit Glasdeckel eingebaut. Im Ernstfalle wird der Glasdeckel eingehauen, und sofort steht Wasser zur Verfügung. An geeigneten Stellen können auch Hydranten aufgestellt werden.

Zur Bekämpfung eines größeren Brandes ist eine ausreichende Anzahl von Hydranten vorzusehen, auf je etwa 30 m Entfernung ein Hydrant mit zwei Mündungen. Es können so an jedem gefährdeten Punkt 8—10 Schlauchleitungen zur Verfügung stehen. Für dieses Hydranten netz ist eine Pumpe vorzusehen, die gestattet, über die höchsten der vorhandenen Gebäude hinwegzuspritzen (unter Berücksichtigung des Widerstandes der Rohrleitungen). Für jede Schlauchleitung ist bei normalem Strahlrohr eine Wasserleistung von etwa 5 Sek.Litern zu rechnen. Als Pumpen können Kolbenpumpen oder mehrstufige Zentrifugalpumpen verwendet werden. Die Pumpenanlage ist außerhalb der Betriebsräume zu legen, damit im Brandfalle die Pumpe selbst nicht gefährdet ist; ebenso ein etwaiges Hochreservoir, das bei Beginn des Löschens Wasser zur Verfügung stellt. Feuereimer werden wenig verwendet, da sie für Großfeuer wertlos sind. Die Hydranten sind durch grelle Farben deutlich zu kennzeichnen, so daß sie sofort auffallen. Die Schläuche sollen teils an verschiedenen Stellen in Kästen, teils in einem Geräteraum auf Schlauchwagen bereit stehen. Bei den Verschraubungen ist darauf zu achten, daß sie mit denjenigen der etwaigen örtlichen Feuerwehren zusammenpassen.

Um Schlauchlinien verlegen zu können, sind Leitern erforderlich. Als solche werden in Fabriken am besten feststehende, eiserne Leitern an allen Gebäuden bis an die äußersten Spitzen und über alle Dächer weg vorgesehen; man erspart so bewegliche Leitern. Bei Nacht ist für Beleuchtung zu sorgen, durch Sturmlaternen, Pechfackeln und sonstige Außenbeleuchtung durch Gas oder elektrisches Licht, das auch für den Nachtwächter den Dienst erleichtert.

Alle Anlagen, wie Löschgeräteraum, Pumpenanlage usw., sind unter Verschluß zu halten. Damit im Brandfalle die Schlüssel nicht erst gesucht zu werden brauchen, bringt man diese bei den Türen unter Glas an.

Zur Bedienung der ganzen Anlagen ist eine kleine Fabriksfeuerwehr zu bilden, die regelmäßige Übungen abhalten soll. Bricht ein Brand aus, so ist sofort die Verwaltungs- und Telephonzentrale zu benachrichtigen und durch Sirenen oder Alarmglocken die Fabrikfeuerwehr zu alarmieren und so die ganze Belegschaft der Fabrik zu warnen. Bei Ausbreitung des Brandes ist ferner die städtische oder Ortsfeuerwehr zu benachrichtigen bzw. um Hilfe anzurufen.

Wasserreinigung.
Allgemeines und Chemisches.

Mit den Fortschritten und der Vervollkommnung und Verfeinerung der Technik hat die systematische Wasserreinigung immer mehr festen Fuß gefaßt und immer größere Bedeutung erlangt. Sie bezweckt, gelöste und ungelöste Bestandteile des Wassers auszuscheiden und das Wasser auf solche Weise reinem Wasser, etwa destilliertem oder Regenwasser, nach Möglichkeit näher zu bringen. Dabei wird unterschieden zwischen der Reinigung des Kesselspeisewassers und der Reinigung des Betriebswassers. Die Wege und Mittel zur Reinigung derselben haben viel Gemeinsames, aber auch grundsätzlich Verschiedenes.

Beim Kesselwasser kommt es darauf an, die Kesselsteinbildner und etwaig korrodierende Bestandteile des Wassers sowie organische Verbindungen möglichst vollkommen aus dem Speisewasser zu entfernen oder darin mit geeigneten Fällmitteln niederzuschlagen. Das Schädliche dieser Kesselsteinbildner liegt darin, daß sie als schlechte Wärmeleiter schon in dünner Schicht den Wärmedurchgang stark erschweren, dadurch die Verdampfungsfähigkeit und ganze Wirtschaftlichkeit einer Kesselanlage verschlechtern und an den Wandungen gefährliche Überhitzung verursachen.

Art und Menge der Verunreinigungen von Speisewasser sind sehr verschieden. Für Quell- und Grundwässer kommen besonders in Betracht: doppeltkohlensaurer Kalk, schwefelsaurer Kalk, schwefelsaure Magnesia neben mehr oder weniger freier Kohlensäure. Tagwässer enthalten häufig störende mechanische und organische Beimengungen.

Es ist üblich, die Güte des Wassers nach seinen Härtegraden zu beurteilen, da diesen der Gehalt an kesselsteinbildenden Salzen zugrunde liegt. 1^0 d. H. (= deutscher Härte) entspricht 1 Teil Ätzkalk (CaO) in 100 000 Teilen Wasser oder 10 mg CaO bzw. 7,15 mg MgO in 1 Liter Wasser. Als höchster für Speisewasser noch zulässiger Härtegrad werden in der Regel 12—15° angenommen. Ein planmäßig arbeitender Großbetrieb wird aber auch solches Wasser nicht ungereinigt für Speisezwecke verwenden, vielmehr tunlichst einer Reinigung unterwerfen.

Der Reinigungsvorgang kann sich nun im Kessel selbst abspielen, indem die Zusätze unmittelbar in den Kessel hineingebracht werden. Eine solche Reinigung ist aber nicht zweckmäßig, da sie die Fällungsprodukte in den Kessel gelangen läßt und eine häufige Reinigung des Kessels erforderlich macht; außerdem hat man in solchem Falle mit Wärmeverlust zu rechnen. Die Fällung im Kessel selbst kann deshalb nur als eine Art Notbehelf angesehen werden und ist für einigermaßen bedeutende Betriebe, die sich finanziell und räumlich rühren können, nicht zu empfehlen. Die Zusätze sind in der Regel dieselben wie bei einem Sonderreiniger und haben sich nach der Zusammensetzung des Wassers zu richten. Die Hauptfällungsmittel sind Ätzkalk und Soda, vermittels deren die Bikarbonate des Kalziums und der Magnesia sowie die Sulfate und andere Salze des Kalziums und der Magnesia gefällt werden. Eisenhaltiges Wasser ist nicht so sehr dem Kessel als den Rohrleitungen, Schiebern, Ventilen, Wassermessern usw. gefährlich; die Eisenniederschläge können starkes Zerfressen und Verstopfungen verursachen. In dem Betriebswasser der Textilveredelungsindustrie ist das Eisen auf alle Fälle zu vermeiden. Hier kann es die größten Schäden und Verwüstungen anrichten. Die Enteisenung geschieht gewöhnlich mittels gründlicher Durchlüftung des Wassers in Streudüsen, Gradierwerken, durch geeignete Filtration, durch besonders präparierte Holzwolle und nachträgliche Filtration über Koks oder Kies.

Findet die Wasserreinigung außerhalb des Kessels statt, so kann man eine kontinuierliche und diskontinuierliche Reinigung unterscheiden. Kontinuierlich ist die Reinigung in besonders hierfür konstruierten Apparaten, wo das Wasser fortlaufend roh einläuft und gereinigt abläuft, indem es den ganzen Weg der Reinigung durchmacht. Diskontinuierlich ist die Reinigung in Behältern, wo dem Wasser die nötige Menge an Fällungszusätzen beigefügt wird, das Wasser alsdann einige Stunden ruht, die Niederschläge sich absetzen, und dann das so gereinigte Wasser oberhalb der Niederschläge abgelassen wird. Bei großem Wasserbedarf benötigt man hierfür großer und zahlreicher Behälter, großer Räumlichkeiten und zeitraubender Bedienung. Bei einigermaßen großem Bedarf empfiehlt sich deshalb immer die Anschaffung eines guten kontinuierlichen Wasserreinigerapparates.

Man scheue nicht die Unkosten der Anschaffung, wähle keinen zu kleinen und knapp gehaltenen Apparat und entschließe sich für ein gutes und bewährtes System. Die geringen Mehrkosten, die für ein gutes und dauerhaftes System verlangt werden, sind schnell herausgeholt; denn die unvorhergesehenen Unkosten und die mittelbaren Schädigungen, die mitunter durch mangelhafte Konstruktionen bedingt werden, lassen sich von vornherein gar nicht bemessen. — In Gegenden, wo kein sehr harter und andauernder Winterfrost zu herrschen pflegt, lassen sich die Apparate sehr wohl außerhalb der Fabrikgebäude unterbringen. In diesem Falle sind besondere Vorsichtsmaßregeln und Maßnahmen bei der Wartung der Apparate nicht aus dem Auge zu lassen. Auf alle Fälle günstiger werden die Vorrichtungen unter Dach und Fach aufgestellt, wo sie nicht dem Wind und Wetter ausgesetzt sind. Hier wird schon die äußere Instandhaltung der Anlagen geringere laufende Unkosten verursachen. Immerhin wird sich dies in vielen Fällen nicht ohne allzu große Baukosten einrichten lassen, und es ist keineswegs notwendig, die Apparate im gemäßigten mitteldeutschen Klima unter Dach aufzustellen. Die Reinigung von Betriebswasser für die Färberei, Bleicherei usw. unterscheidet sich grundsätzlich von der Reinigung des Speisewassers dadurch, daß letzteres sehr wohl einen merklichen Überschuß an Alkali, Soda oder

Ätznatron enthalten darf, da alkalisches Wasser dem Kessel ungefährlich ist, während das Betriebswasser in der Regel neutral oder nahezu neutral sein soll, um allen Zwecken dienen zu können. Man hat also bei der Reinigung von Betriebswasser viel sorgfältiger zu arbeiten und die Reinigungszusätze dem Charakter des Wassers genauer anzupassen, um möglichst alles Ausfällbare auszufällen und dabei doch keinen merklichen Überschuß der Fällungsmittel in dem gereinigten Wasser zurückzulassen.

Es ist nicht Aufgabe dieser Arbeit, die Chemie der Wasserreinigung genau zu besprechen. Diese Angaben finden sich zur Genüge in den chemischen Werken über Färberei bzw. Färbereichemie[1]). Nur der Vollständigkeit halber seien hier kurz die Vorgänge der Fällungen und die Gesichtspunkte, die bei der Bemessung der Reinigungszusätze einzuhalten sind, erwähnt. Auf je ein Molekül jeder doppeltkohlensauren Verbindung (ob Kalk oder Magnesia) und freier Kohlensäure kommt ein Molekül Kalk (CaO), ferner auf jedes Molekül Magnesia (gleichgültig, in welcher Verbindung) noch ein weiteres Molekül Kalk (CaO). Außerdem kommt auf jedes Molekül der die permanente Härte verursachenden Verbindungen je ein Molekül Soda (Na_2CO_3). Da nun aber die doppeltkohlensauren Salze die temporäre Härte (Ht) bedingen, und zwar einem deutschen Grade im Liter Wasser 10 mg CaO entsprechen, so müssen auf jeden Grad temporärer Härte (1° Ht) 10 mg CaO zugesetzt werden; außerdem kommt auf jedes Molekül Magnesia (MgO) noch ein weiteres Molekül CaO. In eine Formel gebracht, berechnet sich der notwenidge Kalkzusatz aus folgender Gleichung:

$$CaO = 10 . Ht + 1{,}4 . MgO.$$

(CaO = die notwendige Zusatzmenge Kalk in mg für 1 Liter Wasser; Ht = temporäre Härte; MgO = gefundene Milligramme MgO in 1 Liter Wasser.)

Der notwendige Zusatz an Soda ergibt sich aus der Formel:

$$Na_2CO_3 = 18{,}9 . Hp.$$

(Na_2CO_3 = die notwendige Zusatzmenge Soda in Milligrammen für 1 Liter Wasser; Hp = die gefundene permanente Härte in deutschen Graden.) Die Formel ergibt sich aus der Gleichung:

$$56\,CaO : 106\,Na_2CO_3 = 10\,CaO\ (10\ \text{mg CaO im Liter} = 1^{\circ}\,H) : x;$$
$$x = 18{,}9.$$

Oder in chemischer Gleichung wiedergegeben, werden folgende Reinigungszusätze nach gefundenen Bestandteilen des Wassers notwendig sein:

<table>
<tr><td>Bestandteile
des Wassers }</td><td>Ca H₂(CO₃)₂ + Mg H₂(CO₃)₂ + Ca So₄   +   Mg Cl₂</td></tr>
<tr><td>verlangen zur
Fällung }</td><td>CaO + CaO + CaO + Na₂ CO₃ + Na₂ CO₃ + CaO.
    temporäre Härte   permanente Härte
        Gesamthärte</td></tr>
</table>

---

[1]) Z. B. Heermann, Färberei- und textilchemische Untersuchungen, 4. Aufl., Heermann, Technologie der Textilveredelung.

Anstatt nun Kalk und Soda dem Wasser zuzusetzen, die sich nach der Formel:

$$Ca(OH)_2 + Na_2CO_3 = CaCO_3 + 2\,NaOH$$

umsetzen, kann ein Teil des Kalkes und der Soda durch Ätznatron ersetzt werden; und zwar werden 56 Teile Kalk und 106 Teile Soda durch 80 Teile Ätznatron ersetzt. Mit anderen Worten: Wenn nach obiger Berechnung auf 106 Teile Soda 56 Teile Kalk kommen, so können statt dessen 80 Teile Ätznatron genommen werden; wenn auf 106 Teile Soda mehr als 56 Teile Kalk kommen, so erhält man eine Kalk-Ätznatronreinigung des Wassers; wenn auf 106 Teile Soda weniger als 56 Teile Kalk kommen, so erhält man eine Soda-Ätznatronreinigung. Da die Reinigung mit Kalkwasser aus mehrfachen Gründen unbequem und wenig sicher ist, so soll man stets versuchen, den Kalk als Reinigungszusatz auszuscheiden und möglichst durch Ätznatron zu ersetzen. Ein Wasser, das nach seiner Zusammensetzung entweder mit Soda allein oder mit Natronlauge allein oder mit Soda-Natronlauge gereinigt werden kann bzw. muß, ist bequemer, als wenn zu dessen Reinigung auch noch Kalkwasser erforderlich ist.

Apparatur.

Die Apparate, die zur technischen kontinuierlichen Wasserreinigung verwendet werden, kommen in einer großen Zahl von Bauarten vor[1]. Es würde zu weit führen, die Einzelheiten der Apparate hier zu besprechen, und es dürfte genügen, die Grundsätze der Vorrichtungen kurz zu zeichnen, indem beispielsweise ein Apparat genauer geschildert wird.

Nach dem Grundsatz der Bauart und Funktion kann man die kontinuierlichen Wasserreiniger in etwa folgende drei Gruppen einteilen.

    I. Filterpressen-Heißreiniger.
    II. Klärfilter-Kaltreiniger.
    III. Permutitreiniger.

I. Die erste Abart, die Filterpressen-Heißreiniger, unterscheiden sich von der zweiten Bauart vor allen Dingen dadurch, daß das zu reinigende Wasser in der Hitze mit den Reinigungszusätzen in Verbindung gebracht wird, und daß die zu fällenden Bestandteile deshalb schnell ausgefällt und sofort durch eine Filterpresse zurückgehalten werden. Man spart hierdurch vor allen Dingen an Raum und großen Vorrichtungen. Der Nachteil dieses Systems ist, daß das Wasser nicht genügend ausgereinigt wird, meist einen beträchtlichen Überschuß von Alkali zurück-

---

[1] Genannt seien hier z. B. folgende Firmen: Halvor Breda, Berlin-Charlottenburg; A. L. G. Dehne, Halle a. S.; Gebr. Koerting, Koertingsdorf bei Hannover; P. Kyll, Köln a. Rh.; Philipp Müller, G. m. b. H., Stuttgart; Permutit-Akt.-Ges., Berlin N. 39; Rasmussen & Ernst, G. m. b. H., Chemnitz i. Sa.; Rob. Reichling & Co., Dortmund; H. Reisert, Köln-Braunsfeld; Wwe. Joh. Schumacher, Köln a. Rh.; Schumann & Co., Leipzig-Plagwitz; L. u. C. Steinmüller, Gummersbach (Rheinl.); „Wruwag", Bad-Nauheim. Näheres s. auch bei Ristenpart, Das Wasser in der Textilindustrie, und Heermann, Technologie der Textilveredelung.

hält und überhaupt nicht so genau und sachgemäß „eingestellt" werden kann wie nach dem Klärsystem mit großen Behältern und langsamer Durchlaufzeit. Aus diesem Grunde eignet sich sich das nach diesem System gereinigte Wasser selten als Betriebswasser, meist nur als Kesselwasser, und auch hier ist große Vorsicht geboten, wenn der Betrieb direkten Heizdampf verwendet und alkaliempfindliche Bäder bzw. Ware in Frage kommen. Es geschieht zu leicht, daß der stark alkalische Inhalt des Kessels schäumt und das Kesselwasser mit dem Dampf in die Betriebsbäder hineingerissen wird. Im allgemeinen sieht man deshalb diese früher sehr beliebten, kleinen Reiniger immer mehr verschwinden.

Die Wirkung dieser Reiniger ist etwa folgende: Eine Pumpe saugt das Wasser und drückt es in geschlossener Rohrleitung hintereinander

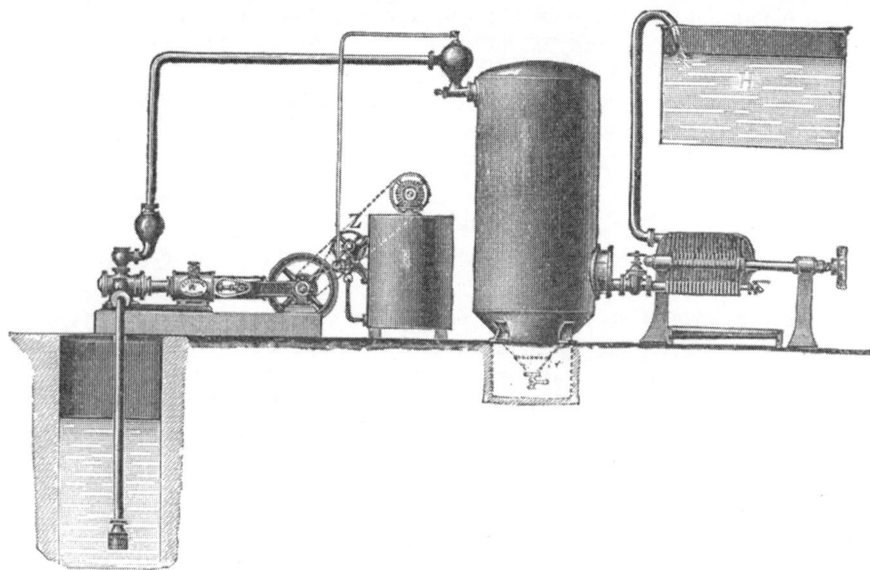

Abb. 87.

durch Fällgefäß und Filterpresse nach dem Reinwasserbehälter oder auch unter Umständen direkt in den Dampfkessel. Von der Wasserpumpe wird eine kleine Laugenpumpe mit angetrieben, die die zur Ausfällung der Kesselsteinbildner nötige Lauge dem Laugebehälter entnimmt und dem Wasser beim Eintritt in das Fällgefäß zuführt. Gelangt das Wasser heiß in das Fällgefäß, so kann es schnell und weitgehend enthärtet werden. Die Filterpresse hält den ausgeschiedenen Schlamm in ihren Kammern auf den Filtertuchwänden schichtenweise fest. — Diese Apparate, welche besonders für die Reinigung kleinerer Mengen Kesselwasser dienen, werden beispielsweise von der Firma A. L. G. Dehne, Halle a. S., gebaut. Nebenstehende Skizze erläutert den Apparat (s. Abb. 87).

Abb. 88 veranschaulicht einen anderen Reinigungsapparat der Firma Dehne. Das Wasser kommt in geschlossener Leitung aus einem Hochreservoir und fließt weiter in geschlossener Leitung hintereinander durch Vorwärmer, Fällapparat

und Filterpresse der Kesselspeisepumpe zu, die es gereinigt in den Kessel drückt.
Von der Pumpenwelle wird eine kleine Laugenpumpe mit betätigt, die das zur
Ausfällung der Kesselsteinbildner nötige Laugengemisch von Ätznatron und Soda
dem heißen Wasser im Fällapparat zuführt, wo es sich mit dem Wasser mischt
und die Kesselsteinbildner zur Ausfällung bringt, welche in der Filterpresse zurückgehalten werden.

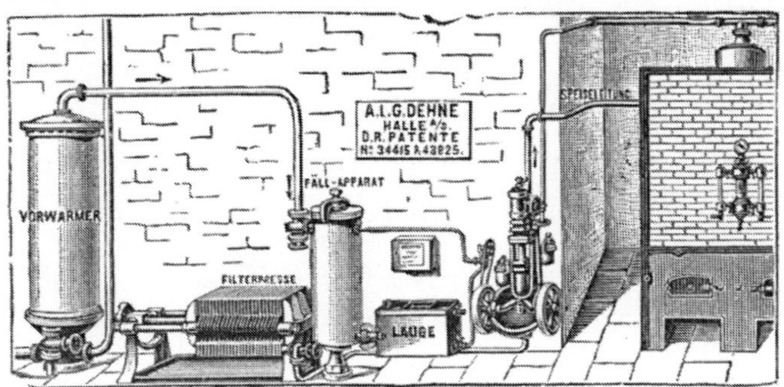

Abb. 88.

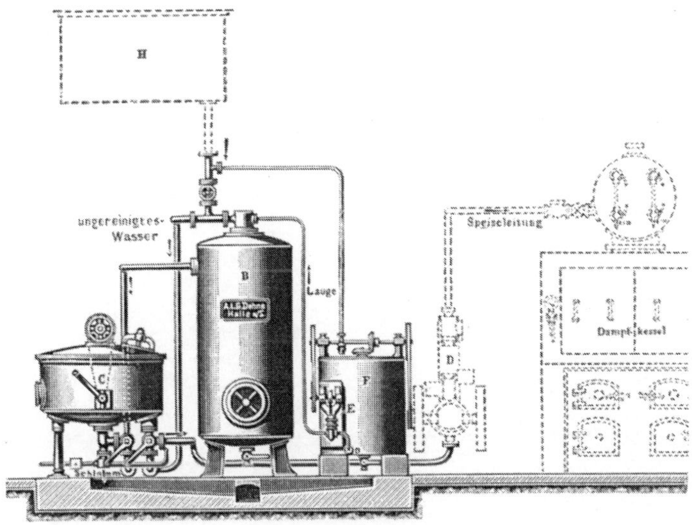

Abb. 89.

Eine andere Type der Firma Dehne stellt Abb. 89 dar. Sie unterscheidet
sich von vorstehender dadurch, daß sie für die Verwendung von Kalk und Soda
(statt Ätznatron und Soda) eingerichtet und mit einem Kiesfilter (statt Filter-
tuchpresse) ausgestattet ist. Das Kiesfilter bedingt seinerseits zu seiner Entlastung
einen größeren Fällapparat, in welchem der größte Teil der Kesselsteinbildner
sich als Schlamm zu Boden setzen kann, wo er von Zeit zu Zeit abgelassen wird.
Der größere Fällapparat hat nun auch den Vorteil der längeren Durchlaufzeit
des Wassers, so daß das Wasser auch auf kaltem Wege gereinigt werden kann,
wenn man nicht vorzieht, im Fällapparat selbst durch Einführung von Dampf
eine Erwärmung vorzunehmen. Der Vorwärmer ist dabei in Wegfall gekommen.
— Der Gang der Reinigung ist folgender. Das Wasser fließt aus dem Hochreservoir R dem Fällapparat bzw. Fällgefäß F zu und mischt sich beim Eintritt

mit dem Gemisch von Kalkmilch und Sodalauge (das in einem besonderen Rühr-
bottich angesetzt wird), welches die Laugenpumpe herbeischafft. Im Fällgefäß
fließt das mit Lauge versetzte Wasser durch ein Einsatzrohr nach unten und
steigt dann langsam in dem Gefäß aufwärts, um so im vorgeklärten Zustande
nach dem geschlossenen Kiesfilter überzutreten, wo es sich vollständig klärt und
dann der Wasserpumpe zufließt, die es in den Kessel drückt. Da der Gang der
Laugenpumpe vom Gange der Wasserpumpe abhängig ist, so bleibt das Verhältnis
der zulaufenden Wassermenge und der eingeführten Laugenmenge konstant.

II. Weit höhere Ansprüche an das Wasser, was Menge und Güte
desselben betrifft, erfüllen die größeren Klärreiniger. Die Technik

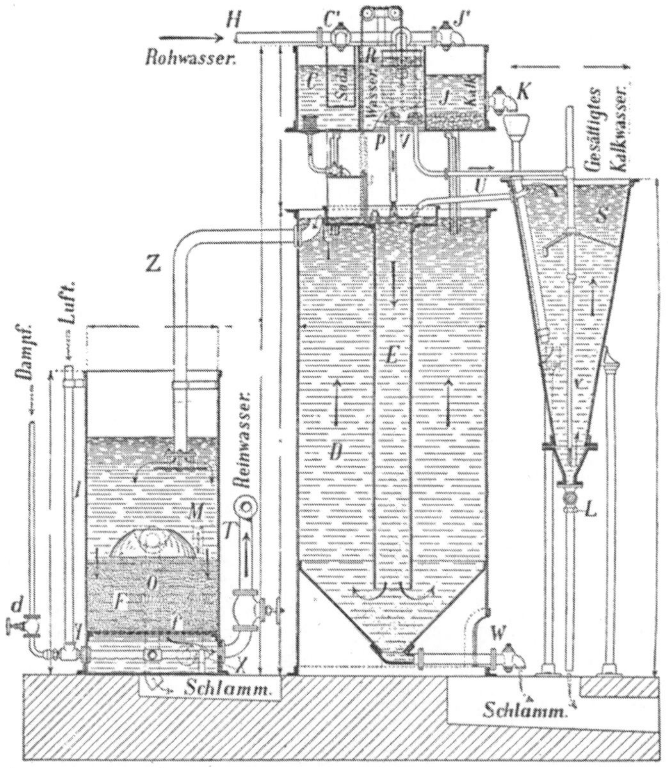

Abb. 90.

hat diese Apparate heute so weit vervollkommnet, daß nahezu neutrales
und auf wenige Härtegrade enthärtetes, auf kaltem, automatischem Wege
gereinigtes Wasser zu erzielen ist. Es sei in nachfolgendem der bekannte
Reisertsche Wasserreiniger, Type Bs, nach den eigenen Angaben der
Firma beschrieben (Abb. 90).

Dieses Apparatsystem dient vor allem dazu, um harte Wässer und
besonders solche, die viel doppeltkohlensaure Verbindungen enthalten,
ebenso auch ölhaltige und eisenhaltige Wässer weich zu machen und zu
filtrieren. Der Wasserreiniger, Type Bs, hat sich bewährt zur Reinigung

des Wassers für Dampfkesselspeisung, Bleichereien, Färbereien, Wollwäschereien, Kattundruckereien usw.

Das zu reinigende Wasser fließt durch Rohr H in den Verteilungsbehälter. Dieser besteht aus dem Rohwasserabteil R, dem Kalklöschabteil J, dem Sodalösabteil C und dem etwas tiefer stehenden Sodareguliergefäß. In letzterem hält ein Schwimmer den Stand der durch ein Röhrchen aus dem Behälter C einfließenden Sodalösung auf stets gleicher Höhe. Durch ein Syphonröhrchen läuft die Sodalösung in das Mischrohr E, wo auch Kalkwasser und Rohwasser zusammenfließen. Die Regulierorgane V und P sind an dem Rohwasserabteil R in gleicher Höhe angebracht; das Syphonröhrchen hängt an einem Kettchen, das an dem Schwimmer desselben Abteils R befestigt ist. Sinkt nun der Wasserspiegel in diesem infolge geringeren Wasserzulaufes aus dem Rohr H, so sinkt auch der darin befindliche Schwimmer und zieht das Syphonröhrchen in gleichem Maße höher, so daß die drei Zuläufe stets gleichmäßig arbeiten. Auch hören sie gleichzeitig auf zu laufen, wenn das Rohwasser in H gesperrt wird.

In dem Kalksättiger wird der im oberen Abteil J gelöschte Kalk zu gesättigtem Kalkwasser (1 Teil CaO auf 778 Teile Wasser) gelöst. Er besteht aus einem aufrechtstehenden konischen Gefäß S, dessen engster Querschnitt sich unten befindet. Durch Hahn K und das darunter befindliche Rohr mit Trichter wird die bereitete Kalkmilch nach dem unteren Teil des Kalksättigers eingeführt, wo auch die ausgelaugten Kalkreste durch Hahn L periodisch entfernt werden. Eine genau eingestellte Wassermenge fließt aus R durch Ventil V und Rohr v unter die vorher eingeführte Kalkmilch und wirbelt diese kontinuierlich auf. Das Wasser nimmt alsdann in seiner Aufwärtsströmung die feinen Kalkteilchen mit in die Höhe, sie inzwischen auslaugend, bis sie sich infolge der zunehmenden Querschnittserweiterung und der damit verbundenen abnehmenden Wassergeschwindigkeit allmählich wieder absetzen. Das gesättigte Kalkwasser verläßt dann durch Rohr U den Sättiger und tritt in das Mischrohr E, wo es mit der Sodalösung aus Abteil C und dem Rohwasser zusammentritt. Der Kalkwasserzufluß wird hierbei durch Ventil V reguliert. Das Gemisch der drei Zuflüsse vermengt sich innig und fällt das Mischrohr E hinab zum Reaktionsraum D, wo es wiederum aufwärts strömt und wo sich ein Teil des Schlammes absetzt und von Zeit zu Zeit durch Hahn und Rohr W abgelassen wird. Im übrigen steigt das Wasser in Raum D allmählich in die Höhe und fließt von oben durch das Überfallrohr Z in das Kiesfilter F, um dann schließlich durch Rohr T den Reinigungsapparat völlig klar zu verlassen.

Eine Erneuerung des Filtermaterials findet im allgemeinen nicht statt; es muß bloß nach Bedarf gereinigt werden, was nur wenige Minuten beansprucht. Man verfährt dabei in der Weise, daß man zunächst Schlammhahn O öffnet und die Hähne so umstellt, daß das dem Apparat zufließende Wasser anstatt in den Verteilungsapparat unter das Filter gelangt. Alsdann setzt man den Luftapparat y durch Öffnen des Dampfventils d in Tätigkeit. Die in das Filtermaterial gedrückte

Luft wühlt den Schlamm auf und das rückwärts strömende Wasser führt ihn zum Schlammventil ab. Nach einigen Minuten wird der Luftdruckapparat y abgestellt und mit Wasser weiter nachgespült, bis das bei O abfließende Spülwasser klar und schlammfrei ist. Schließlich werden die Hähne wieder in die ursprüngliche Stellung gebracht und der Apparat von neuem zur Wasserreinigung in Betrieb gesetzt.

III. Auf ganz anderer Grundlage beruht das Prinzip der **Permutitreinigung**[1]). Hier geht die Befreiung des Wassers von den Härtebildnern durch einfache Filtration ohne Chemikalienzusatz vor sich. Der Enthärtungsvorgang beruht auf der Eigenschaft der künstlichen Zeolithe

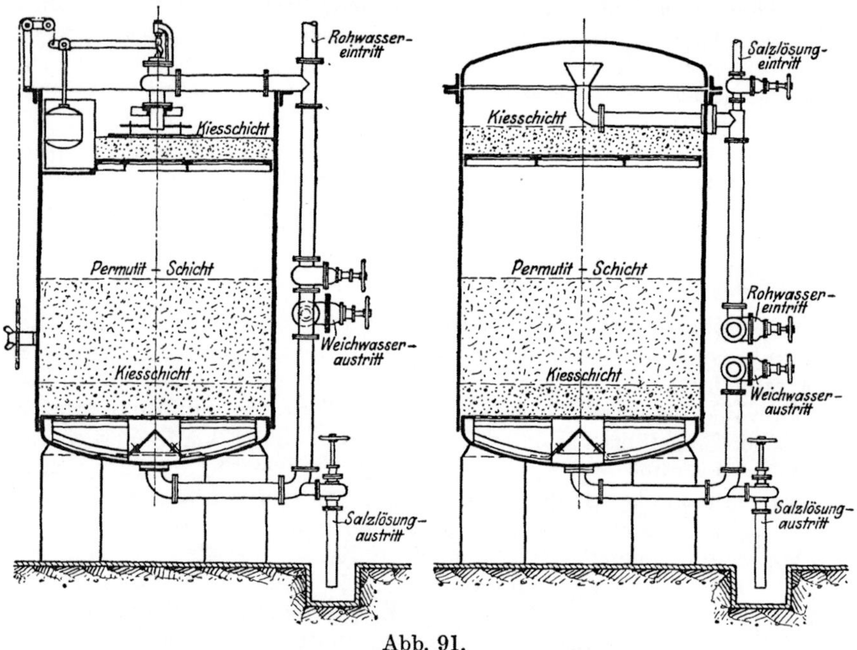

Abb. 91.

(basischen Aluminiumsilikate), für welche der geschützte Name „Permutit" gewählt worden ist, ihre basischen Bestandteile gegen andere umzutauschen, ohne dabei eine Abnutzung zu erfahren. Bei der Filtration des Wassers durch Natriumpermutit findet ein Austausch der härtebildenden Substanzen des Wassers, also des Kalks und der Magnesia, auch des Eisens, durch Natron statt, so daß in das Filtrat nur die entsprechenden Mengen doppeltkohlensaures bzw. schwefelsaures Natron übergehen, wodurch die Kesselsteinbildung ausgeschaltet wird. Wenn das Permutitfilter seinen gesamten Natrongehalt gegen die Kalk- und Magnesiumverbindungen des Wassers ausgetauscht hat, wird es durch Überleiten einer Kochsalzlösung wieder in Natriumpermutit zurückver-

---

[1]) Von der Permutit-Filter-Co. G. m. b. H., Berlin N 39, Gerichtsstraße 12/13, in den Handel gebracht.

wandelt, regeneriert, und es ist dann wieder von neuem verwendbar wie im ursprünglichen Zustande. Zur Regeneration verwendet man zweckmäßig mit Holzkohle, Graphit, Petroleum oder Permanganat denaturiertes Kochsalz (Abb. 91).

Die Konstruktion des Filters richtet sich ganz nach den örtlichen Verhältnissen. Die Filtrationseinrichtung kann man je nach Umständen von oben nach unten oder von unten nach oben wählen; man kann das Filter offen oder geschlossen gestalten, man kann unter Druck oder ohne Druck arbeiten, man kann heiß oder kalt filtrieren bzw. regenerieren.

Was die Beschaffenheit des gereinigten Wassers betrifft und die Verwendungsfähigkeit als Betriebswasser, so ist Rücksicht darauf zu nehmen, daß die Gesamtmenge der Bikarbonate als doppeltkohlensaures Natron in das gereinigte Wasser hineingelangt. Dies kann unter Umständen bei Wässern mit großer temporärer Härte und für bestimmte Betriebszwecke hinderlich sein. Ferner ist zu erwägen, daß sich das Natriumzeolith in Berührung mit Wasser allmählich dissoziiert und dem Wasser alkalische Reaktion verleiht. Ob und inwieweit dieses schädlich oder hinderlich ist, und wie das am besten unschädlich zu machen ist, muß von Fall zu Fall entschieden werden. Die Permutitreinigung hat sich sehr gut eingeführt.

Abwässer[1]).

Die Abwässerfrage stellt eine in technischer, wirtschaftlicher, rechtlicher und wissenschaftlicher Beziehung sehr schwierige und verwickelte Materie dar, welche zurzeit noch auf recht unsicherer Grundlage fußt, und um die sich die beteiligte Industrie fortlaufend bemühen muß, damit dieser Frage oft genug die wichtigsten Lebensinteressen manchen Unternehmens auf dem Spiele stehen und oft große Summen in nutzloser Weise aufgewendet werden. Die Industrie sollte sich in tätiger Weise an der Lösung der Frage beteiligen, damit sie im entscheidenden Augenblick, wenn ihr Recht in Frage steht, die nötigen Waffen zur Hand hat. Ganz besonders wichtig ist die Frage für die Textilveredlungsindustrie, welche die verschiedensten Abfallstoffe mit ihren Abwässern ableitet und mit ganz besonders großen Mengen zu rechnen hat. Eine Verwertung der Abwässer in der Textilindustrie ist in den meisten Fällen ausgeschlossen. Solche ist lediglich bei wenigen verhältnismäßig konzentrierten Bädern, z. B. Seifenbädern, und metallischen Beizen, z. B. Zinnwaschwässern, angebracht. In den meisten übrigen Fällen ist die große Verdünnung der Abwässer ein für die Wiedergewinnung hindernder Umstand.

Die Behandlung der Abwässerfrage ist im allgemeinen Spezialfachleuten zu überlassen, da auf dem klärtechnischen Gebiete nur individuelle, den örtlichen Verhältnissen angepaßte Lösungen der gestellten

---

[1]) S. a. G. Adam, Der gegenwärtige Stand der Abwasserfrage, dargestellt für die Industrie unter besonderer Berücksichtigung der Textilveredelungsindustrie. Vieweg & Sohn. H. Bach, Zeitschr. f. angew. Chemie, 1921. S. 561.

Aufgaben zum Ziele führen und die schematische Anwendung irgend-eines Verfahrens, das in einer Fabrik gute Dienste leistet, in einer zweiten Fabrik desselben Produktionszweiges, jedoch unter anderen örtlichen Bedingungen, zu schweren Enttäuschungen führen kann.

Gesetzliche Bestimmungen.

Die gesetzlichen Vorschriften, die die Abwässerbeseitigung und -rei-nigung betreffen, sollten vor allem jedem Betriebsleiter in ihren Grund-zügen geläufig sein. Maßgebend sind vor allem:

1. Der § 366, Nr. 10 des Strafgesetzbuches. Er lautet: „Mit Geld-strafe bis zu 60 Mark oder mit Haft bis zu 14 Tagen wird bestraft, wer die zur Erhaltung der Sicherheit, Bequemlichkeit, Reinlichkeit und Ruhe auf den öffentlichen Wegen, Straßen, Plätzen oder Wasserstraßen erlassenen Polizeiverordnungen übertritt."

2. Der § 906 des Bürgerlichen Gesetzbuches. Dieser lautet: „Der Eigentümer eines Grundstücks kann die Zuführung von Gasen, Dämpfen, Gerüchen, Rauch, Ruß, Wärme, Geräusch, Erschütterungen und ähn-liche von einem anderen Grundstück ausgehende Einwirkungen insoweit nicht verbieten, als die Einwirkung die Benutzung seines Grundstücks nicht oder nur unwesentlich beeinträchtigt oder durch eine Benutzung des anderen Grundstücks herbeigeführt wird, die nach den örtlichen Verhältnissen bei Grundstücken dieser Lage gewöhnlich ist. Die Zu-führung durch eine besondere Leitung ist unzulässig." Da die Zufüh-rung von Gasen, Gerüchen und dgl. nicht selten durch Vermittelung von Wasser erfolgt, so können auch Abwässer unter die Vorschriften des § 906 fallen.

3. Das Preußische Wassergesetz vom 1. April 1914 mit seiner klaren und ausführlichen Darstellung der einschlägigen Bestimmungen[1]). Ein einheitliches Wassergesetz für das ganze Reich fehlt leider noch, ist aber anzustreben. Es sei noch auf den wichtigen Umstand hingewiesen, daß die Verleihung des Rechtes der Abwässereinleitung oft entscheidend vom Nachweis der Möglichkeit oder von der Verpflichtung abhängt, die in Frage kommenden Abwässer in ausreichender Weise zu reinigen.

Das neue Preußische Wassergesetz macht 50—60 Gesetze und Ver-ordnungen, die bis dahin für Preußen bestanden, hinfällig. Erwähnt seien noch a) die badische Verordnung vom 11. Oktober 1884 für den Rheinstrom und andere Wasserläufe, b) die Ministerialverfügung für Sachsen, c) das Wassergesetz von Bayern, das indes keine Bestimmungen über die Zuleitung von Abwässern enthält.

Schließlich sei noch das Reichsgesetz zur Bekämpfung gemeingefähr-licher Krankheiten vom 30. Juni 1900 erwähnt. Auf Grund dieses Ge-setzes ist der Reichsgesundheitsrat gebildet worden, und bei diesem ist ein Ausschuß errichtet für Wasserversorgung und Beseitigung der Abfall-

---

[1]) Wir verweisen zur näheren Orientierung über das Gesetz u. a. auf Heer-mann, Technologie der Textilveredelung, 1921, S. 89ff. Ferner auf ausführ-lichere Kommentare zum Gesetz, z. B. J. Hermes, Das Preußische Wasser-gesetz; A. Kloess, Kommentar zu dem Wassergesetz für Preußen.

stoffe, einschließlich der Reinhaltung der Gewässer. Der Reichsgesundheitsrat soll eine begutachtende und vermittelnde Tätigkeit ausüben bei Angelegenheiten, bei Anlagen und Einrichtungen, welche die aus gesundheits- und veterinärpolizeilichen Rücksichten gebotene Reinhaltung der das Gebiet mehrerer Bundesstaaten berührenden Gewässer betreffen. Dazu gehört auch die Zuleitung von Abwässern von Fabriken und gewerblichen Anlagen.

Die Abwässer der Textilveredelungsindustrie.

Die Abwässer der Textilveredlungsindustrie unterscheiden sich von den Abwässern anderer Industrien vielfach dadurch, daß sie allerlei Stoffe enthalten, welche fäulniswidrig wirken. In dieser Beziehung sind sie als günstig anzusehen. Ferner haben die Abwässer aus Färbereien eins gemein, und das ist die Färbung. Sie mag vor allem schuld daran sein, daß die Abwässer der Färbereien manchmal zu den schlimmsten gerechnet werden und daß die Abwässer der Textilindustrie überhaupt keinen guten Ruf haben. Stark giftige Stoffe werden heute in der Färberei kaum noch gebraucht; die Arsenikbeizen haben früher wohl stellenweise Grund zu Klagen gegeben; sie sind jetzt ganz aus dem Gebrauch geschwunden. Auch die Schlammengen in den Abwässern der Fabriken der Textilveredlungsindustrie können in der Regel nicht als sonderlich groß bezeichnet werden. Nur in Bleichereien und in Wasserreinigungsanlagen können die Kalkmengen, welche zurückbleiben, Verschlammungen herbeiführen. Infolge des großen Wasserverbrauches zum Spülen und Waschen der gebleichten, gebeizten, gefärbten usw. Fasern ist die Menge der erzeugten Abwässer bedeutend und die Verdünnung der meisten Abfallstoffe eine ganz ungeheure. Wenn man bedenkt, daß eine einzige moderne Waschmaschine sehr wohl 100 cbm Wasser in der Stunde verbrauchen kann, so läßt sich daraus berechnen, wie viel tausend Kubikmeter Wasser ein moderner Großbetrieb heute unter Umständen täglich verbraucht. Diese ungeheure Verdünnung setzt nun auf einer Seite die Schädlichkeit der Abwässer herab, auf der anderen Seite erschwert sie aber außerordentlich eine zweckmäßige Reinigung der Abwässer. Hierzu kommt noch die große Unregelmäßigkeit in der Zusammensetzung und Menge der Abwässer im Laufe der Betriebsperioden.

Was die Zusammensetzung der Abwässer der Einzelbetriebe betrifft, so kann unterschieden werden zwischen Bleichereien, Färbereien, Druckereien, Appreturen, dann wieder nach der Art der verarbeiteten Stoffe, wie Seide, Wolle, Baumwolle, Kunstseide, gemischte Stoffe, Jute usw., nach Hand- und Maschinenbetrieb, nach Strang- und Stückverarbeitung oder nach der Art der angewandten technischen Hilfsmittel. Es gibt da wieder eine große Anzahl von Sondergruppen: Rasenbleicherei, Schnellbleicherei, Schwarzfärberei, Türkischrotfärberei, Copsfärberei, Indigofärberei, Anilinschwarzfärberei, Wollplüschfärberei, Kattundruckerei usw. Man könnte wohl sagen, so viel Betriebe, — so viel Arbeitsmethoden und verschiedene Abwässer. Es sei jedoch versucht, die Hauptmerkmale und Hauptbestandteile einiger Betriebe generell aufzustellen.

Die Abwässer aus Bleichereien sind stark alkalische, stark gefärbte, hochkonzentrierte Kocherlaugen, verdünnt mit Bleichflüssigkeiten, geringen Mengen säurehaltiger Abwässer, sowie mit Spül- und Waschwässern. Die Bleichflüssigkeiten enthalten in den Baumwollbleichereien in der Regel Chlorkalk oder sonstige Hypochlorite, in der Woll- und Seidenbleicherei schweflige Säure oder Sulfite. Kocherlaugen enthalten Soda, Natronlauge, mitunter auch Kalklauge u. ä.

Die Abwässer der Wollwäschereien und Tuchfabriken enthalten in den Vorwaschwässern neben Wollfasern fast alle der Wolle mechanisch anhaftenden Verunreinigungen (Kot, Staub, Stroh usw.) und die seifenhaltigen Wollwaschwässer, außerdem Wollfett und Wollschweiß. Dazu kommen Chemikalien. Das Abwasser der Wäschereien ist meist alkalisch, dasjenige der Färbereien meist sauer. Die Konzentration schwankt innerhalb weitester Grenzen. Seifenhaltige Wollwaschwässer für sich allein enthalten bis zu 10 g gelöste Stoffe, das Gesamtabwasser jedoch nur 0,5—1,5 g im Liter.

Die Seidenschwarzfärbereien werden vielfach schwach saure eisenhaltige Abwässer erzeugen; chrom- und tonerdehaltige Abwässer werden seltener angetroffen werden. Dann werden hier gerbstoff-, blauholz- und seifenhaltige Abwässer zu den wichtigsten zu rechnen sein. Eine sehr große Rolle wird neuerdings in den Abwässern auch das Natronphosphat spielen, während die Bedeutung des Ferrozyankaliums abnimmt. Anilinfarben werden in geringerem Umfange angetroffen werden. Die Zinnwaschwässer pflegt man in besonderen Regenerierkellern wieder zu verarbeiten. Die Seidenkouleurfärbereien werden schwach schwefelsaure, gebrochene Bastseifenbäder, die mehr oder weniger dunkel gefärbt sind, ableiten. Für die Erschwerung der Seiden kommen hauptsächlich Phosphate, Wasserglas, Tonerdesalze in Frage; die für die Erschwerung der Seiden angewandten Zinnsalze kommen nicht oder in kaum merklichen Mengen in die Abwässer, da hier die Zinnwaschwässer wie in der Schwarzfärberei regeneriert zu werden pflegen. An Farbstoffen werden hauptsächlich basische und saure angetroffen.

In der Wollfärberei kommen basische, saure, substantive und Beizenfarbstoffe zur Verwendung. Meist wird in einem sauren und zwar schwefelsauren (natriumbisulfathaltigen) Bade gefärbt. Ferner spielen Chrombeizen, Kaliumbichromat, eine wichtige Rolle, während Tonerde-, Zinn- und Eisensalze weniger wichtig sind. Als Hilfsbeizen kommen Schwefelsäure, Weinsäure, Milchsäure, Ameisensäure und deren Salze in Frage; ferner Borax, Essigsäure, Oxalsäure.

Zum Beizen der Baumwolle und des Leinens werden in erster Linie Gerbstoffe, Tannin, Sumach, Türkischrotöl, Tonerde-, Eisen-, Zinn- und Antimonsalze gebraucht. Von Farbstoffen werden die substantiven und neuerdings die Schwefelfarbstoffe bevorzugt; erstere gehen in neutralem oder schwach alkalischem Salzbade an die Faser, letztere in schwefelalkalischem Bade. Basische Farbstoffe werden meist auf Antimonbeize gefärbt. Zum Nachbehandeln von Baumwollfärbungen werden Chrom-, Kupfersalze, Essigsäure, Formaldehyd und andere Verbindungen gebraucht. Besondere Färbeverfahren sind das Diazotieren (bei dem der Farbstoff auf der Faser mit salpetriger Säure diazotiert und dann mit einem Entwickler gekuppelt wird), die Anilinschwarzfärberei (bei dem Anilinsalz mit oxydierenden Mitteln, z. B. Kaliumbichromat, Kupfersalzen, Vanadinlösung u. a. behandelt wird), die Indigofärberei (bei der der natürliche oder jetzt fast ausschließlich künstliche Indigo zu Indigoweiß reduziert wird, z. B. mit Hydrosulfit usw.) u. a. m.

In den Abwässern der Druckereien werden sich mehr fäulnis- und gärungsfähige Stoffe vorfinden. Zu den Beizen und Farbstoffen treten die zur Reservage und Enlevage nötigen Materialien. Dazu gehören organische Säuren, Kupfersalze, Zinnsalze, Chromsäure, Ferro- und Ferrizyankalium und noch viele andere Mittel. Als Verdickungsmittel, um die Farben, Beizen, die Reservagen und Enlevagen aufdrucken zu können, dienen Mehl, Stärke, Dextrin, Talk, Eiweiß, Kaseïn, in Ammoniak oder Borax gelöst, und dergleichen. Die Verdickungsmittel werden zum größten Teil ausgewaschen und befinden sich dann in den Abwässern.

In den Appreturen werden hauptsächlich die Spülwässer als Abwässer abgeleitet, welche bei dem Reinigen der Geräte usw. von der Gummieroder Appreturmasse abfallen; sie sind wegen ihrer geringen Menge von keiner besonderen Bedeutung.

Für die Abwässer der Färberei liegt ein großer Vorteil darin, daß bei dem Zusammenfließen der Wässer aus den verschiedenen Farbbottichen Lösungen zusammenkommen, deren mannigfaltige Bestandteile sich oft gegenseitig niederschlagen können; die Niederschläge reißen dann wohl auch die suspendierten Teilchen mit sich zu Boden. Es findet sozusagen eine Selbstreinigung statt, die man in geeigneter Weise fördern sollte, indem man auch die zeitlichen Schwankungen möglichst ausgleicht.

Grenzwerte.

Man hat versucht, Grenzwerte für die zulässigen Mengen von Verunreinigungen aufzustellen. Infolge der verschiedenen Ziele, die man erreichen will, und mangels einheitlicher Untersuchungsverfahren und Verhältnisse gehen die Forderungen weit auseinander. Folgende Tabelle gibt eine Anzahl festgelegter Grenzwerte an, aus der ersichtlich ist, wie verschieden die Forderungen sind.

Wenn es nun auch keine festen Verhältniszahlen gibt und geben kann, so hat doch Wissenschaft und Praxis Anhaltspunkte geschaffen, welche von Nutzen sind. Wie und wann sie zur Anwendung gebracht werden dürfen, das ist Sache fachwissenschaftlicher, sachverständiger Prüfung. Einer der wichtigsten Umstände, welcher über die Zulässigkeit des Einlasses von Abwässern in einen Vorfluter entscheidet, bildet die Wassermenge, welche für die Verdünnung zur Verfügung steht. Über die Wasserführung der Ströme, der Flüsse, Bäche und Rinnsale gibt es nun wieder sehr wenig zuverlässige Angaben; in gleicher Weise schwanken Abwässermengen und -konzentrationen. Hieraus ersieht man, auf welche Schwierigkeiten und Bedenken man stößt, sobald man den Dingen näher auf den Grund geht. Die einzige Lösung der Abwässerfrage wird des-

In 1 Liter Wasser sollen höchstens enthalten sein (in Milligramm):

	1.	2.	3.	4.	5.	6.	7.	8.	9.	10.	11.	12.
Suspendierte organische Stoffe	100 000	100 000	2500	500	20	10	?	—	—	10—300[1]	—	—
Suspendierte anorganische Stoffe . . .	100 000	100 000	5000	1000	50	30	?	—	—	10—300[1]	—	—
Organischer Kohlenstoff	0	0	0	—	20	20	?	5	10	5—30	—	—
Organischer Stickstoff	0	0	0	40	10	3,3	?	5	10	5—30	—	—
Freie Säuren	5000	1000	50	0	100	20	keine Re-aktion auf Lackmus	—	—	—	—	—
Freie Alkalien bzw. Erdalkalien . . .	5000	1000	50	0	20	20		—	—	—	—	—
Metalle bzw. Metallsalze	5000	1000	50	0	—	20		—	—	—	—	—
Freies Chlor	0	0	0	—	20	10	keine wasser-löslichen Gifte	—	—	—	—	—
Arsen	5000	1000	50	0	—	0,5		—	—	—	—	—
Schwefel als Schwefelwasserstoff oder Sulfit	5000	1000	0	—	20	10		—	—	—	—	—
Kochsalz und Chlorkalzium bzw. gebundenes Chlor	0	0	150 000	1000	—	—	keine Salze in konzentrierten Lösungen	15	50	70	25 000	—
Eisen-, Tonerde-Salze, Ammoniumkarbonat	—	—	500	—	—	—		—	—	—	—	—
Gelöste anorganische Stoffe	—	—	50 000	—	—	—		900	600	400	35 000	—
Erdöl und Kohlenwasserstoffe . . .	0	0	0	0	0,5	0,5	—	—	—	—	—	—
Abwassertemperatur höchstens . . .	25°	25°	30°	20°	—	—	—	—	—	—	—	30°

[1] Der Mindestgehalt an Schwebestoffen im Flußwasser wird bei Niedrigwasser, der Höchstgehalt bei Hochwasser beobachtet.

halb sein, wenn „unter Vermeidung jeder schematischen Behandlung von Fall zu Fall" verfahren wird.

Die Spalten 1—12 bedeuten:

1. Badische Verordnung, die Verunreinigung des Fischwassers betreffend, vom 11. Oktober 1884 für den Rheinstrom.

2. Wie bei 1., nur für andere Wasserläufe als den Rheinstrom.

3. Revidierter Entwurf zu einer Verordnung über die Abführung von Schmutzstoffen in die Gewässer von F. Hulwa und C. Weigelt. Zulässig höchste Grenzwerte bei mehr als zehnfacher Verdünnung.

4. Vorschläge von König.

5. Englisches Gesetz von 1886, betreffend die Verunreinigung der Flüsse, deren Wasser nicht für den Wasserbedarf von Städten oder Dörfern verwendet wird.

6. Wie bei 5. bei Flüssen, deren Wässer für den Wasserbedarf von Städten und Dörfern verwendet werden.

7. Entwurf einer Polizeiverordnung für die Provinz Sachsen. Die Abführung von Abwässern bedarf der behördlichen Genehmigung; sie ist sonst nur gestattet, wenn die unter Spalte 7 angeführten Stoffe nicht in den Abwässern enthalten sind. Wann eine Salzlösung als konzentrierte oder was als Gift zu betrachten ist, sagt der Entwurf nicht.

8. Quellwasser.

9. Grundwasser.

10. Flußwasser.

11. Meerwasser.

12. Preußischer Ministerialerlaß vom 20. Februar 1901.

Die Beseitigung der Abwässer.

Ein Betrieb größeren Umfanges sollte nach Möglichkeit an einen größeren Wasserlauf gelegt werden, nicht nur um dem Betrieb (wenigstens für bestimmte Zwecke) leicht gewinnbares, billiges Brauchwasser zu sichern, sondern auch um für die Abwässer eine ausreichend verdünnte Vorflut verfügbar zu haben. Ist eine derartig günstige Lage des Werkes nicht möglich und kommt nur ein wasserarmer Vorfluter in Betracht, so sollte wenigstens darauf gesehen werden, daß das Werk in ausreichender Höhenlage in bezug auf den Wasserrezeptor belegen ist, so daß zwischen der Anfallstelle des Abwassers und dem Wasserspiegel des Vorfluters reichlich Gefälle vorhanden ist. Gutes Gefälle erleichtert die Abwasserbeseitigung sehr erheblich und verbilligt insbesondere die Anlage und den Betrieb der Abwasserreinigungseinrichtungen gegenüber denjenigen Fällen, in denen das Abwasser, um die Vorflut zu erreichen, vermittels Pumpen gehoben werden muß.

Für eine anstandslose Abwasserbeseitigung sind folgende Möglichkeiten gegeben.

1. Einfache Verdünnung in einem wasserreichen Vorfluter. Diese Beseitigungsart ist stets die billigste und angenehmste. Wie weit die Verdünnung des Abwassers stattzufinden hat, hängt von der Beschaffenheit des Abwassers wie des Vorflutwassers und der Verwendung des

letzteren am weiteren Unterlauf, sowie schließlich von verschiedenen örtlichen Umständen ab. In der Textilveredelungsindustrie liegen die Verhältnisse in dieser Beziehung sehr günstig, da durch die vielfach sehr großen Mengen von Waschwässern eine Verdünnung bereits stattgefunden hat, die die Zuleitung auch in wasserarme Vorfluter oft unbedenklich gestattet. Die trotz dieser großen Verdünnung oft noch deutlich wahrnehmbare Färbung der Abwässer hat zwar den Ruf der Färbereiabwässer verschlechtert, ist aber bei den heute allgemein giftfreien Farbstoffen und Färbereihilfsstoffen meist unbedenklich. Säuren, Alkalien, Beizen usw. werden gleichfalls entsprechend verdünnt und zum Teil gegeneinander abgestumpft, so daß der jeweilige Überschuß des einen oder des anderen Bestandteiles meist auch nicht von erheblichem Belang ist. Mitunter wird aber doch eine gewisse Vorbereitung des Abwassers, insbesondere eine Entschlammung erforderlich sein. — Bei diesem Beseitigungsverfahren muß darauf gesehen werden, daß möglichst viel von der im Querschnitt des Flußlaufes sich bewegenden Wassermasse zur sofortigen Verdünnung des eingeleiteten Abwassers nutzbar gemacht wird. Andernfalls kommt es vor, daß sich das Abwasser nur ungenügend mit dem Vorflutwasser mischt und hartnäckig an der betreffenden Uferseite „klebt", so daß es hier meilenweit zu verfolgen ist. Dadurch können Unzuträglichkeiten entstehen, die leicht vermieden werden können.

2. Einleitung in schon vorhandene fremde Abwasserkanäle, insbesondere der Städte und größerer Gemeinden. Auch diese Abwasserbeseitigungsart ist billig und bequem, vorausgesetzt, daß das betreffende Abwasser sich zur Einleitung in das fremde Kanalisationsnetz überhaupt eignet. In besonderen Fällen könnte das Material der Kanäle zerstört werden; es könnten auch beim Mischen mit städtischen Abwässern erhebliche Ausfällungen entstehen, die die Kanäle verstopfen; es könnten sich schließlich durch das Einleiten der Fabrikwässer Schwierigkeiten bei dem etwaigen Reinigen der städtischen Abwässer ergeben. Beträgt das eingeleitete Fabrikwasser nur kleine Bruchteile des fremden Abwassers, so sind letztere Gefahren gering. Sind die Fabrikwassermengen aber zu groß und müssen vor der Einleitung in den Kanal erst gereinigt werden, so können die Kosten der Reinigung unter Umständen größer werden als diejenigen einer eigenen, selbständigen Beseitigungsart, ganz abgesehen davon, daß in solchem Falle die Ausmaße des Kanals vielleicht nicht ausreichen werden, die vergrößerten Abwassermengen glatt abzuführen. Für die Ableitung der Textilabwässer liegen die Verhältnisse in dieser Beziehung sehr günstig (wie bei 1.), da die Abwässer einerseits ausreichend verdünnt zu sein pflegen, anderseits die Gesamtmengen meist nur kleine Bruchteile des Gesamtabwassers der städtischen Kanalisationen ausmachen.

3. Versickerung im Gelände. Voraussetzung hierfür sind a) ausreichende Geländeflächen, b) sehr leicht durchlässiger Boden (insbesondere Sandboden). Eine solche Versickerungsanlage kommt ferner in Frage, wenn durch das ins Grundwasser gelangende, versickerte Abwasser keine Grundwasserinteressen (Wasserwerke, Brunnen usw.) berührt werden.

Zur Klärung dieser Frage sind mitunter eingehende hydrologische Untersuchungen erforderlich. Zur Versickerung eignen sich naturgemäß leicht filtrierbare Abwässer, die keine schlammigen oder leicht ausscheidbaren Stoffe enthalten, welche die Poren des Sickerbodens verstopfen würden. Eventuell ist das Abwasser vorher von diesen Stoffen zu befreien.

4. Verdampfung oder Einengung. Diese Beseitigungsart kommt für Textilwässer schon wegen der ungeheuren Kosten und der verhältnismäßig großen Wassermengen nicht in Betracht; sie ist weitaus die kostspieligste Beseitigungsart.

Die Reinigung der Abwässer.

Die Abwässer der Textilveredelungsindustrie können fast immer nach einem der unter 1., 2. oder 3. näher bezeichneten Verfahren ohne besondere Vorreinigung beseitigt werden. Ist dies ausnahmsweise nicht der Fall, so muß eine Abwasserreinigung vorgenommen werden. Ihre Aufgabe ist, die störenden Schmutzstoffe zu entfernen oder zu verändern, so daß die Abwässer keine Unzuträglichkeiten in hygienischer oder wirtschaftlicher Beziehung mehr verursachen können.

Bei der Kostspieligkeit der Abwasserreinigung, besonders in der heutigen Zeit, ist eine solche Reinigung von Abwässern nicht nur nach Möglichkeit zu vermeiden oder einzuschränken, sondern es ist ferner jeder Fabrik, die von Schwierigkeiten dieser Art betroffen wird, dringend anzuraten, nicht planlos an der Reinigung des Abwassers herumzuexperimentieren, sondern durch einen Abwasserfachmann die örtlichen Verhältnisse prüfen und die erforderlichen Maßnahmen ausarbeiten zu lassen. Unter Umständen kommt auch die Errichtung einer kleinen Versuchsanlage für einen Bruchteil des Abwassers unter fachmännischer Leitung in Frage, um aus den Betriebsergebnissen die Gesichtspunkte und Unterlagen für den Bau einer großen Anlage für das gesamte zu beseitigende Abwasser zu gewinnen.

Nachfolgend seien die wichtigsten Grundzüge dieses zum Teil recht verwickelt liegenden Gebietes kurz besprochen.

Man unterscheidet bei der Reinigung der Abwässer:

1. Mechanische Verfahren, bei denen ein geringerer oder größerer Teil der ungelösten Stoffe, der sogenannten „suspendierten Stoffe" oder der „Suspensa", beseitigt wird.

2. Chemische Verfahren, bei denen neben dem größeren Teil der ungelösten Stoffe auch noch ein Teil der gelösten Stoffe auf chemischem Wege beseitigt oder zweckmäßig verändert, umgeformt wird.

3. Biologische Verfahren, bei denen die ungelösten Stoffe nahezu vollständig, die gelösten Stoffe zu einem sehr erheblichen Teile auf biologischem Wege beseitigt werden können.

Von diesen drei Grundverfahren kommt wohl nur das erstere in besonderen Fällen für die Textilabwässer in Betracht. Die beiden letzteren sind zu kostspielig und dürften in Einzelfällen nur für einen kleinen Bruchteil des gesamten anfallenden Abwassers angewandt werden, wenn keine anderen Reinigungs- bzw. Beseitigungsarten für eine besonders schädliche Abwasserart möglich sind.

Im allgemeinen wird die Natur der Verunreinigungen eines betreffenden Abwassers darüber zu entscheiden haben, wie die Reinigung am zweckmäßigsten durchzuführen ist. Darüber gibt eine genaue chemische Analyse Aufschluß, wobei nicht genug betont werden kann, daß die Probenahme bei den in der Zusammensetzung meist erheblich schwankenden Abwässern von allergrößter Bedeutung ist.

Nach ihrem Aggregatzustand können die Verunreinigungen der Abwässer in folgende Hauptgruppen geteilt werden:

a) Feste, ungelöste Stoffe, die je nach ihrem spezifischen Gewicht als Sink-, Schwebe- oder Schwimmstoffe näher gekennzeichnet werden können und deren Beseitigung aus dem Abwasser durch mechanische Hilfsmittel der Absiebung, der Sedimentation oder der Filtration möglich ist.

b) Flüssige oder halbflüssige ungelöste Stoffe, wie Öle, Fette, Schmieren und dgl., deren Beseitigung durch mechanische Hilfsmittel stets nur zum Teil erreichbar ist.

c) Halbgelöste Stoffe, Kolloide, die im Grenzgebiet zwischen den festen ungelösten und den echt gelösten Stoffen liegen und zu denen auch vielfach die unter b genannten Stoffe gehören. Sie entziehen sich der Erfassung durch mechanische Hilfsmittel, sofern es nicht gelingt, sie durch Ausflockung in ungelösten Zustand überzuführen; andernfalls kommen für sie dieselben Reinigungsmittel in Betracht wie für die

d) echt gelösten Stoffe, deren Beseitigung oder Veränderung durch mechanische Mittel nicht möglich ist und die einen chemischen oder biologischen Eingriff in die Substanz erfordern.

e) Gelöste Gase, die im anfallenden Abwasser seltener bereits enthalten sind, vielmehr meist bei der chemischen oder biologischen Veränderung der Stoffe im Abwasser erst nachträglich entstehen.

Außer der obigen Einteilung der Schmutzstoffe nach ihrem Aggregatzustande können die Stoffe im Abwasser in leicht zersetzliche und in nicht oder schwer zersetzliche Stoffe unterschieden werden. Die ersteren sind meist organische Verbindungen, die letzteren mineralischer Art.

Liegt die Notwendigkeit einer Abwasserreinigung vor, so wird es stets das Bestreben der Werkleitung sein, nach Möglichkeit mit mechanischer Reinigung des Wassers (allenfalls verbunden mit teilweiser Neutralisierung oder Alkalisierung) auszukommen, das Abwasser weitgehendst zu entschlammen und ihm die Möglichkeit nachträglicher Schlammbildung in der Vorflut zu nehmen, um es dann nach einem der oben genannten, einfachen Verfahren zu beseitigen. Auch kann die Wiederverwendung des entschlammten Abwassers in besonderen Fällen (wasserarme Gegenden, schlechte Ableitungsmöglichkeiten) ins Auge gefaßt werden. Denn auch die Bildung von überflüssigen Mengen von Abwasser ist nicht außer acht zu lassen, da in zahlreichen Fällen Wasser vergeudet wird. Je weniger Abwasser aber beseitigt zu werden braucht, desto geringere Unbequemlichkeiten entstehen der Fabrik (bei qualitativ gleicher Beschaffenheit des Abwassers) in bezug auf die Vorflutverunreinigung und die Auflagen der Aufsichtsbehörden, wobei außerdem in der Wasserversorgung des Werkes erhebliche Ersparnisse erzielt werden können.

Bei der Auswahl der Mittel zur Reinigung der Abwässer ist ferner zu beachten, daß außer der Reinigung selbst auch die Aufgabe entsteht, die dabei anfallenden Rückstände zu beseitigen. In vielen Fällen ist dieser Teil der Reinigung sogar der schwierigere.

Beim Vergleich der Absiebvorrichtungen, bei denen die ungelösten Stoffe abgefangen werden, mit den Absetzbecken, wo jene Stoffe zu Boden geschlagen werden, dürften die letzteren im allgemeinen leistungsfähiger sein als die ersteren. Trotzdem können Absiebvorrichtungen, z. B. zum Abfangen grober Teile, das Gegebene sein. Von den Faserfängern, die die feinsten Fäserchen der Textilindustrie aus dem Abwasser abfangen, bis zu rotierenden Siebscheiben liefert die deutsche Maschinenindustrie für die verschiedensten Zwecke brauchbare Siebtypen. Auch können beide Systeme kombiniert werden, indem den Siebvorrichtungen Absetzbecken vorgeschaltet werden. Zu beachten bleibt immer, daß maschinelle Absiebanlagen im Betriebe und in der Unterhaltung nicht billig sind und einer ziemlich raschen Abnutzung einzelner Teile unterliegen. Die im Betriebe billigeren und so gut wie keiner Abnutzung unterliegenden Absetzbecken (-brunnen, -türme) erfreuen sich daher einer großen Verbreitung. Für Abwässer, die einen mineralischen, nicht zersetzlichen Schlamm abscheiden, kommen von mannigfaltigen Typen flache Absetzbecken mit verschließbaren Sickerleitungen in der Beckensohle in Betracht. Sie gestatten nach Ausschaltung einer Beckeneinheit und Öffnung der Sickerleitung eine weitgehende Entwässerung des Beckeninhaltes. Dieses Entwässern des abgesetzten Schlammes ist sehr wichtig, da es die Menge und das Gewicht der herauszuschaffenden Massen erheblich verringert. Unter Umständen kann auch bei verschiedenen spezifischen Gewichten der ungelösten Stoffe im Abwasser durch „fraktionierte" Sedimentation vermittels stufenweiser Vergrößerung des Querschnitts der Absetzgerinne eine Separation der ungelösten Stoffe nach ihrem spezifischen Gewicht erfolgen.

Die Beseitigung des Schlammes aus dem Absetzbecken wird durch Auspumpen oder Ausdrücken des flüssigen, wasserreichen oder durch Ausstechen des festen, wasserarmen Bodensatzes bewerkstelligt. Ist der Schlamm nicht weiter, z. B. als Düngemittel, zu verwenden, so werden in der Regel S c h l a m m halden angelegt, oder es wird der Schlamm in Geländevertiefungen eingefüllt werden müssen. Durch die Lagerung derartiger Abfallmassen dürfen keine Mißstände hygienischer oder wirtschaftlicher Art entstehen, insbesondere darf durch Auslaugen der Halden durch Niederschläge das Grundwasser nicht verdorben oder Schaden an Gebäulichkeiten angerichtet werden.

Absieb- und Absetzanlagen entfernen nur einen bestimmten Teil der ungelösten Stoffe aus den Abwässern (im Mittel etwa 75%), der desto größer ist, je höher das spezifische Gewicht der Suspensa ist. Eine restlose Beseitigung der ungelösten Stoffe läßt ich in der Regel nur durch Filtration erreichen. In solchen Fällen empfehlen sich Schnellfilter mit periodischer Rückspülung. Doch kommen diese für Textilabwässer kaum nennenswert in Frage.

Die Beseitigung von Ölen, Fetten, Schmieren und ähnlichen Stoffen aus dem Abwasser ist sehr schwierig und umständlich und gelingt fast nie restlos. Die Schwierigkeit liegt hauptsächlich in der Bildung von Emulsionen von Öl mit Wasser, aus denen sich bei Veränderung der Temperatur oder Reaktion, bei Verdünnung usw. immer wieder Öl-, Teer- usw. Tröpfchen und Häute abzuscheiden pflegen. Mit den mannigfaltigen Entölungsvorrichtungen, Fettfängern usw. kann deshalb immer nur die Hauptmenge dieser Stoffe abgefangen werden. Eine noch weitgehendere Entölung und Entfettung der Abwässer kann durch Koksfilter erzielt werden. Alle diese vorgenannten Einrichtungen können den Absetzbecken vorgeschaltet oder in Kombination mit diesen angelegt werden.

Echt gelöste Stoffe, einschließlich der kolloiden Suspensionen, sind naturgemäß ganz erheblich schwieriger zu behandeln und zu entfernen als die ungelösten Stoffe des Abwassers, da hier einfache mechanische Hilfsmittel nicht ausreichen, vielmehr ein unmittelbarer Eingriff in das Molekül erforderlich ist. Dieser Eingriff kann auf chemischem oder auf biologischem Wege erfolgen, je nachdem, ob die gelösten Verbindungen sich durch Zusätze anderer Stoffe umformen oder als unlösliche Verbindungen ausscheiden, als Kolloide ausflocken lassen, oder ob die Tätigkeit von Kleinlebewesen erforderlich ist, um den Abbau einer hochmolekularen organischen Verbindung zu bewirken. Im allgemeinen hat die Reinigung von Abwässern, namentlich solcher, die durch organische Stoffe verschmutzt sind, vermittels Zusatzes von fällenden Chemikalien (z. B. von Kalk, Chlormagnesium, Tonerdesulfat, Eisenvitriol) zu Mißerfolgen geführt, insbesondere wegen a) der damit verbundenen hohen Kosten, b) der Schwierigkeit der Überwachung des in der Zusammensetzung meist stark schwankenden Abwassers, c) der Schwierigkeit der Behandlung und Beseitigung der hierbei anfallenden großen Schlammassen. Manche Verunreinigungen spotten außerdem jeden Fällungsmittels. Letztere müssen ferner ihrer Natur nach selbst unschädlich sein oder aber selbst wieder niedergeschlagen werden, widrigenfalls das „gereinigte" Wasser unter Umständen schädlicher als das ungereinigte sein kann. Immerhin wird bei gewerblichen Anlagen in einzelnen Sonderfällen die chemische Reinigung gegeben sein, insbesondere dann, wenn aus dem gefällten Schlamm wertvolle Stoffe zurückgewonnen werden können. In solchen Fällen entwickeln sich gelegentlich gewinnbringende Regenerationsbetriebe von erheblicher wirtschaftlicher Bedeutung. Erwähnt sei beispielsweise die Wiedergewinnung von Fettsäuren aus Seifenbädern, die Wiedergewinnung von Zinnhydroxyd aus Chlorzinn-Waschbädern der Seidenerschwerung. Im allgemeinen hat die Textilveredelungsindustrie derartige Regenerationsmöglichkeiten bisher noch nicht in ausreichendem Maße berücksichtigt. Große Mengen wertvoller Seifenbrühen werden z. B. vielfach noch einfach „in den Kanal laufen" gelassen. Auch sollte versucht werden, Hilfsstoffe, die bisher aus den Betriebs- und Waschbädern nicht wiedergewonnen wurden, in wirtschaftlicher Weise zurückzugewinnen (Gerbstoffe, Ferrozyankalium, teurere Metalle u.ä.),

Auch die Neutralisierung oder Alkalisierung saurer Abwässer fällt unter den Begriff der „chemischen Behandlung"; doch liegt ein Bedürfnis für diese besonders vorzunehmende Behandlung infolge der ohnehin meist sehr großen Verdünnung, der hohen Kosten und der vielfach eintretenden „Selbstneutralisierung" (durch das Zusammenfließen verschiedener Abwasserarten) bei Textilabwässern nur selten vor. Zur Erfüllung der Auflagen der Aufsichtsbehörden wird in der Regel schon eine entsprechende Verdünnung der Abwässer zum Ziele führen.

Obwohl für Textilbetriebe nicht in Betracht kommend, seien der Vollständigkeit wegen noch die biologischen Reinigungsverfahren kurz erwähnt. Bei diesen werden gelöste und halbgelöste, hochmolekulare, organische, insbesondere eiweißartige Verbindungen durch die Tätigkeit von Kleinlebewesen „abgebaut" und das Abwasser auf solche Weise gereinigt. Man unterscheidet hier die natürlichen (Reinigung auf gewachsenem Boden, Rieselfeldern, Berieselungsverfahren) und die künstlichen (Füllkörper, Tropfkörper, Staufilter) biologischen Verfahren. In der Technik der Reinigung der städtischen Abwässer sind diese Verfahren recht verbreitet. Erhöhtes Interesse hat u. a. das sog. Kohlebreiverfahren gewonnen, bei dem ein Zusatz von gemahlenem Braunkohlenpulver stattfindet, das den Vorzug hat, daß der Schlamm in hygienisch einwandfreier Weise nach dem Brikettieren zu Feuerungszwecken verwendet werden kann. Im wesentlichen gehen bei dem biologischen Verfahren — unter Mitwirkung von Kleinlebewesen — Oxydationsvorgänge vor sich, die durch Lüften der Abwässer durch Überfälle, Rieseltürme u. ä. (auch Ozon ist versuchsweise mitverwendet worden) beschleunigt werden können. Charakteristisch ist, daß die „biologischen Körper" oder „Oxydationskörper" einer gewissen Einarbeitungszeit bedürfen (1—2 Monate). Alle diese biologischen Verfahren sind im Aufbau, Betrieb und in der Unterhaltung teuer und mitunter sehr empfindlich gegen Temperatureinflüsse und Änderung der Abwasserzusammensetzung.

Laboratorium, Prüfungswesen und Forschung.

Bis auf die alte Schule der Nur-Empiriker hat die Erkenntnis von der Bedeutung des Betriebslaboratoriums, des Prüfungswesens im allgemeinen und der wissenschaftlichen Fachforschung im einzelnen heute bereits weitere gewerbliche Kreise durchdrungen. Es wird anerkannt, daß in der gründlichen und gewissenhaften Laboratoriumsarbeit die Sicherheit, Stetigkeit und der Fortschritt der Betriebswirtschaft zum Teil begründet liegt, daß — wie Kuhn sagt — „der Prüfraum die Seele der Fabrik sein soll, der Mittelpunkt aller technischen Kontrolle, deren emsige Kleinarbeit jene stetigen Verbesserungen zeigt, von denen aller technische und kaufmännische Fortschritt und Erfolg abhängt". Trotz alledem wird zu prüfen sein, ob ein Betrieb groß genug ist, um die Generalunkosten, die ein Laboratorium bedingt, tragen zu können[1]), oder ob er als Kleinbetrieb vorkommendenfalls ein öffentliches Laboratorium bzw. Privatsachverständige u. ä. von Fall zu Fall in Anspruch nehmen soll. Soll aber ein Laboratorium seinen Zweck erfüllen, so muß es einerseits in der Ausstattung eine zweckdienliche Vollkommenheit besitzen, anderseits unter Leitung geeigneter und geschulter Kräfte stehen. Leider gibt es dagegen viele Fabriklaboratorien, welche diesen Namen gar nicht verdienen und nicht den Anspruch auf eine wissenschaftliche Überwachungsstation der Betriebstätigkeit machen können. Von der vielfach als „Laboratorium" bezeichneten Farbküche ist hierbei natürlich nicht die Rede, sondern von einer auf wissenschaftlicher Grundlage beruhenden Überwachungsstation.

Was die Einrichtung der Fabriklaboratorien betrifft, so kann etwas allgemein Gültiges hierüber nicht gesagt werden. Sie haben sich in erster Linie den Betriebszweigen der Fabrik anzupassen, dann aber auch den Zwecken und Aufgaben, denen das Laboratorium im einzelnen Falle dienen soll (Betriebskontrolle, Versuchs-, Forschungslaboratorien).

Nachstehend soll versucht werden, die Aufgaben wissenschaftlichchemischer Arbeitsmethoden, so weit dies von vornherein möglich ist, in bezug auf die Gesichtspunkte, die sich daraus für die Anlage des Laboratoriums ergeben, zusammenfassend zu skizzieren[2]).

---

[1]) Wie sonst, gilt auch hier der Satz: Je weniger die Anlagen einer Produktionsstätte ausgenutzt werden, um so teurer arbeitet der Betrieb, um so höher sind die Selbstkosten. Die Generalkosten bleiben annähernd dieselben, ob das Werk voll oder nur halb beschäftigt ist. Deshalb ist auch Kurzarbeit die teuerste Arbeit: sie erhöht die Selbstkosten und damit die Ware für den Verbraucher, je geringer der Umsatz ist. Je teurer aber die Ware wird, um so weniger kann das Publikum kaufen. Durch diesen Circulus vitiosus wird einerseits die Arbeitslosigkeit, anderseits die Proletarisierung der Verbraucher immer mehr gesteigert. Deshalb ist auch das System, der Einzelne solle bei ungenügender Beschäftigungsgelegenheit weniger arbeiten, um dadurch mehr Arbeitern Arbeitsgelegenheit zu geben, letzten Endes falsch. Denn je weniger der Einzelne arbeitet, um so teurer wird das Produkt, um so geringer wird die Nachfrage und damit auch die Arbeitsgelegenheit, um so größer die Arbeitslosigkeit. Die Problemstellung lautet vielmehr: „Wie passe ich die Warenpreise der Kaufkraft der Bevölkerung an und führe dadurch verstärkte Beschäftigung herbei?" Mit dieser sinken auch die Selbstkosten, nach ihnen richten sich aber die Preise.

[2]) S. auch W. Meyer, Zeitschr. f. angew. Chem. 1921, S. 597 ff.

I. Prüfung der Materialien.

a) Analyse und Bewertung der Hilfsstoffe für die Textilveredelung, Abschlüsse, Garantieforderungen, Verfolgung der Tageskurse und Preisschwankungen. In erster Linie sind die hochwertigen Erzeugnisse stets zu untersuchen: Seifen, Fette, Öle, Gerbstoffe, teurere Metallbeizen usw. Die Prüfungen haben sich erstens darauf zu erstrecken, ob die gelieferten Materialien vollwertig sind, den Angaben oder Abschlüssen entsprechen und von gleichbleibendem Gehalt sind, zweitens darauf, ob die Materialien nicht etwa Verunreinigungen enthalten, die dem betreffenden Prozeß schädlich werden oder das Bearbeitungsgut selbst beeinträchtigen können. Je nach dem Befund sind die Materialien anstandslos im Betriebe zu verwenden, unter Umständen deren Reingehalt zu berücksichtigen, eine Korrektur der Bäder vorzunehmen oder das Material zur Verfügung des Lieferanten zu stellen, eventuell auch die Rechnungen um den Fehlbetrag im garantierten Gehalt zu kürzen.

b) Analyse und Bewertung der Farbstoffe, Farbhölzer, Extrakte, Tätigung von Abschlüssen. Die wichtigsten Farbstoffe sind häufiger, die in geringen Mengen gebrauchten seltener (stichprobenweise) zu kontrollieren. Durch quantitative Ausfärbungen oder Druckversuche ist die gleichbleibende Beschaffenheit (in bezug auf Farbton, Konzentration, Reinheit usw.) der Farbstoffe festzustellen. Maßgebend sind die sorgsam aufzubewahrenden Typmuster. Gelegentlich sind Konkurrenzfarbstoffe zu prüfen, um zu ermitteln, ob diese nicht vielleicht gehaltreicher, billiger oder sonst vorteilhafter im Gebrauch sind.

c) Analyse des verwendeten Wassers, Kontrolle der Wasserreiniger, des Kesselwassers. Insbesondere ist die Wasserreinigung unter dauernder Aufsicht zu halten, da Unregelmäßigkeiten bei derselben schwere Betriebsschäden herbeiführen können.

d) Analyse der Brennmaterialien für den Betrieb der Maschinen und Heizanlagen; Wärmewirtschaft.

e) Analyse der Heizgase, Erfassung der Abwärme.

f) Analyse des Zustandes des zur Verarbeitung gelangenden Rohmaterials, um den Ursachen von Unregelmäßigkeiten in der Fabrikation auf den Grund zu kommen. In Frage kommt u. a.: Reinfasergehalt, Verunreinigungen, Feuchtigkeitsgehalt, Bastgehalt, Verhalten der Faser zu verschiedenen Bearbeitungsprozessen, Gleichmäßigkeit, örtliche Beschädigungen, Mischung verschiedener Rohstoffe oder von Rohstoffen verschiedener Herkunft, Fertigung usw.

II. Betriebskontrolle.

Die ganzen Veredelungsprozesse sind ständig zu überwachen, insbesondere dort, wo mit stehenden oder stets gleichbleibenden Bädern gearbeitet wird. Die stehenden Bäder sollen stets gleichbleibende Zusammensetzung haben, dürfen sich auch nur bis zu einem gewissen Grade an Nebenprodukten anreichern. Besonders ist dies von hoch oder höher konzentrierten Beiz-, Erschwerungs-, Gerbstoff-, Bleichbädern usw. zu sagen, die sich im Laufe der Zeit vielfach in sich verändern. Bei Arbeiten nach feststehenden Rezepten ist die stets gleiche Zusammensetzung

der Arbeits- oder Färbebäder ebenfalls von größter Wichtigkeit in bezug
auf gleichmäßigen Ausfall der Ware. Der stets gleichmäßigen Beschaffenheit des Arbeitswassers, speziell des gereinigten Wassers, ist bereits gedacht worden. Hierher gehört auch die Beaufsichtigung der Apparate,
des Dampfdruckes, der elektrischen Kraft, des Luftdruckes und -vakuums,
der Reservoire, der Abwasserbeseitigung, der Beleuchtung usw.

III. Erfassung der Neben- und Abfallprodukte.

Diese Tätigkeit kann unter Umständen von allergrößter Bedeutung
für die Wirtschaftlichkeit des Betriebes sein. Von den Abgasen der
Feuerung, von der Aufarbeitung der Kohlenschlacken bis zu den Wasch-
und Arbeitsbädern, verbrauchten Beizen und Farbbrühen lassen sich
allerhand Möglichkeiten zur Steigerung der Intensität und Rentabilität
des Betriebes finden. Hierbei ist gründliche ingenieurtechnische und
fachchemische Bearbeitung unerläßlich.

IV. Wissenschaftliche Arbeiten.

Es wäre zu unterscheiden zwischen Aufgaben, die im Betriebe selbst
zu lösen wären und solchen, die in das Forschungslaboratorium gehören,
das der Betrieb entweder allein unterhält oder indem der Betrieb ein
bekanntes wissenschaftliches Institut zu diesem Zwecke benutzt. Letzteres geschieht zweckmäßig nach dem Vorbilde des Mellon-Institut
in Amerika, das nun auch in England unter dem Namen des „colonial
system" propagiert wird. Dieses System besteht darin, daß Betriebe
zur Ergänzung ihrer eigenen, ungenügenden Forschungslaboratorien „Kolonien" in Universitäts- oder sonstigen Spezialforschungslaboratorien
unterhalten, indem sie z. B. einen ihrer ständigen Mitarbeiter in diesem
Speziallaboratorium unter Anleitung einer anerkannten wissenschaftlichen Größe Fragen bearbeiten lassen, die für den betreffenden Betrieb
gerade wichtig sind, im Betriebe selbst aber mangels Einrichtungen oder
auch wissenschaftlicher Anleitung nicht zur Ausführung gebracht werden
können. Wir würden es nach unserem Sprachgebrauch vielleicht als
das „Belegen eines Platzes durch einen technischen Betrieb in einem
Sonderlaboratorium" bezeichnen. Wenngleich dieses Verfahren in
Deutschland noch nicht üblich ist, so ist anzunehmen, daß die in Deutschland gegründeten „Forschungsinstitute für die Textilindustrie" eine derartige Mitarbeit mit der Technik sehr freudig begrüßen würden, da auch
sie dadurch gewinnen würden, indem sie 1. technische Anregungen er-
hielten, 2. in der Finanzierung ihres Lehr- und Forschungsapparates
unterstützt würden. Besonders für kleinere industrielle Unternehmungen
dürfte dieses System der „Kolonien" das gegebene Mittel sein, wissenschaftliche Forschungsarbeit zu ihrem eigenen Nutzen und zum Nutzen
der Wissenschaft zu betreiben. Noch einfacher und naheliegender ist es,
wenn nicht Einzelbetriebe als solche, sondern zu Verbänden zusammen-
geschlossene Spezialbetriebe solche „Kolonien" unterhalten und wichtige
generelle Fragen ihres Spezialzweiges wissenschaftlich bearbeiten lassen.
Es scheint sogar ein Gebot der Stunde zu sein, daß die Industrie den

wissenschaftlichen Instituten eine wirksame Hilfe gewährt, letzlich allerdings zu ihrem eigenen Nutzen.

Was die eigentlichen Aufgaben der wissenschaftlichen Arbeiten betrifft, so sind sie außerordentlich vielfältig und können hier nur ganz allgemein charakterisiert werden. Ein Betrieb mag noch so gute und altbewährte Verfahren besitzen; die Textilerzeugnisse bleiben bis zu einem gewissen Teile Modeartikel, und die Mode ist wechselvoll in ihren Ansprüchen. Es wird deshalb rascheste Anpassung an neue Anforderungen verlangt werden. Eine Daueraufgabe bleibt ferner die stetige Bearbeitung der Verfahren mit dem Ziele der Verbilligung der Arbeitsmethoden. Überhaupt bedeutet das Problem der bestmöglichen Ausnützung von Kraft und Stoff eine der wissenschaftlichen Hauptaufgaben der Betriebe. Hinzukommen Fragen wie: Erreichung des höchsten Grades von Veredelung und Echtheit, Erforschung neuer Mittel zur Erreichung alter Effekte, pfadfinderische Arbeit mit dem Ziele der Erreichung neuer Effekte und Spezialartikel. Verfolgen diese wissenschaftlichen Arbeiten unmittelbar praktische Zwecke, so ist dieses von der Hauptaufgabe der wissenschaftlichen Arbeiten nicht von vornherein zu sagen: Von der wissenschaftlichen Durchdringung der technischen Vorgänge, von der Baumwollsamenkapsel bis zum Waschtrog unserer Hausfrau, von der Schafzucht bis zur Kunstwollfabrikation, vom Bombyx mori bis zur Seidenrobe. Es wird natürlich langer und schwerer Arbeit bedürfen, bis abgeschlossene Arbeit vorliegt und die Ergebnisse von durchgreifender Bedeutung für die Gestaltung der Verfahren sein werden. Aber der Weg muß und wird gegangen werden, nachdem vor allem die Forschungsinstitute für die Textilindustrie ins Leben gerufen worden sind, deren Aufgabe es u. a. ist, auch solche Arbeiten systematisch zu betreiben.